新世纪高职高专实用规划教材　建筑系列

# 建筑工程制图与识图

## (第3版)

牟　明　主　编
张　琳　郑　枫　副主编

清华大学出版社
北　京

## 内 容 简 介

本书是新世纪高职高专实用规划教材,共分为 13 章。主要内容有:制图基本知识与技能、正投影基础、基本体的投影、建筑形体的表面交线、组合体的投影、轴测投影图、表达形体的常用方法、透视与阴影、建筑施工图、结构施工图、给水排水施工图、建筑装饰施工图和计算机绘图基础。

本书注重实用性与实践性,并适应社会及现代技术发展的需要,增加了平面整体表达方法、装饰施工图以及计算机绘图等内容。

本书可作为高职高专、职工大学、函授大学、电视大学土建及各相关专业的教材,也可供相关专业的工程技术人员学习参考。此外,还出版有配套的《建筑工程制图与识图习题集(第 3 版)》供学习者选用。

本书封面贴有清华大学出版社防伪标签,无标签者不得销售。
版权所有,侵权必究。举报:010-62782989,beiqinquan@tup.tsinghua.edu.cn。

图书在版编目(CIP)数据

建筑工程制图与识图/牟明主编. —3 版. —北京:清华大学出版社,2015(2023.8重印)
(新世纪高职高专实用规划教材 建筑系列)
ISBN 978-7-302-41271-7

Ⅰ. ①建… Ⅱ. ①牟… Ⅲ. ①建筑制图—识别—高等职业教育—教材 Ⅳ. ①TU204

中国版本图书馆 CIP 数据核字(2015)第 186428 号

责任编辑:梁媛媛
封面设计:刘孝琼
版式设计:杨玉兰
责任校对:周剑云
责任印制:宋 林

出版发行:清华大学出版社
网 址:http://www.tup.com.cn, http://www.wqbook.com
地 址:北京清华大学学研大厦 A 座　　邮 编:100084
社 总 机:010-83470000　　邮 购:010-62786544
投稿与读者服务:010-62776969, c-service@tup.tsinghua.edu.cn
质量反馈:010-62772015, zhiliang@tup.tsinghua.edu.cn
课件下载:http://www.tup.com.cn, 010-62791865

印 装 者:天津鑫丰华印务有限公司
经 销:全国新华书店
开 本:185mm×260mm　　印 张:17.5　　字 数:425 千字
版 次:2007 年 2 月第 1 版　2015 年 8 月第 3 版　　印 次:2023 年 8 月第 8 次印刷
定 价:45.00 元

产品编号:060756-02

# 前　　言

本书是按照教育部对高职高专土建类专业学生的培养目标的要求而编写的，是新世纪高职高专系列规划教材之一。

在本书的编写中，编者根据高职高专的特点，从培养应用型人才这一目标出发，本着"以应用为目的，以必需、够用为度"的原则编写，其主要特点如下。

(1) 在内容安排上注重实用性与实践性。所选教学内容的广度和深度以能够满足实践教学和未来学生从事岗位工作的需要为度，同时也包括学生未来可持续发展所必须深化和拓展的知识，如加入了平面整体表达方法、装饰施工图及计算机绘图等内容。

(2) 在图例及文字的处理上力求浅显易懂，简明扼要，直观通俗，图文并茂；内容由浅入深，重点难点突出，符合学生的认知规律，有利于学生学习能力的培养。

(3) 自始至终将绘图与识图并重，对典型图样做出绘图、识图方法与步骤的指导，以逐步提高学生绘图与识图的能力，体现本课程实践性强的特点。

(4) 在绘图技能方面，从手工绘图所用的绘图工具和用品的使用入手，逐步介绍徒手作图的要领、计算机绘图的方法与技巧等，使学生能获得当代工程技术人员所应具备的基本技能与技巧。

(5) 各种工程图的画法和表达方法均按照我国现行最新的国家标准和规范编写，并根据课程内容的需要，将部分标准分别编排在相关的章节中，以方便学生查阅并有利于树立其贯彻最新国家标准的意识。

(6) 注重立体化教材的开发，增加配套习题集与电子课件，能满足教学、自学和复习等多方面的需要。

本书由山东职业学院牟明主编，上海市建工设计研究院张琳、山东职业学院郑枫为副主编，山东英才学院袁越、山东农业工程学院隋燕、山东职业学院马扬扬参编。牟明完成绪论以及第1、2、3、6、7、13章的编写；张琳完成第9、10章的编写；郑枫完成第11章的编写；袁越完成第4、5章的编写；隋燕完成第12章的编写；马扬扬完成第8章的编写；全书由牟明统稿。

由于编者水平所限，书中难免有不当之处，恳请广大读者批评指正。

编　者

# 目 录

绪论 ............................................. 1

## 第1章 制图基本知识与技能 ............. 5

### 1.1 绘图工具及用法 ........................ 5
1.1.1 图板、丁字尺和三角板 ............ 5
1.1.2 圆规和分规 ............................ 7
1.1.3 曲线板、建筑模板和擦图片 ...... 7
1.1.4 绘图铅笔 ................................ 8

### 1.2 制图标准的基本规定 .................. 9
1.2.1 图纸幅面和格式 ...................... 9
1.2.2 比例 ..................................... 12
1.2.3 字体 ..................................... 12
1.2.4 图线 ..................................... 14
1.2.5 尺寸标注 ............................... 16

### 1.3 几何作图 ................................. 19
1.3.1 等分及作正多边形 ................. 19
1.3.2 椭圆画法 ............................... 20
1.3.3 圆弧连接 ............................... 20

### 1.4 平面图形的画法 ........................ 22
1.4.1 平面图形的分析 ..................... 22
1.4.2 平面图形的绘图步骤 .............. 23

### 1.5 徒手绘图简介 ........................... 24

## 第2章 正投影基础 ............................ 26

### 2.1 投影基本知识 ........................... 26
2.1.1 投影的概念 ............................ 26
2.1.2 投影法的分类 ........................ 27
2.1.3 工程中常用的投影图 .............. 28
2.1.4 正投影法的基本性质 .............. 29

### 2.2 形体的三面投影图 .................... 30
2.2.1 三面投影图的形成 ................. 30
2.2.2 三面投影图的投影规律 .......... 31

### 2.3 点的投影 ................................. 32
2.3.1 点的三面投影 ........................ 32
2.3.2 点的空间坐标 ........................ 34
2.3.3 特殊位置的点 ........................ 34
2.3.4 两点的相对位置 ..................... 35
2.3.5 点直观图的画法 ..................... 36

### 2.4 直线的投影 .............................. 37
2.4.1 各种位置直线的三面投影 ....... 37
2.4.2 直线上点的投影 ..................... 41
2.4.3 一般位置直线的实长及其与
投影面的夹角 ........................ 42

### 2.5 平面的投影 .............................. 44
2.5.1 平面的表示法 ........................ 44
2.5.2 各种位置平面的三面投影 ....... 46
2.5.3 平面上点和直线的投影 .......... 48

## 第3章 基本体的投影 ......................... 50

### 3.1 平面体的投影 ........................... 50
3.1.1 棱柱 ..................................... 50
3.1.2 棱锥 ..................................... 53
3.1.3 棱台 ..................................... 54

### 3.2 曲面体的投影 ........................... 55
3.2.1 圆柱 ..................................... 55
3.2.2 圆锥 ..................................... 57
3.2.3 圆台 ..................................... 58
3.2.4 圆球 ..................................... 59

### 3.3 求立体表面上点、线的投影 ....... 60
3.3.1 平面体上点和直线的投影 ....... 60
3.3.2 曲面体上点和直线的投影 ....... 62

## 第4章 建筑形体的表面交线 ............... 66

### 4.1 概述 ........................................ 66
### 4.2 切割型建筑形体 ........................ 67
4.2.1 平面体的截交线 ..................... 67
4.2.2 曲面体的截交线 ..................... 69

### 4.3 相交型建筑形体 ........................ 72

## 第5章 组合体的投影 ............... 77
### 5.1 概述 ............... 77
### 5.2 组合体投影图的画法 ............... 79
### 5.3 组合体投影图的尺寸标注 ............... 81
- 5.3.1 基本体的尺寸标注 ............... 81
- 5.3.2 截切体与相贯体的尺寸标注 ............... 82
- 5.3.3 组合体的尺寸标注 ............... 83
### 5.4 组合体投影图的读法 ............... 84
- 5.4.1 读图时应注意的问题 ............... 84
- 5.4.2 读图的基本方法和步骤 ............... 86

## 第6章 轴测投影图 ............... 89
### 6.1 轴测投影的基本知识 ............... 89
- 6.1.1 轴测投影的形成 ............... 89
- 6.1.2 轴测投影的种类 ............... 90
- 6.1.3 轴测投影的基本性质 ............... 90
### 6.2 正等轴测投影图 ............... 91
- 6.2.1 轴间角与轴向伸缩系数 ............... 91
- 6.2.2 正等轴测图的画法 ............... 91
### 6.3 斜轴测投影图 ............... 97
- 6.3.1 正面斜轴测图 ............... 97
- 6.3.2 水平斜轴测图 ............... 99

## 第7章 表达形体的常用方法 ............... 102
### 7.1 投影图 ............... 102
- 7.1.1 六面投影图 ............... 102
- 7.1.2 镜像投影图 ............... 103
### 7.2 剖面图 ............... 104
- 7.2.1 剖面图的形成 ............... 104
- 7.2.2 剖面图的画法 ............... 105
- 7.2.3 剖面图的种类 ............... 106
### 7.3 断面图 ............... 110
- 7.3.1 断面图与剖面图的区别 ............... 110
- 7.3.2 断面图的种类与画法 ............... 111
### 7.4 其他表达方法 ............... 112
- 7.4.1 对称省略画法 ............... 113
- 7.4.2 相同构造要素省略画法 ............... 113
- 7.4.3 折断省略画法 ............... 114
- 7.4.4 连接及连接省略画法 ............... 114

## 第8章 透视与阴影 ............... 115
### 8.1 透视投影图 ............... 115
- 8.1.1 透视投影的基本知识 ............... 115
- 8.1.2 透视图的常用画法 ............... 119
### 8.2 建筑阴影 ............... 123
- 8.2.1 阴影的基本知识 ............... 123
- 8.2.2 点、线、面的落影 ............... 125
- 8.2.3 平面立体的阴影 ............... 131
- 8.2.4 建筑形体及细部的阴影 ............... 133

## 第9章 建筑施工图 ............... 136
### 9.1 概述 ............... 136
- 9.1.1 房屋的组成 ............... 136
- 9.1.2 房屋施工图的分类 ............... 138
- 9.1.3 建筑施工图的有关规定 ............... 138
- 9.1.4 建筑施工图常用图例 ............... 142
### 9.2 施工图首页及建筑总平面图 ............... 145
- 9.2.1 施工图首页 ............... 145
- 9.2.2 建筑总平面图 ............... 147
### 9.3 建筑平面图 ............... 149
- 9.3.1 图示内容 ............... 149
- 9.3.2 图示方法 ............... 154
- 9.3.3 识读要点 ............... 154
- 9.3.4 识图举例 ............... 155
### 9.4 建筑立面图 ............... 155
- 9.4.1 图示内容 ............... 155
- 9.4.2 图示方法 ............... 156
- 9.4.3 识读要点 ............... 156
- 9.4.4 识图举例 ............... 156
### 9.5 建筑剖面图 ............... 160
- 9.5.1 图示内容 ............... 160
- 9.5.2 图示方法 ............... 160
- 9.5.3 识读要点 ............... 161
- 9.5.4 识图举例 ............... 161
### 9.6 建筑详图 ............... 163
- 9.6.1 建筑详图的作用 ............... 163
- 9.6.2 外墙节点详图 ............... 164
- 9.6.3 楼梯详图 ............... 166

## 第 10 章　结构施工图 ......................... 171

### 10.1　概述 .................................................. 171
#### 10.1.1　结构施工图的内容 ................ 171
#### 10.1.2　结构施工图的有关规定 ........ 172

### 10.2　钢筋混凝土结构图 ........................ 174
#### 10.2.1　钢筋混凝土的基本知识 ........ 174
#### 10.2.2　钢筋混凝土构件的
图示方法 ................................ 176
#### 10.2.3　识图举例 ................................ 179

### 10.3　基础图 ............................................ 181
#### 10.3.1　基础平面图 ............................ 182
#### 10.3.2　基础详图 ................................ 184
#### 10.3.3　识图举例 ................................ 184

### 10.4　楼层结构布置图 ............................ 186
#### 10.4.1　图示内容 ................................ 186
#### 10.4.2　图示方法 ................................ 186
#### 10.4.3　识图举例 ................................ 191

### 10.5　楼梯结构图 .................................... 191
#### 10.5.1　图示内容及方法 .................... 191
#### 10.5.2　识图举例 ................................ 193

### 10.6　平面整体表示法简介 .................... 194
#### 10.6.1　"平法"设计的
注写方式 ................................ 194
#### 10.6.2　梁"平法"标注规则 ............ 197

## 第 11 章　给水排水施工图 ..................... 199

### 11.1　概述 ................................................ 199
#### 11.1.1　给水排水施工图的分类 ........ 199
#### 11.1.2　给水排水施工图的
有关规定 ................................ 200

### 11.2　室内给水排水施工图 .................... 203
#### 11.2.1　室内给水施工图 .................... 203
#### 11.2.2　室内排水施工图 .................... 208
#### 11.2.3　室内给水排水详图 ................ 210
#### 11.2.4　识读要点 ................................ 211
#### 11.2.5　识图举例 ................................ 211

### 11.3　室外给水排水施工图 .................... 214
#### 11.3.1　系统的组成与分类 ................ 214
#### 11.3.2　图示内容与方法 .................... 215
#### 11.3.3　识读要点 ................................ 218
#### 11.3.4　识图举例 ................................ 218

## 第 12 章　建筑装饰施工图 ..................... 221

### 12.1　概述 ................................................ 221
#### 12.1.1　装饰施工图的内容和
特点 ........................................ 221
#### 12.1.2　装饰施工图的有关规定 ........ 222

### 12.2　装饰施工平面图 ............................ 225
#### 12.2.1　图示内容与方法 .................... 225
#### 12.2.2　识读要点 ................................ 229
#### 12.2.3　识图举例 ................................ 230

### 12.3　装饰施工立面图 ............................ 231
#### 12.3.1　图示内容与方法 .................... 231
#### 12.3.2　识读要点 ................................ 233
#### 12.3.3　识图举例 ................................ 233

### 12.4　装饰施工剖面图与节点详图 ........ 234
#### 12.4.1　图示内容与方法 .................... 234
#### 12.4.2　识读要点 ................................ 235
#### 12.4.3　识图举例 ................................ 235

## 第 13 章　计算机绘图基础 ..................... 237

### 13.1　概述 ................................................ 237
#### 13.1.1　计算机绘图系统 .................... 237
#### 13.1.2　计算机绘图过程 .................... 238

### 13.2　AutoCAD 的基本操作 ................... 239
#### 13.2.1　AutoCAD 简介 ....................... 239
#### 13.2.2　AutoCAD 的启动 ................... 239
#### 13.2.3　AutoCAD 的工作界面 ........... 239
#### 13.2.4　AutoCAD 的命令操作 ........... 242
#### 13.2.5　图形文件管理 ........................ 243
#### 13.2.6　图形显示控制 ........................ 244
#### 13.2.7　坐标输入方法 ........................ 245
#### 13.2.8　绘图前的设置工作 ................ 246

### 13.3　几何图形的绘制 ............................ 248
#### 13.3.1　绘图命令的调用 .................... 248
#### 13.3.2　二维图形的绘制 .................... 249
#### 13.3.3　图案填充 ................................ 255

### 13.4　二维图形的编辑 ............................ 256
#### 13.4.1　选择对象的方法 .................... 257

13.4.2 编辑命令的调用 ................... 257
   13.4.3 编辑命令的操作 ................... 258
13.5 文本注释与尺寸标注 ....................... 265
   13.5.1 文本注释 ............................... 265
   13.5.2 尺寸标注 ............................... 267

13.6 输出图形 ............................................ 269
   13.6.1 配置打印设备 ....................... 269
   13.6.2 打印图形 ............................... 270

**参考文献** ...................................................... 272

# 绪　　论

在现代化生产中，一切工程建设都离不开图样，而《建筑工程制图与识图》就是研究建筑工程图样的绘制与识读规律的一门课程。

## 1. 工程图样及其在工程建设中的作用

工程图样是一种以图形为主要内容的技术文件，用以表达工程实体的形状、大小、所用材料以及加工和施工时的技术要求等。工程图样示例如图 0-1、图 0-2 所示。

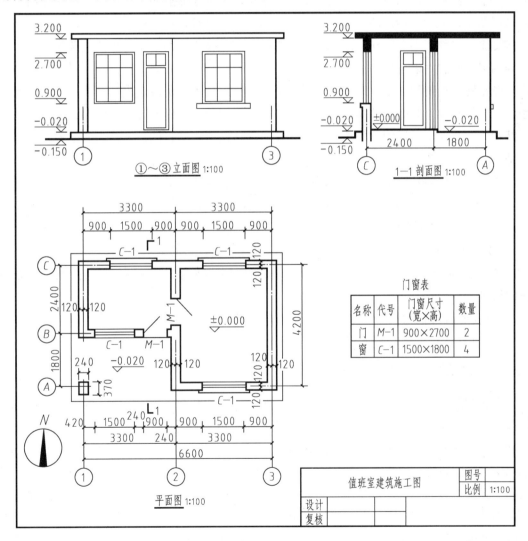

图 0-1　工程图样示例——某值班室的建筑施工图

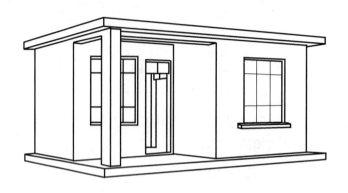

图 0-2 工程图样示例——某值班室的透视图

土木工程建筑包括房屋、给水排水、道路与桥梁等各专业的工程建设，都是先由设计人员用图样表达出设计意图，施工建造部门依据图样进行建造、施工。另外，运用维修、技术交流等也都离不开图样。因此，工程图样是工程技术部门必不可少的重要技术文件，被喻为工程界的"语言"。

能正确地绘制和阅读建筑工程图样，是建筑工程技术人员表达设计意图、交流技术思想、指导生产施工等必备的基本知识与基本技能，因此，《建筑工程制图与识图》是建筑及其相关专业学生必修的一门重要的基础课。学习该课程的目的：一是为后续的专业课程打基础，二是为今后能胜任本职工作创造条件。

本课程的任务是使学生通过本课程的学习达到下列基本要求。

(1) 熟悉国家制图标准的有关规定；能正确使用绘图工具；掌握几何作图的方法和步骤，获得较熟练的绘图技能。

(2) 掌握正投影法的基础理论和作图方法以及轴测投影的基本知识和画法。

(3) 能绘制和识读本专业的专业图样；所绘图样应符合国家制图标准，并具有良好的图面质量。

(4) 了解计算机绘图的基本知识。

(5) 培养认真负责的工作态度和一丝不苟的工作作风。

**2．工程图学的发展概况**

在长期的生产、生活实践中，人类很早就会利用图形来表达周围物体的结构形状。我国是世界文明古国之一，其制图技术也有着悠久的历史。据历史记载，早在公元前5世纪春秋战国时期的著作中，就曾述及绘图与施工画线工具的应用。例如墨子的著述中就有"为方以矩，为圆以规，直以绳，衡以水，正以垂"的描述，矩是直角尺，规是圆规，绳是木工用于弹画直线的墨绳，水是用水面来衡量水平方向的工具，垂是用绳悬挂重锤来校正铅垂方向的工具。在《史记》的《秦始皇本纪》中，还述及"秦每破诸侯，写放其宫室，作之咸阳北阪上"，就是说，秦国每征服一国后，就令人画出该国宫室的图样，并照样建造在咸阳北阪上。特别值得一提的是公元1100年宋代的李诫(字明仲)奉旨编修的《营造法式》

(见图 0-3)一书，该书是一部集建筑技术、艺术和制图于一身的建筑典籍。全书共 36 卷，其中 6 卷是图样(包括平面图、轴测图、透视图)。这是一部闻名世界的建筑工程巨著，书中用了大量的插图来表达复杂的建筑结构，所用的图示方法与现代土木建筑制图所用的颇为相似(图 0-4 所示为《营造法式》中的一些图样)，这在当时是非常先进的。

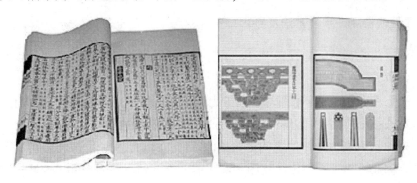

图 0-3 《营造法式》的文字部分和图示部分

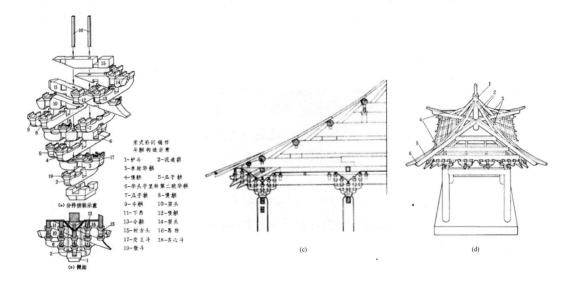

图 0-4 《营造法式》中的图样

经过长期的实践和研究，人们对工程图样的绘制原理和方法有了广泛深入的认识。1775 年，法国数学家、教育学家蒙日创立了《画法几何》，该书系统地阐述了各种图示、图解的基本原理和作图方法，对工程图学的建立和发展起到了重要的作用。

目前，工程图样已广泛应用于各个领域。为了使这种"语言"规范化，我国分别制定了建筑、机械及其他各个专业的制图标准，并不断修订完善，而且正在逐步与世界各国和行业组织的制图标准进行协调和统一。

随着科学技术的不断发展，制图理论、制图技术及其应用都得到了相应的发展，制图工具和手段也在不断地改革。现在，工程图学已发展成为一门理论严密、内容丰富的综合性学科,包括图学理论、制图技术、制图标准等方面。而计算机图形学的建立和应用,则是工程图学在近代最重要的进步和发展。与传统的手工绘图相比,计算机绘图具有速度快、精度高、图样规范化等优点,因此已在航空航天、建筑、机械、气象、地质、电子、轻纺等领域得到了广泛应用。

### 3. 本课程的特点、学习方法及要求

本课程是一门既有抽象的投影理论,又有很强实践性的技术基础课。要学好该课程必须注意以下几点。

(1) 学好投影理论,培养绘图与读图能力。绘图是根据投影原理将物体的结构形状用平面图形表达在图纸上(由立体到平面的过程);而读图则是根据投影原理和空间的想象力由平面图形想象出所表达物体的空间形状(由平面到立体的过程),即绘图与读图都需要运用投影理论。因此说,投影理论是绘图与读图的理论基础,但因为其理论性较强,较为抽象,所以学习时必须将有关概念理解透彻,注意弄清空间几何要素(如点、线、面等)与平面图形的对应关系,掌握空间几何要素的各种投影特性;而绘图与读图则是投影理论的应用,也因为其实践性较强,所以必须通过大量的绘图与读图练习,反复地由物画图、由图想物,才能逐步培养与提高绘图、读图能力与空间想象能力。

(2) 练好绘图基本功,掌握绘图基本技能。制图课是一门实践性很强的技能课,任何技能的掌握都不是一朝一夕的事情,一定要通过艰苦的训练才能获得。在学习过程中,首先要学会正确、熟练地使用绘图工具,熟悉国家制图标准的有关规定,掌握几何作图的方法、步骤;其次要踏踏实实地进行大量的操作技能训练,掌握作图技巧。只有这样,才能逐步提高绘图质量和绘图效率。

(3) 培养认真负责的工作态度和一丝不苟的工作作风。工程图样是重要的技术文件,是工程施工的重要依据,图样上的任何一点差错,都有可能影响工程质量,甚至造成严重的事故,给工程带来损失。因此,在学习过程中要养成良好的习惯,注意培养认真负责的工作态度和一丝不苟的工作作风,做到对图样上的一条线、一个尺寸数字都要认真对待,而没有丝毫的马虎。

本课程的学习能为绘图、识图能力的培养打下一定的基础,但要绘出全面、实用的工程图样,还需在后续专业课程的学习和将来的生产实践中继续将其融会贯通,只有这样,才能真正完成工程制图与识图的训练。

# 第1章 制图基本知识与技能

**本章要点**

- 绘图工具的使用方法。
- 国家制图标准的有关规定。
- 几何作图的方法。
- 平面图形的画法。

**本章难点**

平面图形的分析及画法。

工程图样是现代工业生产中必不可少的技术资料,每个工程技术人员均应熟悉和掌握有关制图的基本知识与技能。本章将着重介绍绘图工具和用品的使用、国家制图标准的有关规定、几何图形的作图方法以及平面图形的基本画法等。

## 1.1 绘图工具及用法

"工欲善其事,必先利其器",正确地使用与维护绘图工具和仪器,是提高绘图质量和速度的前提,因此必须熟练掌握绘图工具和仪器的使用方法。手工绘图所用绘图工具的种类很多,本节仅介绍常用的绘图工具和仪器。

### 1.1.1 图板、丁字尺和三角板

图板用于铺放图纸,其表面要求平整、光洁。图板的左、右侧为导边,必须平直。

丁字尺用于绘制水平线。使用时将尺头内侧紧靠图板左侧导边上下移动,自左向右画水平线,如图 1-1 所示。

三角板用于绘制各种方向的直线。其与丁字尺配合使用,可画垂直线以及与水平线成 15°倍数的斜线,如图 1-2 所示。用两块三角板配合使用还可以画任意已知直线的平行线和垂直线,如图 1-3 所示。

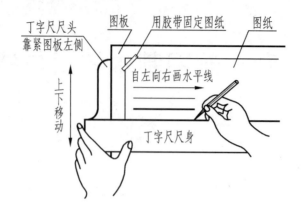

图 1-1　用丁字尺画线

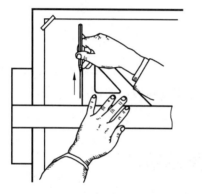

(a) 画垂直线

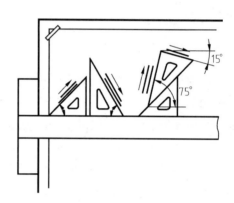

(b) 画 15°倍数的斜线

图 1-2　用丁字尺与三角板配合画线

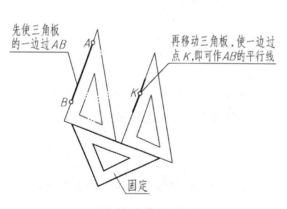

(a) 画已知直线的平行线

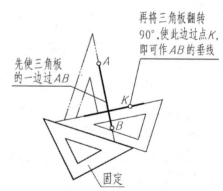

(b) 画已知直线的垂直线

图 1-3　两块三角板配合使用

## 1.1.2 圆规和分规

圆规用来画圆和圆弧。圆规的一腿装有带台阶的钢针,用来固定圆心,另一腿装铅芯插脚或钢针(作分规时用)。当钢针插入图板后,钢针的台阶应与铅芯尖端平齐,并使笔尖与纸面垂直[见图 1-4(a)]。画圆时,转动圆规手柄使圆规向前进方向稍微倾斜,均匀地沿顺时针方向一笔画成[见图 1-4(b)]。画大圆时,应使圆规两脚都与纸面垂直[见图 1-4(c)]。

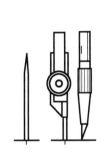  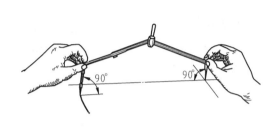

(a) 钢针与铅芯的放置　　(b) 圆的画法　　(c) 大圆的画法

图 1-4　圆规的用法

分规用来量取尺寸和等分线段。使用前先并拢两针尖,检查是否平齐,用分规等分线段的方法如图 1-5 所示。

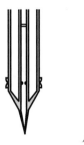 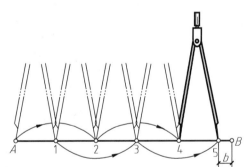

图 1-5　分规的用法

## 1.1.3 曲线板、建筑模板和擦图片

曲线板是画非圆曲线的工具,其轮廓线由多段不同曲率半径的曲线组成,如图 1-6 所示。使用曲线板时,应根据曲线的弯曲趋势,从曲线板上选取与所画曲线相吻合的一段进行描绘。每个描绘段应不少于 3~4 个吻合点,吻合点越多,画出的曲线越光滑。每段曲线描绘时应与前段曲线重复一小段(吻合前段曲线后部约两个点),这样才能使曲线连接得光滑流畅。

图 1-6　曲线板及其用法

把图样上常用的一些符号、图例和比例等,刻在透明胶质的板上,制成模板使用可提高绘图速度和质量。图 1-7(a)所示的建筑模板是用来绘制建筑标准图例和常用符号的工具,如柱子、坐便器、污水盆、详图索引符号、定位轴线编号的圆圈和标高符号等。

擦图片是用薄塑料片或金属片制成的,其上有各种形状的镂孔[见图 1-7(b)]。当需要从图上擦掉错误的或多余的图线时,可将需要擦掉的部分从适宜的镂孔中露出,然后再用橡皮擦拭,这样可起到保护相邻有用图线的作用。

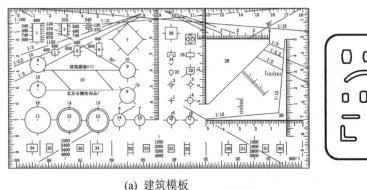
(a) 建筑模板

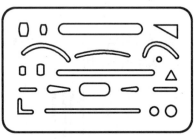
(b) 擦图片

图 1-7　建筑模板与擦图片

## 1.1.4　绘图铅笔

绘图铅笔用来画底稿和描深图线。铅芯的软硬程度用 B 和 H 表示,H 表示硬性铅笔,色浅淡,H 前面的数字越大,表示铅芯越硬(淡);B 表示软性铅笔,色浓黑,B 前面的数字越大,表示铅芯越软(黑);HB 是中性铅,表示铅芯软硬适中。一般情况下,用 2H 或 3H 的铅笔画底稿,用 HB、B 或 2B 的铅笔描深图线,而用 HB 的铅笔写字。

绘图铅笔应从有硬度符号的另一端开始使用,以便辨识其铅芯的软硬度。绘图铅笔的削法如图 1-8 所示。画底稿线、注写文字用的铅笔可磨成锥形[见图 1-8(a)];描深粗线用的铅笔宜磨成扁方形(凿形)[见图 1-8(b)]。

除了上述工具外,绘图时还需备有削铅笔的小刀、磨铅笔的砂纸[见图 1-8(c)]、固定图纸用的胶带纸和橡皮等。

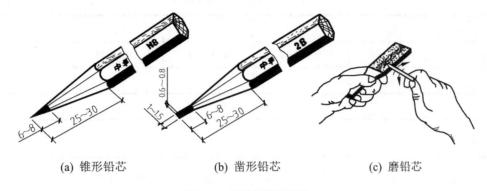

(a) 锥形铅芯　　　　(b) 凿形铅芯　　　　(c) 磨铅芯

图 1-8　绘图铅笔的削法

## 1.2　制图标准的基本规定

工程图样是工程界的技术语言，是施工建造的重要依据。为了便于技术交流以及符合设计、施工、存档等要求，必须对图样的格式和表达方法等做出统一规定，这个规定就是制图标准。

国家标准《技术制图》和《房屋建筑制图统一标准》是工程界重要的技术基础标准，是绘制和阅读工程图样的依据。需要指出的是，《房屋建筑制图统一标准》适用于建筑工程图样，而《技术制图》标准则普遍适用于工程界各种专业技术图样。

我国国家标准(简称国标)的代号是 GB，例如《GB/T 17451—1998 技术制图　图样画法　视图》，表示制图标准中图样画法的视图部分，GB/T 表示推荐性国标，17451 为编号，1998 是发布年号。

本节主要介绍国家标准《技术制图》《房屋建筑制图统一标准》(GB/T 50001—2010)中有关图幅、比例、字体、图线、尺寸等的相关规定。

### 1.2.1　图纸幅面和格式

**1. 图纸幅面**

图纸的幅面是指图纸的大小规格。为了合理利用图纸并便于管理，国家标准《技术制图》中规定了五种基本图纸幅面，绘制图样时，应优先选用表 1-1 中所列出的图纸基本幅面。

表 1-1　图纸基本幅面尺寸　　　　　　　　　　　　　　　　　　单位：mm

| 幅面代号 | | $A_0$ | $A_1$ | $A_2$ | $A_3$ | $A_4$ |
|---|---|---|---|---|---|---|
| $B×L$ | | 841×1189 | 594×841 | 420×594 | 297×420 | 210×297 |
| 周边宽度 | $e$ | 20 | | | 10 | |
| | $c$ | 10 | | | 5 | |
| | $a$ | 25 | | | | |

图纸幅面边长尺寸之比为 $\sqrt{2}$ 系列，即 $L=\sqrt{2}B$(宽长比接近黄金分割率)。$A_0$ 号幅面的面积为 $1m^2$，沿其长边对裁便可得到两张 $A_1$。因而各号图纸幅面的尺寸关系是：沿上一号幅面的长边对裁，即为次一号幅面的大小，如图 1-9 所示。

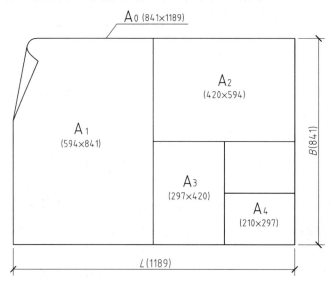

图 1-9　图纸基本幅面的尺寸关系

### 2. 图框格式

图框是图纸上限定绘图区域的线框，必须用粗实线(线宽约为 1.4mm 或 1.0mm)绘制。图框格式分为留装订边和不留装订边两种，但同一产品的图样只能采用一种图框格式。两种格式的图框周边尺寸 $a$、$c$、$e$ 见表 1-1。图 1-10(a)、图 1-10(b)所示为需要装订的图纸图框格式，不需要装订的图纸可以不留装订边，其图框周边尺寸只需把 $a$、$c$ 尺寸均换成表 1-1 中的 $e$ 尺寸即可，如图 1-10(c)所示。

图纸以短边作为竖直边的称为横式幅面[见图 1-10(a)]；以短边作为水平边的称为立式幅面[见图 1-10(b)、图 1-10(c)]。装订时通常多采用 $A_0$～$A_3$ 横装，$A_4$ 竖装。

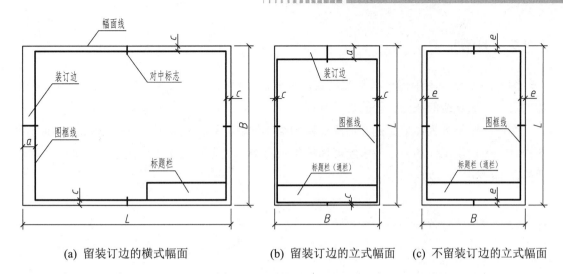

(a) 留装订边的横式幅面　　(b) 留装订边的立式幅面　　(c) 不留装订边的立式幅面

图 1-10　图框格式和对中符号

为复制或缩微摄影时便于定位,应在图纸各边长的中点处分别用粗实线画出对中标志,其长度是从纸边开始直至伸入图框内约 5mm(当对中标志处于标题栏范围内时,深入标题栏的部分应当省略),如图 1-10(b)所示。

必要时,允许加长图纸幅面,其尺寸必须是由基本幅面的短边成整数倍增加后得出。

**3．标题栏**

图框右下角的表格称为标题栏(简称图标)。每张技术图样中均应有标题栏,用来填写工程名称、图名、图号以及设计单位、制图人和审批人的签名、日期、比例等内容。标题栏中的文字方向为看图方向。外框线宜用中粗实线(线宽为 0.5～0.7mm)绘制,其右边和底边与图框线重合;内部分格线用细实线(线宽为 0.25～0.35mm)绘制。

标题栏的内容、格式、尺寸及分区在国家标准《技术制图》中已做了规定。学生制图作业所用的标题栏,建议采用图 1-11 所示格式。

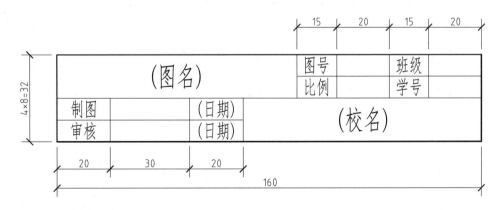

图 1-11　制图作业标题栏格式

### 1.2.2 比例

图样的比例是图中图形与其实物相应要素的线性尺寸之比(线性尺寸是指能用直线表达的尺寸,如直线的长度、圆的直径等)。

图样的比例分为原值比例、放大比例和缩小比例三种,用符号":"表示。绘制技术图样时,应根据图样的用途与所绘形体的复杂程度,优先从表 1-2 所规定的系列中选取合适的比例(表中的 $n$ 为正整数)。

表1-2　绘图常用比例

| 种　类 | | 比　　例 | | | | |
| --- | --- | --- | --- | --- | --- | --- |
| 原值比例 | 优先选用 | 1:1 | | | | |
| 放大比例 | 优先选用 | 2:1 | 5:1 | $(1\times10^n):1$ | $(2\times10^n):1$ | $(5\times10^n):1$ |
| | 可选用 | 2.5:1 | 4:1 | $(2.5\times10^n):1$ | $(4\times10^n):1$ | |
| 缩小比例 | 优先选用 | 1:2 | 1:5 | $1:(1\times10^n)$ | $1:(2\times10^n)$ | $1:(5\times10^n)$ |
| | 可选用 | 1:1.5 | 1:2.5 | 1:3 | 1:4 | 1:6 |
| | | $1:(1.5\times10^n)$ | $1:(2.5\times10^n)$ | $1:(3\times10^n)$ | $1:(4\times10^n)$ | $1:(6\times10^n)$ |

不论采用何种比例绘图,图中所注的尺寸数值均代表形体的实际大小,因而应按原值标注,其与绘图的准确度和所用比例无关,如图 1-12 所示。

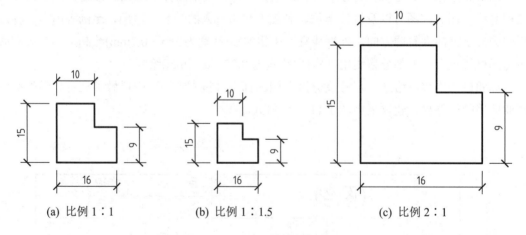

(a) 比例 1:1　　(b) 比例 1:1.5　　(c) 比例 2:1

图 1-12　不同比例绘制的图形

### 1.2.3 字体

图样上除了表达物体形状的图形外,还要用数字和文字说明物体的大小、技术要求和其他内容。

1. 字体的种类

(1) 汉字。图样及说明中的汉字，宜采用长仿宋体或黑体，同一图纸字体种类不应超过两种。汉字的简化字书写应符合国家有关汉字简化方案的规定，其高度($h$)一般不应小于 3.5mm。长仿宋体的字宽一般为 $h/\sqrt{2}$ (约等于字高的 2/3)，而黑体字的宽度与高度则应相同。

长仿宋体字的字形方正、结构严谨，笔画刚劲挺拔、清秀舒展。其书写要领是：横平竖直、起落分明、结构匀称、填满方格。长仿宋体字的示例如图 1-13 所示。

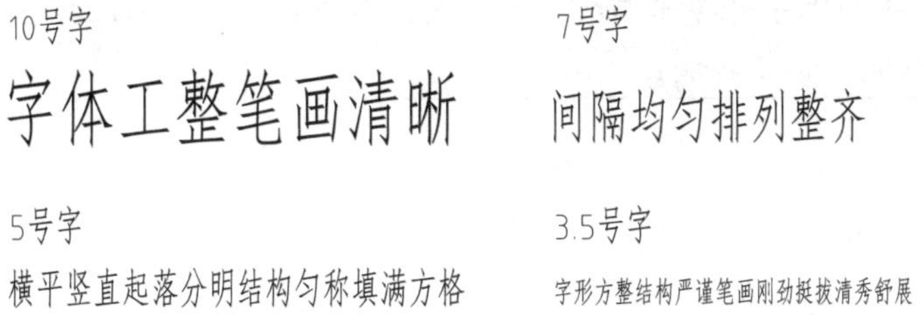

10号字

字体工整笔画清晰

7号字

间隔均匀排列整齐

5号字

横平竖直起落分明结构匀称填满方格

3.5号字

字形方整结构严谨笔画刚劲挺拔清秀舒展

图 1-13　长仿宋体字示例

(2) 字母和数字。图样及说明中的字母有拉丁字母和希腊字母；数字有阿拉伯数字与罗马数字，其均宜采用单线简体或 ROMAN 字体。在书写时，字母和数字分为 A 型和 B 型两种。A 型字体的笔画宽度($d$)为字高($h$)的 1/14，B 型字体的笔画宽度($d$)为字高($h$)的 1/10。在同一张图样上，只允许选用同一种形式的字体。

字母和数字可写成斜体和直体(正体)，其字高一般不应小于 2.5mm。斜体字的斜度应从字的底线逆时针向上倾斜 75°。数量的数值与单位符号的注写应采用正体。拉丁字母和数字的示例如图 1-14 所示。

(a) 直体大、小写拉丁字母　　(b) 斜体大、小写拉丁字母

(c) 直、斜体阿拉伯数字　　(d) 直、斜体罗马数字

图 1-14　拉丁字母和数字示例

### 2. 书写要求

在图样中所书写的文字、数字或符号等，均应做到：字体工整、笔画清晰、间隔均匀、排列整齐。

### 3. 字体的高度(号数)

字体的号数即字体的高度(用 $h$ 表示)，应从如下系列中选用：1.8、2.5、3.5、5、7、10、14、20mm。如需书写更大的字，其字体高度应按 $\sqrt{2}$ 的倍数递增。

**注意**：当字母、数字与汉字并排书写时，易写成直体字且其字高应比汉字小一号或二号(为了视觉上感觉匀称和协调)。

## 1.2.4 图线

### 1. 图线的形式及应用

在绘制工程图样时，为了表达不同的内容，且使图样层次清晰、主次分明，必须选用不同线型和线宽的图线。《房屋建筑制图统一标准》(GB/T 50001—2010) 中规定了建筑工程图样中常用的图线名称、形式、宽度及其应用，如表 1-3 所示。

表 1-3　图　线

| 名　称 | | 线　型 | 线　宽 | 一般用途 |
| --- | --- | --- | --- | --- |
| 实线 | 粗 | —————— | $b$ | 主要可见轮廓线 |
| | 中粗 | —————— | $0.7b$ | 可见轮廓线 |
| | 中 | —————— | $0.5b$ | 可见轮廓线、尺寸线、变更云线 |
| | 细 | —————— | $0.25b$ | 图例填充线、家具线 |
| 虚线 | 粗 | − − − − − − | $b$ | 见各有关专业制图标准 |
| | 中粗 | − − − − − − | $0.7b$ | 不可见轮廓线 |
| | 中 | − − − − − − | $0.5b$ | 不可见轮廓线、图例线 |
| | 细 | − − − − − − | $0.25b$ | 图例填充线、家具线 |
| (单)点画线 | 粗 | —·—·—·— | $b$ | 见各有关专业制图标准 |
| | 中 | —·—·—·— | $0.5b$ | 见各有关专业制图标准 |
| | 细 | —·—·—·— | $0.25b$ | 中心线、对称线、轴线 |
| 双点画线 | 粗 | —‥—‥—‥ | $b$ | 见各有关专业制图标准 |
| | 中 | —‥—‥—‥ | $0.5b$ | 见各有关专业制图标准 |
| | 细 | —‥—‥—‥ | $0.25b$ | 假想轮廓线、成型前原始轮廓线 |
| 折断线(双折线) | | ∿∿ | $0.25b$ | 断开界线 |
| 波浪线 | | ～～～ | $0.25b$ | 断开界线 |

图样中的线型和线宽应用示例如图 1-15 所示。

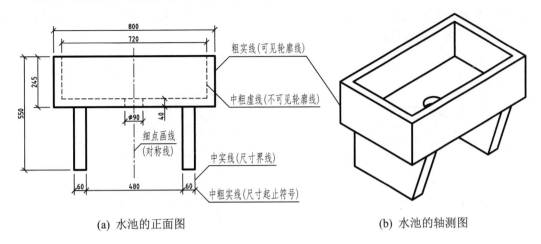

(a) 水池的正面图　　　　　　(b) 水池的轴测图

图 1-15　图线应用示例

图线的宽度 $b$ 宜从 1.4、1.0、0.7、0.5、0.35、0.25、0.18、0.13mm 线宽系列中选取。每张图样应根据其复杂程度和比例大小，先选定基本线宽 $b$，然后再按 4∶3∶2∶1 的线型比例关系确定其他线宽。

在绘制虚线和(单)点或双点画线时，其线素(点、画、长画和短间隔)的长度建议按图 1-16 所示的尺寸选取。

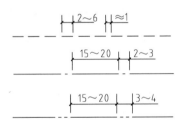

图 1-16　线素长度示例

### 2．图线的画法

绘制图线时，应注意做到以下几点。

(1) 同一图样中，同类图线的宽度应基本一致。虚线、点画线及双点画线的线段长度和间隔应各自大致相等。

(2) 相互平行的图例线，其净间隙或线中间隙不宜小于 0.2mm。

(3) 绘制图形的对称线、轴线时，其点画线应超出图形轮廓线外 3～5mm，且点画线的首末两端是长画，而不是短画；用点画线绘制圆的中心线时，圆心应为线段的交点。

(4) 在较小的图形上绘制点画线、双点画线有困难时，可用实线代替。

(5) 虚线、点画线、双点画线自身相交或与其他任何图线相交时，都应在线段处相交，而不应在空隙或短画处相交；但如果虚线是实线的延长线时，则不得与实线相接，即在连接虚线端处应留有空隙。

(6) 图线不得与文字、数字或符号重叠、混淆，当不可避免时，应首先保证文字的清晰。图线画法的正误对比，如图1-17所示。

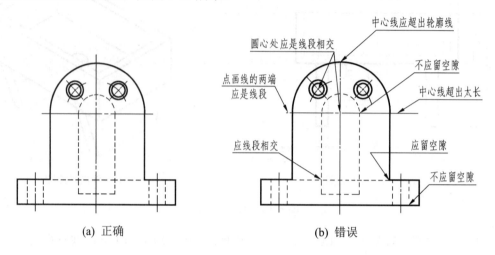

(a) 正确　　　　　　　　　　(b) 错误

图1-17　图线画法的正误对比

## 1.2.5　尺寸标注

图形只能表达形体的形状，而其大小则要由标注的尺寸确定。标注尺寸时，应严格遵守国家标准有关尺寸注法的规定，做到正确、完整、清晰、合理。

### 1. 尺寸的组成

图样上的尺寸由尺寸界线、尺寸线、尺寸起止符号和尺寸数字四部分组成，如图1-18所示。

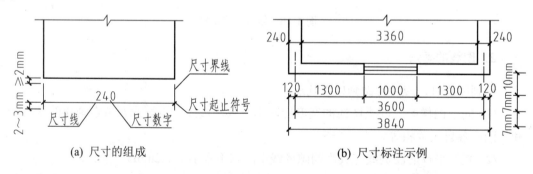

(a) 尺寸的组成　　　　　　　　(b) 尺寸标注示例

图1-18　尺寸的组成与尺寸标注示例

(1) 尺寸界线用来表示尺寸的度量范围，用细实线绘制。其应与被注长度垂直，一端离开图样轮廓线不小于2mm，另一端宜超出尺寸线2～3mm。必要时尺寸界线可用图形的轮廓线、轴线或对称中心线代替，如图1-18(b)中所示的240和3360。

(2) 尺寸线表示所注尺寸的度量方向和长度，用细实线绘制。其应与被注长度平行，且不宜超出尺寸界线之外。尺寸线不能用其他图线代替或与其他图线重合。

如图 1-18(b)所示，互相平行的尺寸线，应从轮廓线向外排列，大尺寸要标注在小尺寸的外面。尺寸线与图样轮廓线的距离一般不小于 10mm，平行排列的尺寸线之间的距离应一致，约为 7mm。

(3) 尺寸起止符号(尺寸线终端)是尺寸的起止点，有与水平线成 45°夹角的中粗斜短线和箭头两种。线性尺寸的起止符号一般用中粗斜短线，其倾斜方向与尺寸界线成顺时针 45°角，长度宜为 2～3mm；半径、直径和角度、弧长的尺寸起止符号一般用箭头表示。尺寸起止符号的画法如图 1-19 所示。

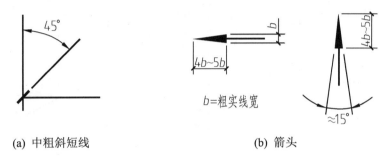

(a) 中粗斜短线　　　　　　　　　(b) 箭头

图 1-19　尺寸起止符号的画法

(4) 尺寸数字表示尺寸的实际大小，一般写在尺寸线的上方、左侧或尺寸线的中断处。尺寸数字必须是形体的实际大小，与绘图所用的比例或绘图的精确度无关。建筑工程图上标注的尺寸，除标高和总平面图以米(m)为单位外，其他一律以毫米(mm)为单位，图上的尺寸数字不再注写单位。

尺寸数字的注写方向，应按如图 1-20(a)所示的规定注写；若尺寸数字在 30°阴影区内，宜按如图 1-20(b)所示的形式注写。尺寸数字一般应按其方向注写在靠近尺寸线的上方中部，如果没有足够的注写位置，可按如图 1-20(c)所示的形式注写。

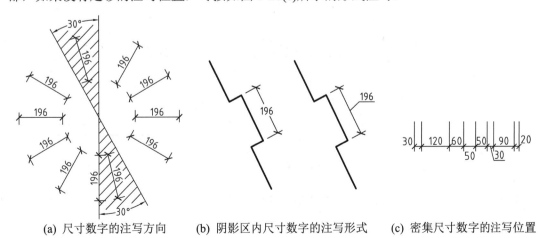

(a) 尺寸数字的注写方向　　(b) 阴影区内尺寸数字的注写形式　　(c) 密集尺寸数字的注写位置

图 1-20　尺寸数字的注写形式

## 2. 半径、直径和角度尺寸的标注

标注半径、直径和角度尺寸时，尺寸起止符号一般多用箭头表示。小于或等于半圆的圆弧应标注半径，且应在其尺寸数字前加注符号"*R*"，较大圆弧的尺寸线可画成折线等形式，其延长线应对准圆心，如图 1-21(a)所示；大于半圆的圆和圆弧应标注直径，且应在其尺寸数字前加注符号"*ϕ*"；圆球的半径和直径数字前还应再加注符号"*S*"，如图 1-21(b)所示；角度的尺寸界线应沿径向引出，尺寸线画成圆弧，圆心是角的顶点，尺寸数字应一律水平书写，当相邻两尺寸界线的间隔较小、没有足够位置画箭头时，可用小圆点代替，如图 1-21(c)所示。

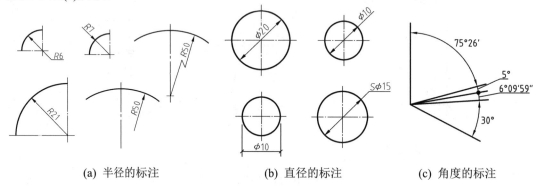

(a) 半径的标注　　　　(b) 直径的标注　　　　(c) 角度的标注

图 1-21　半径、直径和角度的尺寸注法

## 3. 坡度的标注

坡度表示一直线相对于水平线、一平面相对于水平面的倾斜程度，可采用百分数、比数等形式标注。标注坡度时，应加注坡度符号，该符号为单面箭头，箭头应指向下坡方向。2%表示每 100 单位下降两个单位，如图 1-22(a)所示；1∶2 表示每下降一个单位，水平距离为两个单位，如图 1-22(b)所示。坡度也可以用直角三角形形式表示，如图 1-22(c)所示。

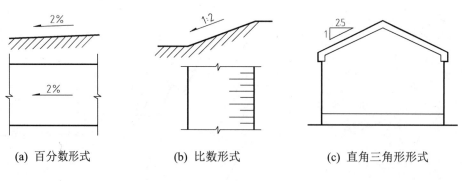

(a) 百分数形式　　　　(b) 比数形式　　　　(c) 直角三角形形式

图 1-22　坡度的注法

## 1.3 几何作图

任何建筑形体的轮廓及细部形状,一般是由直线、圆弧和非圆曲线组成的几何图形,因此在绘制图样时,经常要运用一些基本的几何作图方法。

### 1.3.1 等分及作正多边形

等分线段、图幅和圆周以及作正多边形的方法如表1-4所示。

表1-4 等分线段、图幅和圆周

| 等分任意线段 |  | 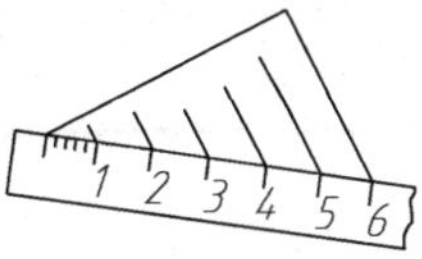 | 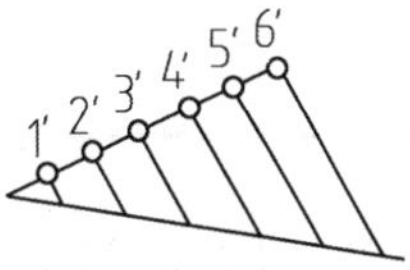 |
|---|---|---|---|
| 等分两平行线间距离 | 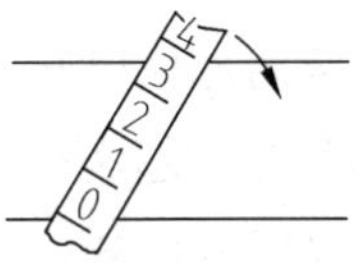 | 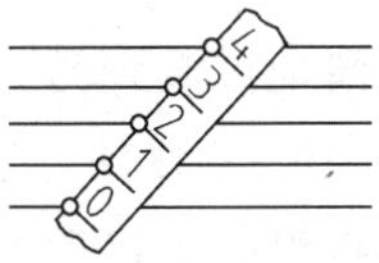 | 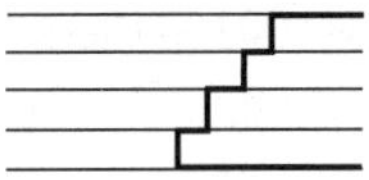 |
| 等分图纸幅面 | 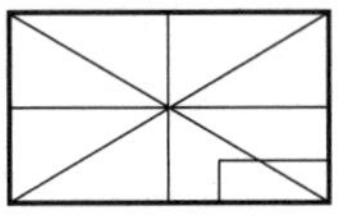 二、四等分 | 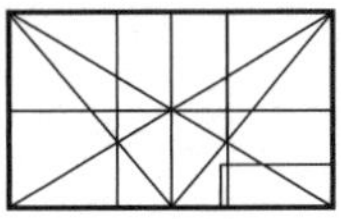 三、六等分 | 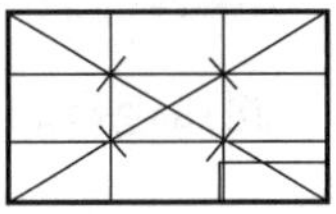 九等分 |
| 等分圆周作正多边形 | 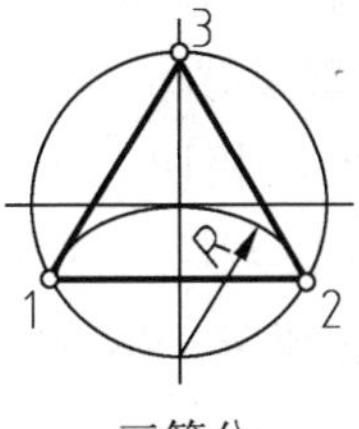 三等分 | 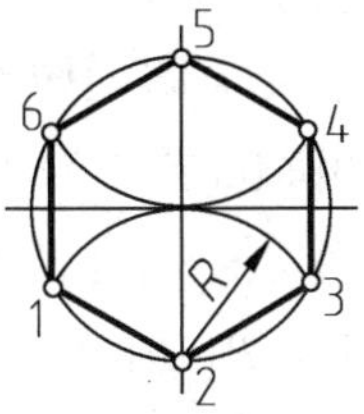 六等分 | 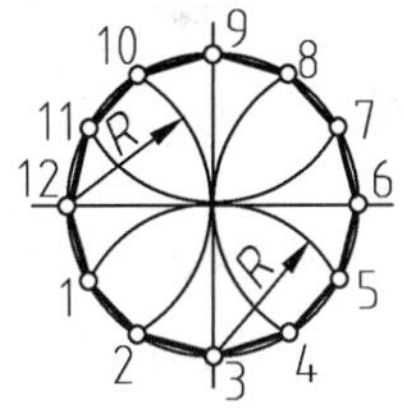 十二等分 |
| | 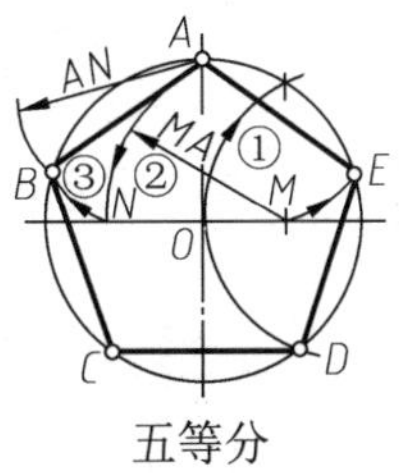 五等分<br>(①②③为作图步骤) | 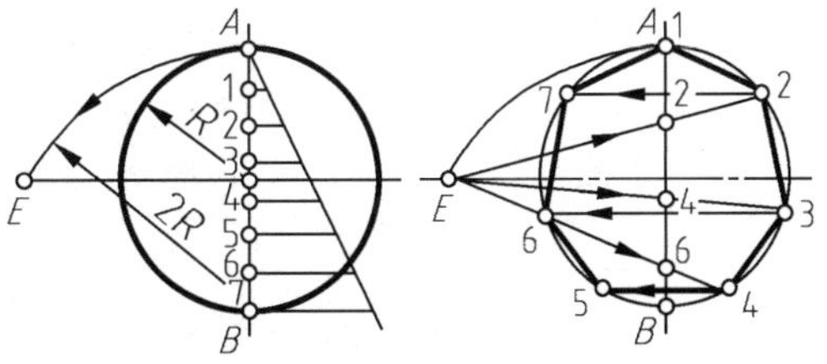 任意等分(七等分) | |

## 1.3.2 椭圆画法

画椭圆最常用的一种近似方法是"四心圆弧法",如表 1-5 所示。

表 1-5 四心圆弧法画椭圆

| 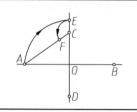 | 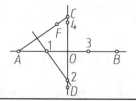 | 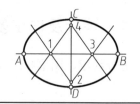 |
|---|---|---|
| (1) 已知长轴 AB、短轴 CD,连接 AC,求出点 E、F,使 OE=OA,CF=CE | (2) 作 AF 垂直平分线,交轴线于 1、2 两点;对称求出 3、4 两点 | (3) 以点 1、2、3、4 为圆心,以四条连心线为分界线,过 A、B、C、D 四点分别作四段圆弧 |

## 1.3.3 圆弧连接

画图时常遇到从一条线光滑地过渡到另一条线,即相切。用已知半径的圆弧光滑连接(相切)相邻两已知线段(直线或圆弧)的作图方法称为圆弧连接。起连接作用的圆弧称为连接弧,切点称为连接点。由于连接弧的半径和被连接的两线段为已知,因此圆弧连接的关键是确定连接弧的圆心和连接点。

**1. 圆弧连接的作图原理**

由平面几何可知,圆弧连接作图有如下关系。

(1) 半径为 $R$ 的圆弧与已知直线相切,其圆心轨迹是距离直线为 $R$ 的平行线,当圆心为 $O$ 时,由 $O$ 向直线作垂线,垂足 $k$ 即为切点,如图 1-23(a)所示。

(2) 半径为 $R$ 的圆弧与已知圆弧(圆心为 $O_1$,半径为 $R_1$)相切,其圆心轨迹是已知圆弧的同心圆,此同心圆半径 $R_2$ 视相切情况(外切或内切)而定。当两圆弧外切时,$R_2=R_1+R$,如图 1-23(b)所示;当两圆弧内切时,$R_2=R_1-R$,如图 1-23(c)所示。当圆心为 $O$ 时,连接圆心的直线 $O_1O$(或反向延长)与已知圆弧的交点 $k$ 即为切点。

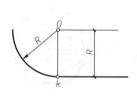
(a) 圆弧与直线相切

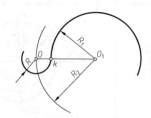
(b) 圆弧与圆弧外切

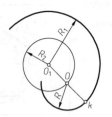
(c) 圆弧与圆弧内切

图 1-23 圆弧连接的作图原理

## 2．圆弧连接的三种形式

圆弧连接有以下三种形式。

(1) 圆弧连接两已知直线。其具体作图步骤与方法如表 1-6 所示。

(2) 圆弧连接两已知圆弧。此种连接又分为外连接(外切)、内连接(内切)与混合连接(内外切)三种，具体作图步骤与方法如表 1-6 所示。

(3) 圆弧连接已知直线和圆弧(综合连接)。其具体作图步骤与方法如表 1-6 所示。

表 1-6　圆弧连接画法

| 种　类 | | 已知条件 | 作图步骤 | | |
|---|---|---|---|---|---|
| | | | 求连接弧的圆心 $O$ | 求切点 $k$ | 画连接弧 |
| 圆弧连接两已知直线 | 两直线倾斜 | | | | |
| | 两直线垂直 | 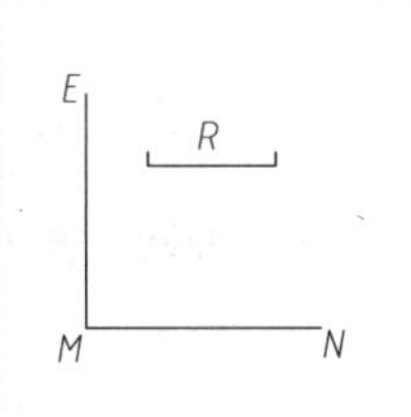 | 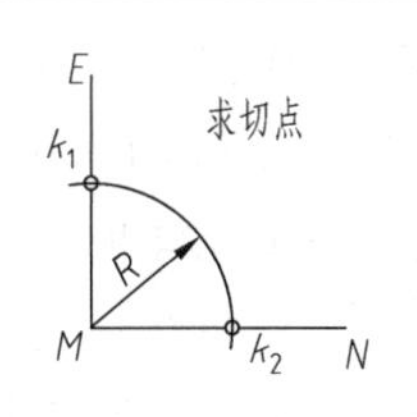 | 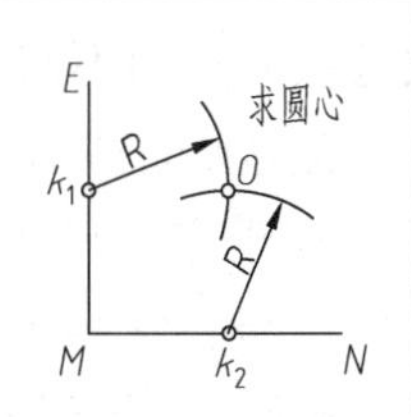 | 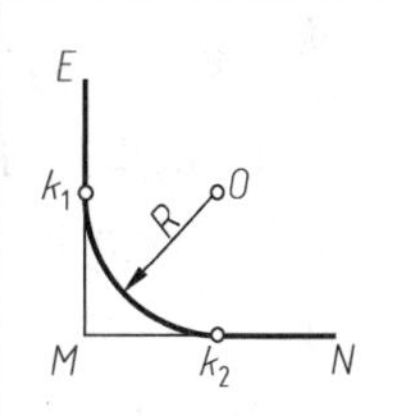 |
| 圆弧连接两已知圆弧 | 外　切 | | | | |
| | 内　切 | | | | |
| | 内外切 | 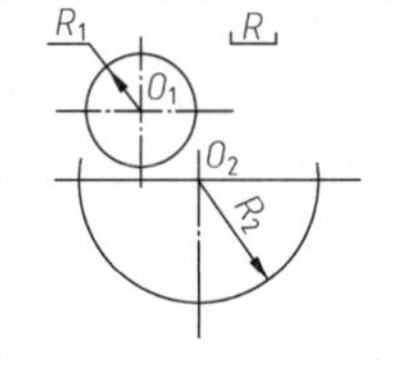 | 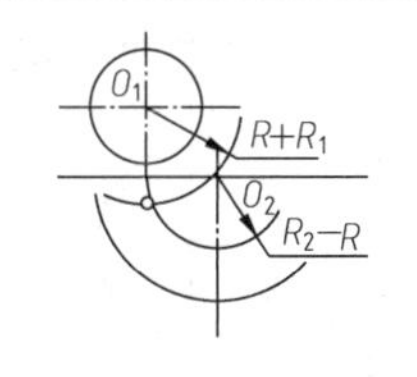 | 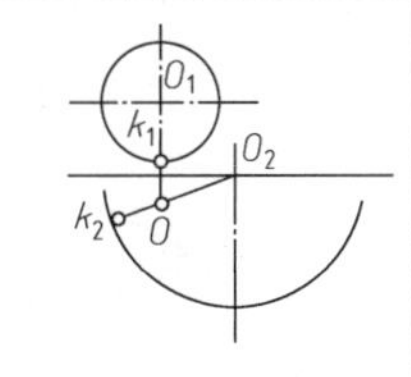 | 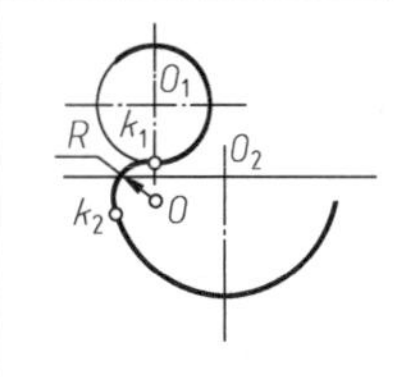 |
| 圆弧连接已知直线和圆弧 | 综合连接 | 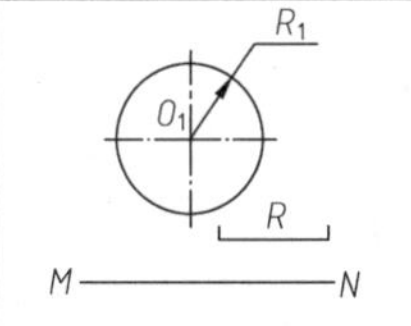 | 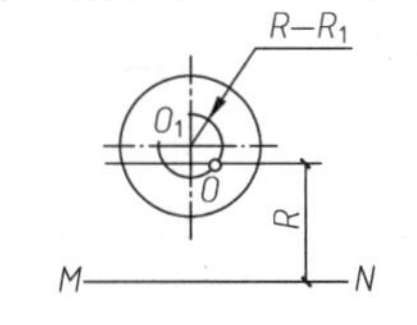 | 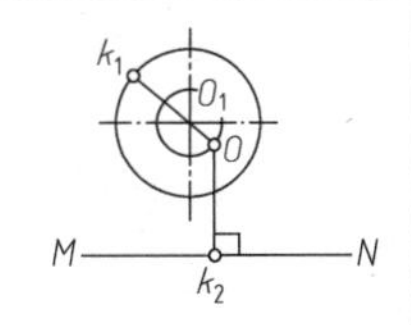 | 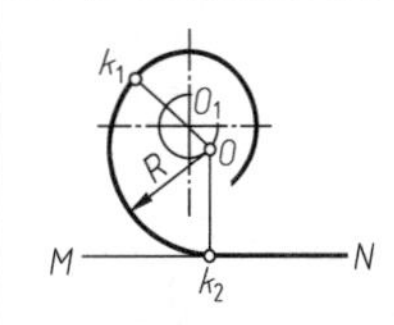 |

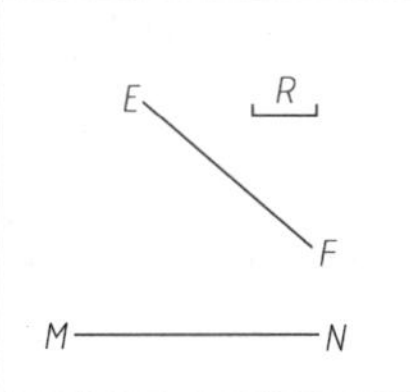

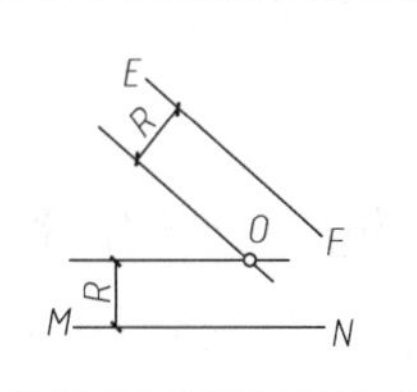

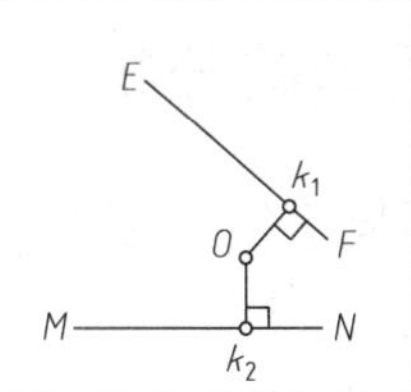

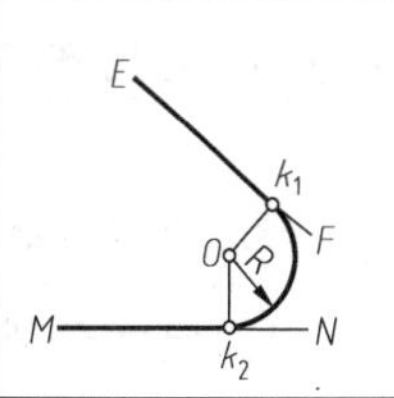

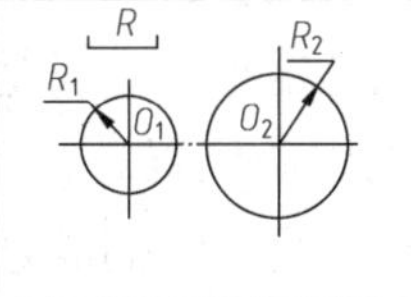

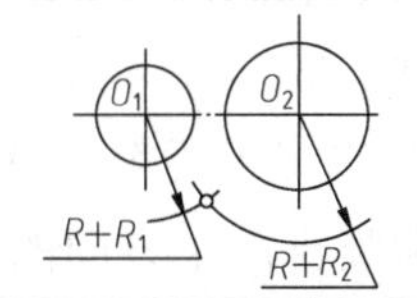

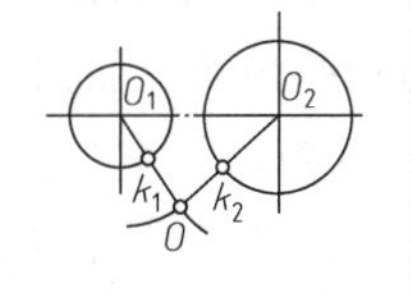

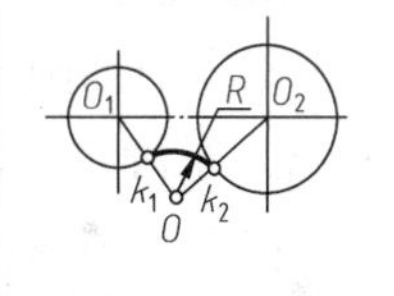

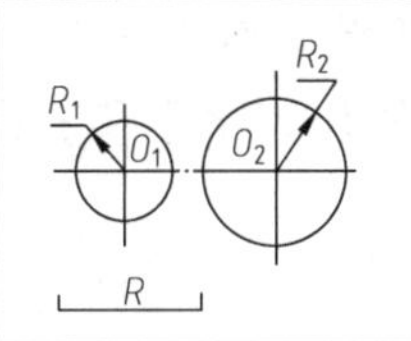

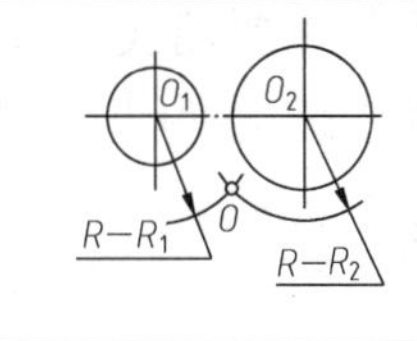

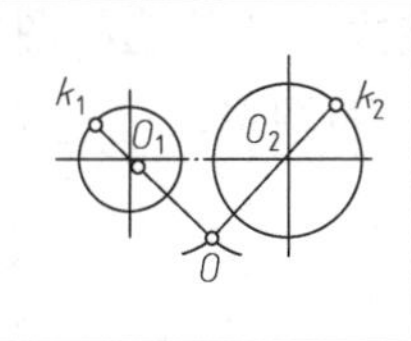

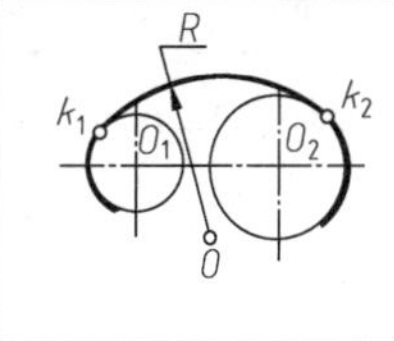

为了使图线光滑连接，必须保证两线段在切点处相连，即切点是两线段的分界点。为此，作图时应尽可能做到准确和精确。

**注意：** 当因作图误差而导致两图线不能在切点处相连时，可微量调整圆心位置或连接弧半径，以使图线能在切点处相连。

## 1.4 平面图形的画法

绘制平面图形，一方面要求图形正确、美观，另一方面要求作图迅速、熟练。为此，要养成先分析后作图的习惯，因为只有按照正确的作图顺序，才能绘制出高质量的图样。

### 1.4.1 平面图形的分析

图形分析包括尺寸分析与线段分析两方面的内容。

**1. 尺寸分析**

平面图形的尺寸按其作用不同可分为以下两大类。

(1) 定形尺寸：确定平面图形各组成部分的形状和大小的尺寸。圆的直径、半径、线段的长度及角度等都属于定形尺寸。如图 1-24 所示的 $\phi 30$、$R98$、$R16$、$R14$ 及 52、6 等尺寸。

(2) 定位尺寸：确定平面图形各组成部分之间相对位置的尺寸。如图 1-24 所示的 36，用于确定中部圆的圆心位置。而 100、76、80 等尺寸既是定形尺寸又是定位尺寸，如尺寸 80 既用于确定图形下部总长度，又间接用于确定 $R14$ 的圆心位置。

在平面图形中，应先确定水平和竖直两个方向的基准线，它们既是定位尺寸的起点，又是最先绘制的线段。通常选取图形的重要端线、对称线、圆的中心线等作为尺寸基准。如图 1-24 所示的平面图形，分别选取对称线与重要端线作为水平和竖直方向的尺寸基准。

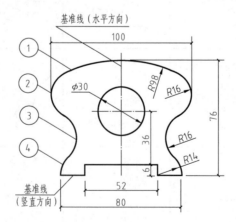

图 1-24 平面图形的分析

尺寸分析是线段分析的基础，在正确分析完尺寸之后，方能顺利地进行线段分析。

**2．线段分析**

平面图形的线段，按所给定的(定位)尺寸是否完整可分为以下三种。

(1) 已知线段：尺寸完整(有定形、定位尺寸)，能直接画出的线段。如图 1-24 所示的直线段、$\phi 30$ 的圆以及 $R98$、$R14$ 的圆弧(线段①、④)等。

(2) 中间线段：有定形尺寸，但定位尺寸不全，必须依赖与一侧相邻线段的相切条件才能画出的线段。如图 1-24 所示的 $R16$ 的圆弧(线段②)。

(3) 连接线段：只有定形尺寸，而没有定位尺寸的线段，必须依赖与两侧相邻线段的相切条件才能画出的线段。如图 1-24 所示的 $R16$ 的圆弧(线段③)。

作图时，应先画已知线段，再画中间线段，最后画连接线段。

## 1.4.2　平面图形的绘图步骤

下面以图 1-25(f)所示的平面图形为例，介绍绘制平面图形的方法与步骤。

**1．绘图准备工作**

(1) 准备好绘图工具和用品。将所用到的圆规、铅笔、橡皮等绘图工具和用品都擦拭干净，不要有污迹，并保持两手清洁。

(2) 分析图形的各种尺寸及线段，确定作图顺序。一般情况下，每一图形应先作出基准线，然后用到定位尺寸、定形尺寸；根据图形分析先画已知线段，找出连接圆弧的圆心和切点，再画中间线段和连接线段。

(3) 选比例、定图幅，画图框及标题栏。根据平面图形的尺寸大小和复杂程度，选择比例并定出图幅的大小；将图纸用胶带纸固定在图板的左下方(图纸下方留足放置丁字尺的位置)，然后按国家标准规定的尺寸和格式，绘制图框和标题栏。

**2．绘图步骤**

(1) 绘底稿。画底稿时要用较硬的铅笔(2H、H 或 3H)，铅芯要削得尖一些，画出的图线要细而淡，但各种图线要分明。画底图的步骤如图 1-25(a)~(e)所示。

① 合理布置图形。依次作出基准线，已知线段、中间线段及连接线段。

② 画尺寸界线和尺寸线。

(2) 检查描深。在对底稿作仔细检查、改正，直至确认无误之后，用较软的铅笔(B、2B 或 HB)描深图线。为了使所画线条的颜色均匀一致，画圆时圆规的铅芯应比画相应直线的铅芯软一号。描深图线时可采用以下顺序。

① 自上而下、自左向右，先水平后垂直和斜线，依次画出同一线宽的图线；

② 先粗线后细线，先曲线后直线，先实线后虚线，最后画点画线。

(3) 标注尺寸。按制图标准的要求画尺寸起止符号、注写尺寸数字。标全所有的定形尺寸和定位尺寸，完成全图[见图 1-25(f)]。

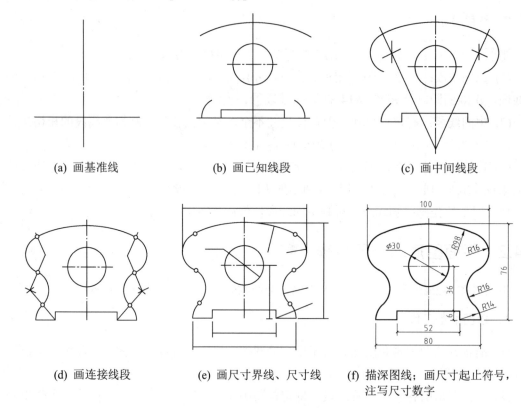

图 1-25　绘制平面图形的方法与步骤

(4) 填写标题栏。填写标题栏中的各项内容，完成全部绘图工作。

## 1.5　徒手绘图简介

徒手绘图是不用绘图工具，凭目测按大致比例徒手画出草图。草图并非"潦草的图"，其同样要求图形正确、线型分明、比例匀称、字体工整、图面整洁。徒手绘图是工程技术人员的基本技能之一，要通过实践训练不断提高。常见的徒手作图方法如表 1-7 所示。

表1-7 徒手作图方法

| 内 容 | 图 例 | 画 法 |
|---|---|---|
| 画水平线、垂直线 | 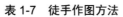 | 手腕不动,用手臂带动握笔的手水平移动或垂直移动 |
| 画各特殊角度斜线 | | 根据两直角边的比例关系,定出端点,然后连接 |
| 画大圆和小圆 | | 先画出中心线,目测半径,在中心线上截得四点,再将各点连接成圆。画大圆时,则可多作几条过圆心的线 |
| 画平面图形 | | 先按目测比例作出已知圆弧,再作连接圆弧与已知圆弧光滑连接 |

# 第 2 章　正投影基础

**本章要点**

- 投影的概念、分类及正投影的基本性质。
- 三面投影图的形成及投影规律。
- 各种位置点、直线、平面的投影特性及作图方法。

**本章难点**

各种位置点、直线、平面的投影特性及作图方法。

工程图样是应用投影的原理和方法绘制的。本章将介绍投影原理、投影特性与三面投影图的形成、规律以及各种位置点、直线、平面的投影特性与画法，为学习和绘制形体的投影图打下基础。

## 2.1　投影基本知识

### 2.1.1　投影的概念

物体在灯光或日光的照射下，在地面或墙面上会出现影子(见图 2-1)，这就是投影现象。这里的灯光或日光称为投影中心，光线称为投影线或投射线，地面或墙面称为投影面；我们把只表示其形状和大小，而不考虑其物理性质的物体称为形体。工程上利用投影现象而得到形体投影图的方法，称为投影法。

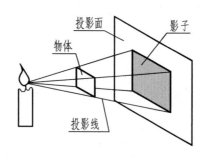

图 2-1　烛光照射的影子

要在平面(图纸)上绘出形体的投影图，就需设有投影面(一个或几个)和投影线，投影线通过形体上各顶点后与投影面相交，在该面上就能得到形体的投影图，又称之为视图(即好像是观察者站在远处观看形体，用人的视线作为投影线投影而所获得的图形)，图 2-2 所示为形体的一面投影图。

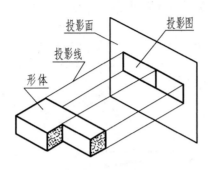

图 2-2　形体的一面投影图

### 2.1.2　投影法的分类

从照射光线(投影线)的形式可以看出，光线的发出有两种：一种是不平行光线，如图 2-1 所示的烛光或白炽灯泡的光；另一种是平行光线，例如遥远的太阳光。前者称为中心投影，后者则称为平行投影。

**1．中心投影法**

投影中心距离投影面有限远处，投影线由中心发出的投影法称为中心投影法。

如图 2-3 所示，设 $S$ 点为一光源，称为投影中心。自 $S$ 发出的投影线有无数条，经三角板三个顶点 $A$、$B$、$C$ 的三条投影线，延长与投影面($H$)相交得到三个点 $a$、$b$、$c$，$\triangle abc$ 即为空间 $\triangle ABC$ 在投影面 $H$ 上的中心投影。图 2-1 所示的投影法就属于中心投影法。

中心投影法的特点是具有高度的立体感和真实感，符合人的视觉，因此在建筑工程外形设计中常用中心投影法(如建筑透视图就是用中心投影法绘制的)。但其投影图的大小会随着投影中心、形体、投影面三者相对位置的改变而改变，作图复杂，且度量性较差，故在工程图样中很少采用。

**2．平行投影法**

投影中心移至无限远处，投影线都互相平行的投影法称为平行投影法。

如图 2-4 所示，设空间 $\triangle ABC$，经其三个顶点 $A$、$B$、$C$ 的三条投影线互相平行，并与投影面($H$)相交得三个点 $a$、$b$、$c$，$\triangle abc$ 就是 $\triangle ABC$ 在投影面 $H$ 上的平行投影。

在平行投影中，按投影线与投影面的位置关系又可分为斜投影和正投影。

(1) 斜投影。投影线彼此相互平行且与投影面 $H$ 倾斜的投影法称为斜投影(也称斜角投影)，如图 2-4 所示。

(2) 正投影。投影线彼此互相平行且与投影面 H 垂直的投影法称为正投影(也称直角投影)，如图 2-5 所示。

正投影的特点是投影图与形体距离投影面的远近无关，能准确地表达形体的形状和大小，且作图简单，易度量，因此在工程上被广泛应用。本书所述的投影，如无特殊说明，均为正投影。

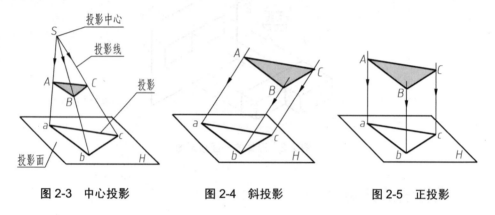

图 2-3　中心投影　　　　图 2-4　斜投影　　　　图 2-5　正投影

### 2.1.3　工程中常用的投影图

工程中常用的投影图主要有以下四种。

#### 1. 多面正投影图

用正投影法将形体向两个或两个以上相互垂直的投影面投影所得到的投影图，称为多面正投影图，最常用的是三面投影图，即三视图(见图 2-6)。正投影图能准确反映形体的形状和大小，即显实性好，易度量，作图方便，因而是工程图中最主要的图示法；其缺点是立体感差，不易读懂。

#### 2. 轴测投影图

轴测投影图简称轴测图，是用平行投影法将形体向一个投影面投影得到的，如图 2-7 所示。这种单面投影图能同时反映形体的长、宽、高，因而具有较强的立体感；其缺点是作图较为复杂，不便于标注尺寸，因而主要作为工程图的辅助图样使用。

#### 3. 透视投影图

透视投影图简称透视图，其符合"近大远小、近长远短"的变化规律，是用中心投影法绘制的，如图 2-8 所示。该种图样比较符合人的视觉，立体感强，且逼真自然，常用作建筑物效果表现图和工业产品展示图；其缺点是度量性差，作图方法复杂。

#### 4. 标高投影图

标高投影图是一种带有高度数字标记的单面正投影图，如图 2-9 所示。作图时是将间隔相等而高程不同的等高线投影到水平投影面上,并标注出等高线的高程。在土建工程中,标高投影图常用来绘制地形图、建筑总平面图和道路等方面的平面布置图样。

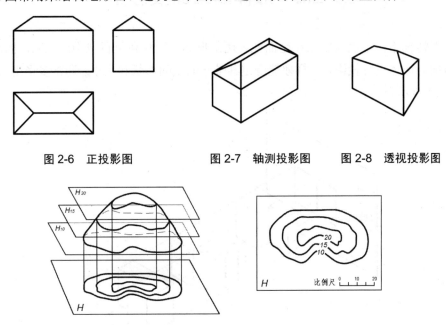

图 2-6　正投影图　　　图 2-7　轴测投影图　　　图 2-8　透视投影图

图 2-9　标高投影图

## 2.1.4　正投影法的基本性质

正投影法具有如下三项基本性质。

(1) 显实性(全等性)。平行于投影面的线段或平面图形,其投影能反映实长或实形,如图 2-10(a)所示。

(2) 积聚性。垂直于投影面的线段或平面图形,其投影积聚为一点或直线(直线上的点或面上的点、线、图形等,其投影分别积聚在直线或平面的投影上),如图 2-10(b)所示。

(3) 类似性。倾斜于投影面的线段或平面图形,其投影短于实长或小于实形,但与空间图形类似,如图 2-10(c)所示。

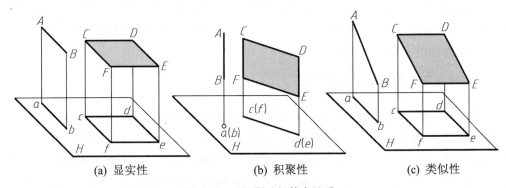

(a) 显实性　　　　　　　(b) 积聚性　　　　　　　(c) 类似性

图 2-10　正投影法的基本性质

## 2.2 形体的三面投影图

一般情况下，单面投影不能全面地表达出形体的形状和位置(见图 2-11)，因而需要从几个方向对形体进行投影，这样才能确定其唯一的空间形状和大小。通常多采用三面投影，如图 2-12 所示。

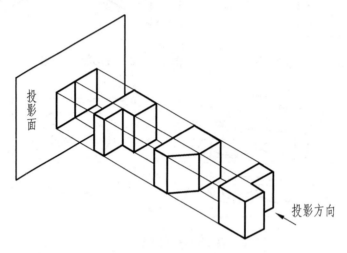

图 2-11 形体的单面投影

### 2.2.1 三面投影图的形成

**1. 三投影面体系**

形体的三面投影体系由三个互相垂直的投影面组成，如图 2-12 所示。

在三投影面体系中有三个投影面。呈正立位置的称正立投影面(简称正面)，用 $V$ 表示；呈水平位置的称水平投影面(简称水平面)，用 $H$ 表示；呈侧立位置的称侧立投影面(简称侧面)，用 $W$ 表示。

三个投影面的交线称为投影轴。$OX$ 轴是 $V$ 面与 $H$ 面的交线，代表长度方向；$OY$ 轴是 $H$ 面与 $W$ 面的交线，代表宽度方向；$OZ$ 轴是 $V$ 面与 $W$ 面的交线，代表高度方向。

三个投影轴的交点称为原点。

**2. 形体在三投影面体系中的投影**

将形体放置在三投影面体系中，用正投影法向各个投影面投影，则形成了形体的三面投影图(也称为三视图，如图 2-12 所示)。由前向后投影，在 $V$ 面上得到的投影图称为正立面投影图(简称正面图)；由上向下投影，在 $H$ 面上得到的投影图称为水平面投影图(简称平面图)；由左向右投影，在 $W$ 面上得到的投影图称为侧立面投影图(简称侧面图)。

3. 三投影面的展开

为了将处在空间位置的三个投影图画在一张纸上,需要将三个投影面展开。展开的方法是：正立面 V 不动,将水平面 H 绕 OX 轴向下旋转 90°,将侧立面 W 绕 OZ 轴向右旋转 90°,如图 2-13 所示。这样就把三个投影图摊在了一个平面(图纸)上。

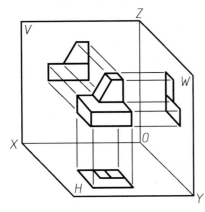 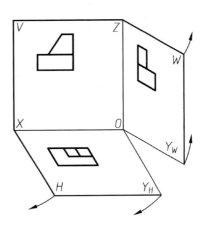

图 2-12  形体的三面投影　　　　　　图 2-13  三投影面的展开

## 2.2.2  三面投影图的投影规律

1. 三面投影图的基本规律(三等关系)

分析三面投影图的形成过程,可以总结出三面投影图的基本规律,即：正面图与平面图长对正；正面图与侧面图高平齐；平面图与侧面图宽相等,如图 2-14 所示。

以上三条规律,普遍适用于任何形体的三视图,而且不仅适用于形体的整体,也适用于形体的各组成部分(局部)。

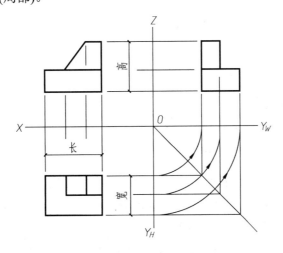

图 2-14  三面投影图的基本规律

## 2. 视图与形体的方位关系

空间形体有"上下、左右、前后"6个方位,这6个方位在三视图中可以按照如图2-15所示的方向确定。由图2-15可知,正面图反映形体的上下和左右,平面图反映形体的左右和前后,侧面图反映形体的上下和前后。

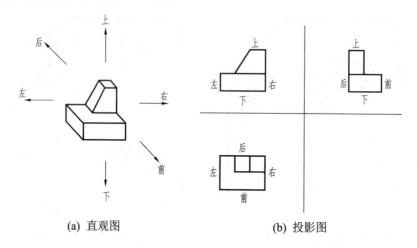

(a) 直观图　　　　　　　　　(b) 投影图

图 2-15　视图与形体的方位关系

形体的"上下、左右"方位明显易懂,而"前后"方位则不够直观,通过分析水平投影和侧面投影可以看出,"远离正面投影的一侧是形体的前面",因此用"远离正面的是前面"这一口诀,可以帮助大家分辨和记忆视图与形体的方位关系。

掌握三面投影图中空间形体的"三等关系"和"方位关系",对绘制和识读投影图是极为重要的。

# 2.3　点 的 投 影

点是构成线、面、体最基本的几何元素,因此掌握点的投影是学习线、面、体投影图的基础。

## 2.3.1　点的三面投影

### 1. 点三面投影的形成

如图2-16(a)所示,在三投影面体系中,过空间点 $A$ 分别向三个投影面作垂线(正投影),垂足 $a'$、$a$、$a''$ 即为点 $A$ 的三面投影。点的投影依然是点。$a'$ 称为点 $A$ 的正面投影;$a$ 称为点 $A$ 的水平面投影;$a''$ 称为点 $A$ 的侧面投影。

移去空间点 $A$,将三个投影面摊平在一个平面上,便得到点 $A$ 的三面投影图,如

图 2-16(b)所示。

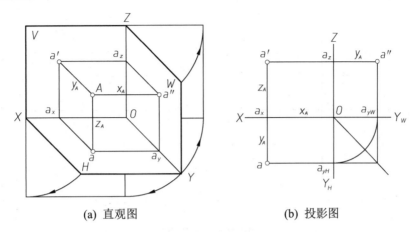

(a) 直观图　　　　　　　　　(b) 投影图

图 2-16　点的投影

用投影图来表示空间点，其实质是在同一平面上用点在三个不同投影面上的投影来表示点的空间位置。

**2．点的投影规律(特性)**

从图 2-16(a)中可以看出，过空间点 $A$ 的两条投射线 $Aa$ 和 $Aa'$ 所决定的平面与 $V$ 面和 $H$ 面同时垂直相交，交线分别是 $aa_X$ 和 $a'a_X$，因此 $OX$ 轴必然垂直于平面 $Aaa_Xa'$，也就是垂直于 $aa_X$ 和 $a'a_X$。而 $aa_X$ 和 $a'a_X$ 是互相垂直的两条直线，当 $H$ 面绕 $X$ 轴旋转至与 $V$ 面成为同一平面时，$aa_X$ 和 $a'a_X$ 就成为一条垂直于 $OX$ 轴的直线，即 $aa' \perp OX$[见图 2-16(b)]。同理，$a'a'' \perp OZ$。$a_Y$ 在投影面展平之后，被分为 $a_{YH}$ 和 $a_{YW}$ 两个点，因此 $aa_{YH} \perp OY_H$，$a''a_{YW} \perp OY_W$，即 $aa_X = a''a_Z$。

从以上分析可以总结出点的投影规律如下。

(1) 正面投影和水平投影的连线必定垂直于 $X$ 轴，即 $a'a \perp OX$。

(2) 正面投影和侧面投影的连线必定垂直于 $Z$ 轴，即 $a'a'' \perp OZ$。

(3) 水平投影到 $X$ 轴的距离等于侧面投影到 $Z$ 轴的距离，即 $aa_X = a''a_Z$。

由点的投影规律可以得出如下结论。

(1) 点的三面投影到各个投影轴的距离，分别代表空间点到相应投影面的距离。

(2) 只要知道点的任意两面投影，便可求出其第三面投影。

**【例 2.1】** 如图 2-17(a)所示，已知点 $B$ 的正面投影 $b'$ 及侧面投影 $b''$，试求其水平投影 $b$。

**解**　分析：根据点的三面投影特性，可以利用点 $B$ 的正面投影和侧面投影求出其水平投影 $b$。

作图：由于 $b$ 与 $b'$ 的连线垂直于 $OX$ 轴，因此 $b$ 一定在过 $b'$ 而垂直于 $OX$ 轴的直线上。又由于 $b$ 至 $OX$ 轴的距离必等于 $b''$ 至 $OZ$ 轴的距离，使 $bb_X$ 等于 $b''b_Z$，便定出了 $b$ 的位置，如图 2-17(b)所示。

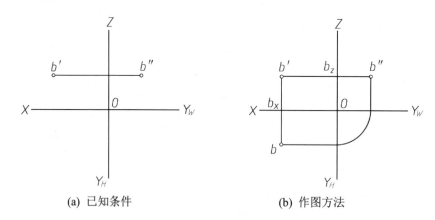

(a) 已知条件　　　　　　　　(b) 作图方法

图 2-17　已知点的两面投影求其第三面投影

### 2.3.2　点的空间坐标

若把三个投影面当作空间直角坐标面，投影轴当作直角坐标轴，则点的空间位置可用三个坐标($X$、$Y$、$Z$)来确定，点的投影就反映了点的坐标值，如图 2-16 所示。其投影与坐标值之间存在着如下的对应关系。

(1) $A$ 点到 $W$ 面的距离 $Aa''$，称为 $A$ 点的横坐标，用 $X$ 表示，即 $X=Aa''$。

(2) $A$ 点到 $V$ 面的距离 $Aa'$，称为 $A$ 点的纵坐标，用 $Y$ 表示，即 $Y=Aa'$。

(3) $A$ 点到 $H$ 面的距离 $Aa$，称为 $A$ 点的高坐标，用 $Z$ 表示，即 $Z=Aa$。

点的一面投影反映了点的两个坐标。已知点的两面投影，则点的 $X$、$Y$、$Z$ 三个坐标就可确定，即空间点是能唯一确定的。因此，若已知一个点的任意两面投影，即可求出其第三面投影。

### 2.3.3　特殊位置的点

位于投影面、投影轴以及原点上的点，统称为特殊位置的点。

各种位置点的投影特点如下。

(1) 空间点。点的 $X$、$Y$、$Z$ 三个坐标均不为零，其三面投影都不在投影轴或投影面上。

(2) 投影面上的点。点的某一个坐标为零，其一面投影与投影面重合，另外两面投影分别在投影轴上。如图 2-18(a)所示，点 $A$、$B$、$C$ 分别处于 $V$、$H$、$W$ 面上，其投影如图 2-18(b)所示。

(3) 投影轴上的点。点的两个坐标为零，其两面投影与所在投影轴重合，另一面投影在原点上。如图 2-18 所示，当点 $D$ 在 $OY$ 轴上时，点 $D$ 和它的水平投影、侧面投影重合于 $OY$ 轴上，点 $D$ 的正面投影位于原点处。

(4) 与原点重合的点。点的三个坐标均为零，三面投影都与原点重合。

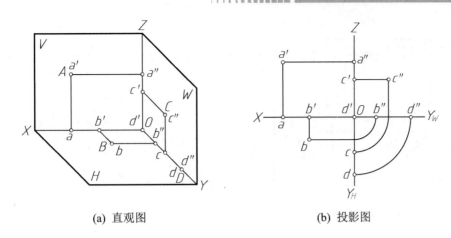

(a) 直观图　　　　　　　　　(b) 投影图

图 2-18　投影面及投影轴上的点

## 2.3.4　两点的相对位置

### 1. 两点相对位置的比较

两点的相对位置是指空间两点的上下、左右和前后方位的关系，可根据两点相对于投影面的距离远近(或坐标大小)来确定。

(1) 按 $X$ 坐标判别两点的左、右关系，$X$ 坐标值大的点在左。

(2) 按 $Y$ 坐标判别两点的前、后关系，$Y$ 坐标值大的点在前。

(3) 按 $Z$ 坐标判别两点的上、下关系，$Z$ 坐标值大的点在上。

根据一个点相对于另一个点上下、左右、前后的坐标差，可以确定该点的空间位置并作出其三面投影。如图 2-19 所示，$A$、$C$ 两点的相对位置：$Z_A>Z_C$，则点 $A$ 在点 $C$ 之上；$Y_A>Y_C$，则点 $A$ 在点 $C$ 之前；$X_A<X_C$，则点 $A$ 在点 $C$ 之右，结果是点 $A$ 在点 $C$ 的右前上方。

### 2. 重影点及可见性判别

当空间两点的某两个坐标相同，即位于同一条垂直于某投影面的投射线上时，则这两点在该投影面上的投影重合，此空间两点称为对该投影面的重影点。

从投影方向观看，重影点必有一个点的投影被另一个点的投影遮住而不可见。判断重影点的可见性时，需要看重影点在另一投影面上的投影，坐标值大的点投影可见；反之不可见，不可见点的投影加括号表示。如图 2-19 所示，$A$、$B$ 两点位于垂直于 $V$ 面的同一条投射线上($X_A=X_B$，$Z_A=Z_B$)，正面投影 $a'$ 和 $b'$ 重合于一点。由水平投影(或侧面投影)可知 $Y_A>Y_B$，即点 $A$ 在点 $B$ 的前方，因此点 $B$ 的正面投影 $b'$ 被点 $A$ 的正面投影 $a'$ 遮挡，是不可见的(需要在 $b'$ 上加圆括号以示区别)。

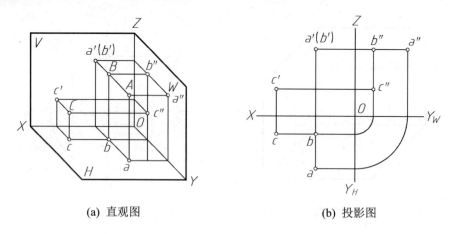

(a) 直观图　　　　　　　　　(b) 投影图

图 2-19　两点的相对位置及重影点

## 2.3.5　点直观图的画法

为了便于建立空间概念，加深对投影原理的理解，常常需要画出具有立体感的直观图。根据点的投影，画其直观图的方法步骤见例 2.2。

**【例 2.2】** 已知 $A(28,0,20)$、$B(24,12,12)$、$C(24,24,12)$、$D(0,0,28)$ 四点，试画出其直观图与投影图。

**解**　分析：由于我们已经把三投影面体系与空间直角坐标系联系起来了，因此已知点的三个坐标就可以确定空间点在三投影面体系中的位置，此时点的三个坐标就是该点分别到三个投影面的距离。

作图：作直观图，如图 2-20(a)所示，以 $B$ 点为例，在 $OX$ 轴上量取 24，$OY$ 轴上量取 12，$OZ$ 轴上量取 12，在三个轴上分别得到相应的截取点 $b_X$、$b_Y$ 和 $b_Z$，过各截点作对应轴的平行线，则在 $V$、$H$、$W$ 面上分别得到 $b'$、$b$ 和 $b''$。自此三投影分别作 $OX$、$OY$、$OZ$ 轴的平行线，交于 $B$ 点，即为其直观图。

同样的方法，可作出点 $A$、$C$、$D$ 的直观图。其中 $A$ 点在 $V$ 面上(因为 $Y_A=0$)，其正面投影 $a'$ 与 $A$ 重合，水平投影 $a$ 在 $OX$ 轴上，侧面投影 $a''$ 在 $OZ$ 轴上。$D$ 点在 $OZ$ 轴上($X_D=Y_D=0$)，其正面投影 $d'$、侧面投影 $d''$ 与 $D$ 点重合于 $OZ$ 轴上，水平投影 $d$ 在原点 $O$ 处。

点 $B$ 和点 $C$ 有两个坐标相同($X_B=X_C$，$Z_B=Z_C$)，因此它们是对 $V$ 面的重影点。其第三个坐标 $Y_B<Y_C$，正面投影 $c'$ 可见，$b'$ 不可见(应加上圆括号以示区别)。

根据各点的坐标分别作出其投影图，如图 2-20(b)所示。

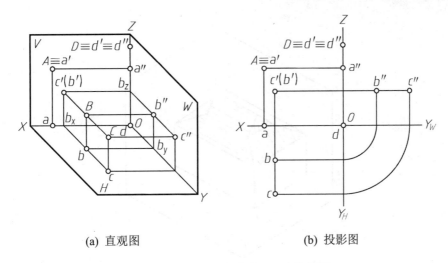

(a) 直观图　　　　　　　　　　(b) 投影图

图 2-20　由点的坐标作直观图和投影图

## 2.4　直线的投影

直线的投影是直线上任意两点同面投影的连线。直线的投影仍为直线[见图 2-21(a)]，特殊情况下的投影为一点[见图 2-21(b)]。

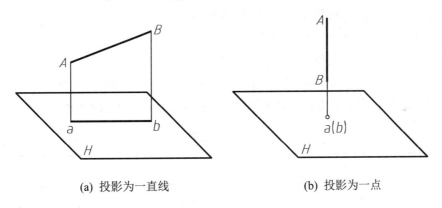

(a) 投影为一直线　　　　　　　　(b) 投影为一点

图 2-21　直线的投影

### 2.4.1　各种位置直线的三面投影

在三投影面体系中，根据直线对投影面相对位置的不同，可分为三种情况：投影面平行线(见图 2-22 中的 AB)、投影面垂直线(见图 2-22 中的 CD、CF、CK 等)和一般位置直线(见图 2-22 中的 BC、JK 等)。前两种情况又称为特殊位置直线。

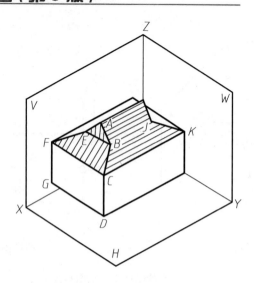

图 2-22 直线的空间位置

### 1. 投影面平行线

与一个投影面平行，而与另两个投影面倾斜的直线称为投影面平行线。投影面平行线可分为以下三种(见表 2-1)。

(1) 水平线——与 $H$ 面平行，与 $V$、$W$ 面倾斜。

(2) 正平线——与 $V$ 面平行，与 $H$、$W$ 面倾斜。

(3) 侧平线——与 $W$ 面平行，与 $V$、$H$ 面倾斜。

投影面平行线的投影特性如下。

(1) 在所平行的投影面上的投影反映实长及对另两投影面的真实倾角。

(2) 另两面投影均小于实长，且分别平行于决定它所平行的投影面的两轴。

表 2-1 投影面平行线

| 名 称 | 水 平 线 | 正 平 线 | 侧 平 线 |
|---|---|---|---|
| 直观图 | | | |

续表

| 名　称 | 水平线 | 正平线 | 侧平线 |
|---|---|---|---|
| 投影图 | | | |
| 投影特性 | (1) 在 $H$ 面上的投影反映实长、$\beta$ 角和 $\gamma$ 角，即：<br>$cd=CD$；<br>$cd$ 与 $OX$ 轴夹角等于 $\beta$；<br>$cd$ 与 $OY_H$ 轴夹角等于 $\gamma$；<br>(2) 在 $V$ 面和 $W$ 面上的投影分别平行投影轴，但不反映实长，即：<br>$c'd' // OX$ 轴；<br>$c''d'' // OY_W$ 轴；<br>$c'd'<CD$，$c''d''<CD$ | (1) 在 $V$ 面上的投影反映实长、$\alpha$ 角和 $\gamma$ 角，即：<br>$c'd'=CD$；<br>$c'd'$ 与 $OX$ 轴夹角等于 $\alpha$；<br>$c'd'$ 与 $OZ$ 轴夹角等于 $\gamma$；<br>(2) 在 $H$ 面和 $W$ 面上的投影分别平行投影轴，但不反映实长，即：<br>$cd // OX$ 轴；<br>$c''d'' // OZ$ 轴；<br>$cd<CD$，$c''d''<CD$ | (1) 在 $W$ 面上的投影反映实长、$\alpha$ 角和 $\beta$ 角，即：<br>$c''d''=CD$；<br>$c''d''$ 与 $OY_W$ 轴夹角等于 $\alpha$；<br>$c''d''$ 与 $OZ$ 轴夹角等于 $\beta$；<br>(2) 在 $H$ 面和 $V$ 面上的投影分别平行投影轴，但不反映实长，即：<br>$cd // OY_H$ 轴；<br>$c'd' // OZ$ 轴；<br>$cd<CD$，$c'd'<CD$ |

#### 2．投影面垂直线

与一个投影面垂直(必与另两个投影面平行)的直线称为投影面垂直线。投影面垂直线可分为以下三种(见表 2-2)。

(1) 铅垂线——与 $H$ 面垂直，与 $V$、$W$ 面平行。

(2) 正垂线——与 $V$ 面垂直，与 $H$、$W$ 面平行。

(3) 侧垂线——与 $W$ 面垂直，与 $V$、$H$ 面平行。

投影面垂直线的投影特性如下。

(1) 在所垂直的投影面上的投影积聚为一点。

(2) 另两面投影均反映实长，且分别垂直于决定它所垂直的投影面的两轴。

表 2-2 投影面垂直线

| 名称 | 铅垂线 | 正垂线 | 侧垂线 |
|---|---|---|---|
| 直观图 | | | |
| 投影图 | | | |
| 投影特性 | (1) 在 $H$ 面上的投影 $e$、$f$ 重影为一点，即该投影具有积聚性；<br>(2) 在 $V$ 面和 $W$ 面上的投影反映实长，即：<br>$e'f'=e''f''=EF$，<br>且 $e'f' \perp OX$ 轴；<br>$e''f'' \perp OY_W$ 轴 | (1) 在 $V$ 面上的投影 $e'$、$f'$ 重影为一点，即该投影具有积聚性；<br>(2) 在 $H$ 面和 $W$ 面上的投影反映实长，即：<br>$ef=e''f''=EF$，<br>且 $ef \perp OX$ 轴；<br>$e''f'' \perp OZ$ 轴 | (1) 在 $W$ 面上的投影 $e''$、$f''$ 重影为一点，即该投影具有积聚性；<br>(2) 在 $H$ 面和 $V$ 面上的投影反映实长，即：<br>$ef=e'f'=EF$，<br>且 $ef \perp OY_H$ 轴；<br>$e'f' \perp OZ$ 轴 |

### 3．一般位置直线

与三个投影面都倾斜的直线称为一般位置直线(见图 2-23)。一般位置直线的投影特性如下。

(1) 各面投影均小于实长，且与投影轴倾斜。

(2) 各面投影均不反映对各投影面的真实倾角。

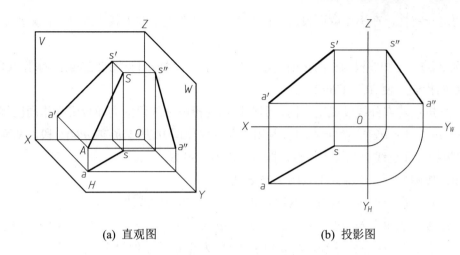

(a) 直观图　　　　　　　　　(b) 投影图

图 2-23　一般位置直线的投影

## 2.4.2　直线上点的投影

直线上的点具有以下两个特性。

(1) 从属性。若点在直线上，则点的各面投影必在直线的各同面投影上。利用这一特性可以在直线上找点，或判断已知点是否在直线上。

如图 2-24 所示，空间点 $D$ 的投影 $d$、$d'$、$d''$ 都在直线 $AB$ 的同面投影上，说明该点是直线 $AB$ 上的一个点。再看空间点 $E$ 的三个投影，其中 $e$ 和 $e'$ 在直线 $AB$ 的同面投影上，但 $e''$ 却不在直线 $AB$ 的侧面投影 $a''b''$ 上，故点 $E$ 不是直线 $AB$ 上的点。

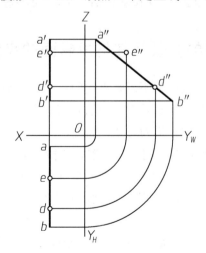

图 2-24　直线与点的相对位置

(2) 定比性。属于线段上的点分割线段之比等于其投影之比，即：

$$AC：CB = ac：cb = a'c'：c'b' = a''c''：c''b''$$

利用这一特性，在不作侧面投影的情况下，可以在侧平线上找点或判断已知点是否在侧平线上。

【例 2.3】 已知线段 AB 的正面投影 a'b' 和水平投影 ab[见图 2-25(a)]，求作线段 AB 上一点 C 的投影，使 AC：CB=2：1。

**解** 分析：若点分线段成定比例，那么该点的投影分线段的同面投影为相同比例，即 AC：CB = ac：cb = a'c'：c'b' = 2：1。利用平面几何作图方法把 ab(或 a'b')分段，从而求出点 c，再根据点在直线上的投影特点，即可求出另一投影。

作图：作图方法和步骤如下及图 2-25(b)所示。

① 过点 a 作一直线，在其上截取任意长度的三等分的线段。
② 连接点 3 和点 b，过点 2 作 2c∥3b 与 ab 交于点 c。
③ 过点 c 作 OX 轴的垂线，与 a'b'的交点即为点 C 的正面投影 c'。

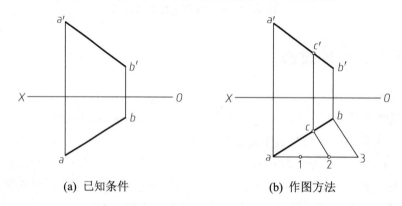

(a) 已知条件　　　　　　(b) 作图方法

图 2-25　求作线段 AB 上一点 C 的投影

## 2.4.3　一般位置直线的实长及其与投影面的夹角

由于一般位置直线的各面投影都不反映直线的实长以及与投影面所夹的真实倾角，因此求解一般位置直线段的实长及倾角是求解画法几何综合题时经常遇到的基本问题之一，而用直角三角形法求解实长和倾角最为方便、简捷。

(1) 直角三角形法的作图要领：用一般位置直线段在某一投影面上的投影长作为一条直角边，再以该线段的两端点相对于该投影面的坐标差为另一条直角边，所作直角三角形的斜边即为线段的实长，斜边与投影长之间的夹角即为一般位置直线段与该投影面的夹角。

(2) 直角三角形的四个要素：实长、投影长、坐标差及一般位置直线对投影面的倾角。若已知四个要素中的任意两个，便可确定另外两个。

(3) 解题时，直角三角形画在任何位置，都不会影响解题结果；但用哪个长度来作直角边不能搞错。

上述直角三角形可以直接在已知的投影图上求作。如图 2-26(b)所示，从该图中直线 AB

正面投影 $a'b'$ 的任一端点如 $a'$ 作 $OX$ 轴的平行线,与 $b'b$ 连线相交于 $b_1'$,再在 $H$ 面上自点 $b$ 作 $ab$ 的垂线,并在其上截取 $bB_0=b'b_1'$,即 $|Z_B-Z_A|$,连接 $aB_0$ 即为所求直线的实长,图中的 $\alpha$ 为直线 $AB$ 与 $H$ 面所夹的倾角。

图 2-26(c)所示为另一种作图方法:在正面投影中以 $b'b_1'$ 为一直角边,在 $a'b_1'$ 的延长线上截取水平投影 $ab$ 的长度,即使 $b_1'A_0=ab$,得直角三角形 $b'b_1'A_0$。斜边 $b'A_0$ 的长度即为线段 $AB$ 的实长。

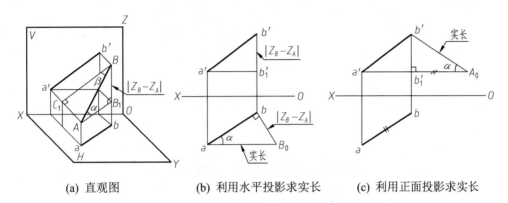

(a) 直观图　　(b) 利用水平投影求实长　　(c) 利用正面投影求实长

图 2-26　求一般位置直线段的实长及其与投影面 $H$ 的夹角

同理,利用直线在 $V$ 面上的投影作为直角三角形的一条直角边,也可以作出直角三角形而求得该直线的实长,但所反映的对投影面的倾角不是 $\alpha$,而是 $\beta$。也就是说,若要求作直线的实长和与 $V$ 面所夹的倾角 $\beta$,则应利用直线的 $V$ 面投影作直角三角形。

【例 2.4】 如图 2-27(a)所示,已知线段 $AB$ 的水平投影 $ab$ 和点 $B$ 的正面投影 $b'$,线段 $AB$ 与 $H$ 面的夹角 $\alpha=30°$,求出线段 $AB$ 的正面投影 $a'b'$。

**解** 利用直角三角形法作图,如图 2-27(b)所示。

① 在水平投影中过点 $b$ 作线段垂直于 $ab$。

② 作 $\angle baB_0=30°$,得直角三角形 $abB_0$。

③ $bB_0$ 是线段 $AB$ 两端点的 $Z$ 坐标差,据此即可在正面投影中作出点 $a'$,进而求得线段 $AB$ 的正面投影 $a'b'$(本题有两解,另一解读者可自行分析)。

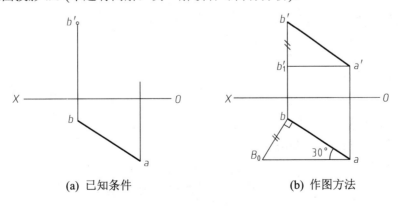

(a) 已知条件　　(b) 作图方法

图 2-27　用直角三角形法求直线的正面投影 $a'b'$

【例 2.5】如图 2-28(a)所示,已知线段 $AB$ 的投影,试定出属于线段 $AB$ 的点 $C$ 的投影,使 $BC$ 的实长等于已知长度 $L$。

**解** 分析:求出 $AB$ 直线的实长,在其上量取 $BC=L$ 得 $C$ 点,然后将 $C$ 点投回到线段 $AB$ 的投影上即得 $C$ 点的两面投影 $c'$ 和 $c$。

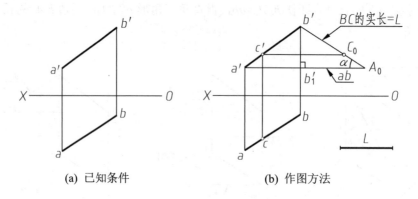

(a) 已知条件　　　　(b) 作图方法

图 2-28　利用线段实长求点在线上的投影

作图:作图方法和步骤如下及图 2-28(b)所示。

① 在正面投影中以 $b'b_1'$ 为一直角边,在 $a'b_1'$ 的延长线上截取水平投影 $ab$ 的长度,即使 $b_1'A_0=ab$,得直角三角形 $b'b_1'A_0$。斜边 $b'A_0$ 的长度即为线段 $AB$ 的实长。

② 在 $b'A_0$ 上截取 $b'C_0$,使其等于已知长度 $L$(即 $b'C_0=L$)得 $C_0$ 点。

③ 过点 $C_0$ 作 $C_0c'//OX$ 轴与 $a'b$ 交于 $c'$,$c'$ 点即为点 $C$ 的正面投影。再由 $c'$ 求出点 $C$ 的水平投影 $c$。

## 2.5　平面的投影

### 2.5.1　平面的表示法

**1. 用几何元素表示平面**

用几何元素表示平面有五种形式。

(1) 不在同一直线上的三点[见图 2-29(a)]。

(2) 直线和直线外一点[见图 2-29(b)]。

(3) 平行两直线[见图 2-29(c)]。

(4) 相交两直线[见图 2-29(d)]。

(5) 任意平面图形,如三角形、多边形、圆形等[见图 2-29(e)]。

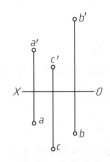 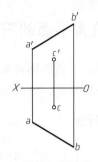

(a) 不在同一直线上的三点　　　　　　(b) 直线与直线外一点

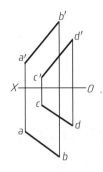 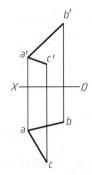 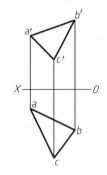

(c) 平行两直线　　　　(d) 相交两直线　　　　(e) 平面图形

图 2-29　用几何元素表示平面

在上述五种形式中，采用较多的是用平面图形来表示一个平面。而平面图形的投影就是组成该平面图形的各线段投影的集合。

**2．用迹线表示平面**

平面可以理解为是无限广阔的，这样的平面必然会与投影面产生交线。平面与投影面的交线称为迹线。

设空间一平面 $P$，它与 $H$ 面的交线称为水平迹线，用 $P_H$ 表示；与 $V$ 面的交线称为正面迹线，用 $P_V$ 表示；与 $W$ 面的交线称为侧面迹线，用 $P_W$ 表示，如图 2-30 所示。

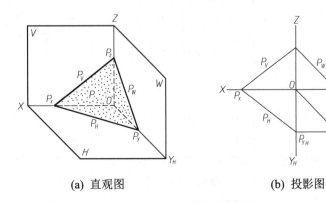

(a) 直观图　　　　　　　　　　(b) 投影图

图 2-30　用迹线表示平面

## 2.5.2 各种位置平面的三面投影

空间平面按其在三投影面体系中所处位置的不同，可分为三种：投影面平行面、投影面垂直面和一般位置平面。前两种又称为特殊位置平面。

**1. 投影面平行面**

与一个投影面平行，而与另两个投影面垂直的平面称为投影面平行面。投影面平行面可分为以下三种(见表 2-3)。

(1) 水平面——与 $H$ 面平行，与 $V$、$W$ 面垂直。
(2) 正平面——与 $V$ 面平行，与 $H$、$W$ 面垂直。
(3) 侧平面——与 $W$ 面平行，与 $V$、$H$ 面垂直。

投影面平行面的投影特性("一框两线")如下。
(1) 在所平行的投影面上的投影反映实形。
(2) 另两投影均积聚为一直线，且分别平行于它所平行的投影面上的两轴。

表 2-3 投影面平行面

| 名称 | 水平面 | 正平面 | 侧平面 |
|---|---|---|---|
| 直观图 | 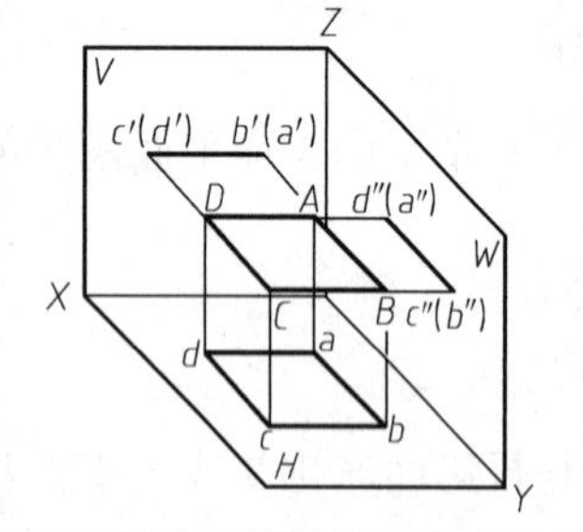 | 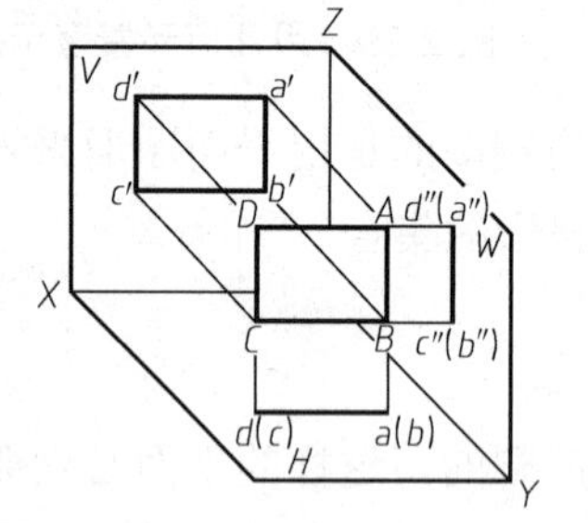 | 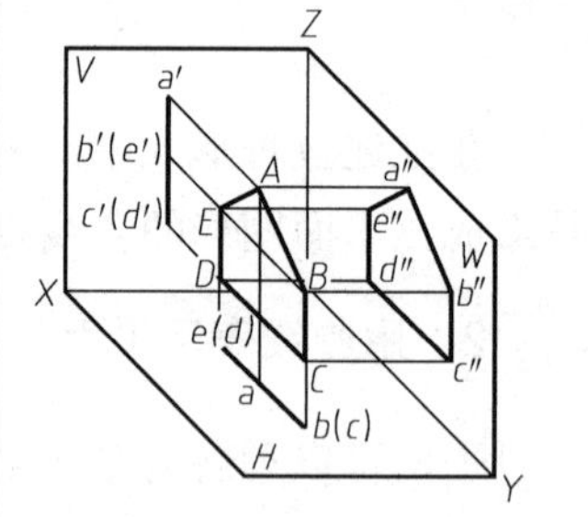 |
| 投影图 | 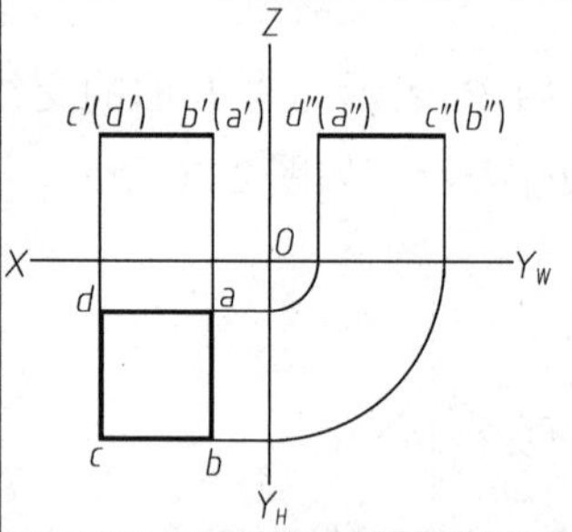 | 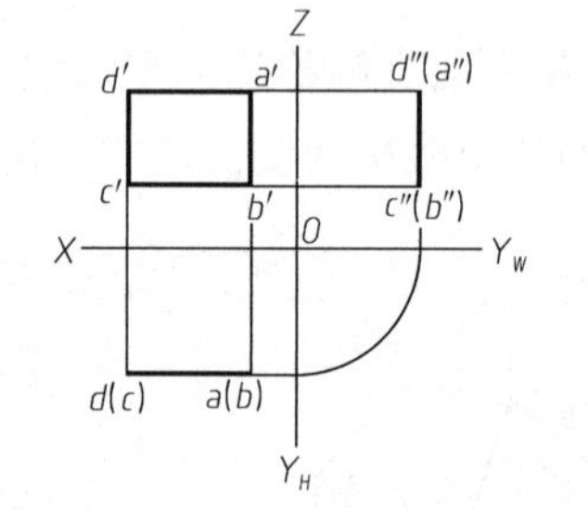 | 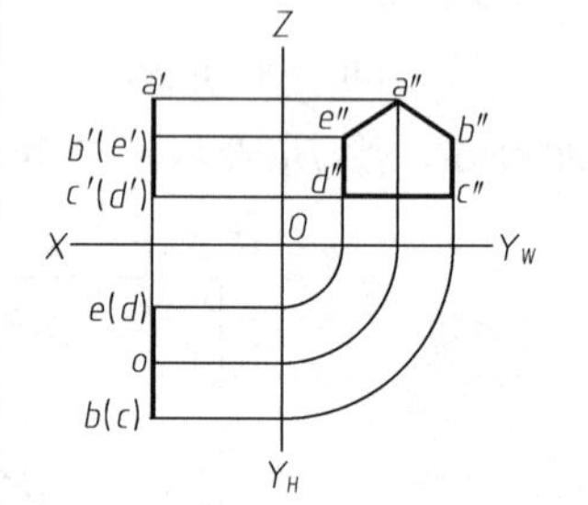 |
| 投影特性 | (1) 在 $H$ 面上的投影反映实形；<br>(2) 在 $V$、$W$ 面上的投影积聚为一直线，且分别平行于 $OX$ 轴和 $OY_W$ 轴 | (1) 在 $V$ 面上的投影反映实形；<br>(2) 在 $H$、$W$ 面上的投影积聚为一直线，且分别平行于 $OX$ 轴和 $OZ$ 轴 | (1) 在 $W$ 面上的投影反映实形；<br>(2) 在 $V$、$H$ 面上的投影积聚为一直线，且分别平行于 $OZ$ 轴和 $OY_H$ 轴 |

## 2．投影面垂直面

与一个投影面垂直，而与另两个投影面倾斜的平面称为投影面垂直面。投影面垂直面可分为以下三种(见表2-4)。

(1) 铅垂面——与 $H$ 面垂直，与 $V$、$W$ 面倾斜。
(2) 正垂面——与 $V$ 面垂直，与 $H$、$W$ 面倾斜。
(3) 侧垂面——与 $W$ 面垂直，与 $V$、$H$ 面倾斜。

投影面垂直面的投影特性("一线两框")如下。

(1) 在所垂直的投影面上的投影积聚为一直线。
(2) 另两投影均为小于实形的类似图形。

表2-4 投影面垂直面

| 名 称 | 铅垂面 | 正垂面 | 侧垂面 |
|---|---|---|---|
| 直观图 | 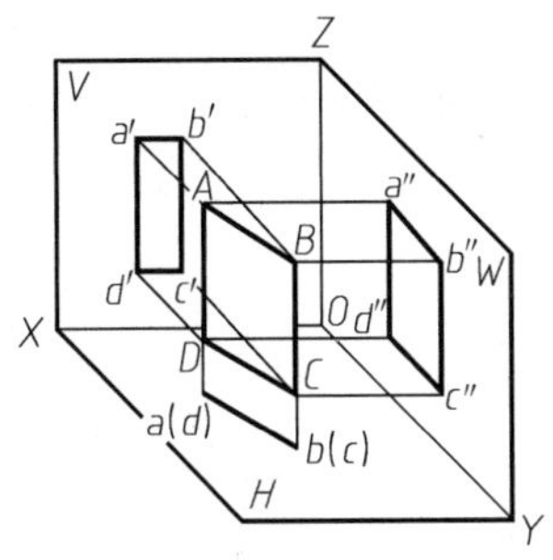 | 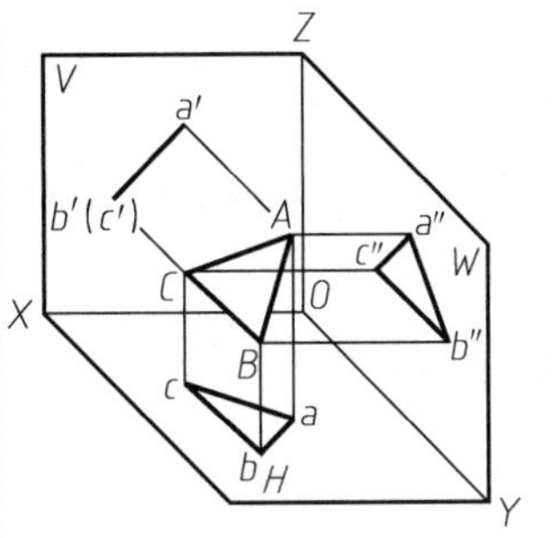 | 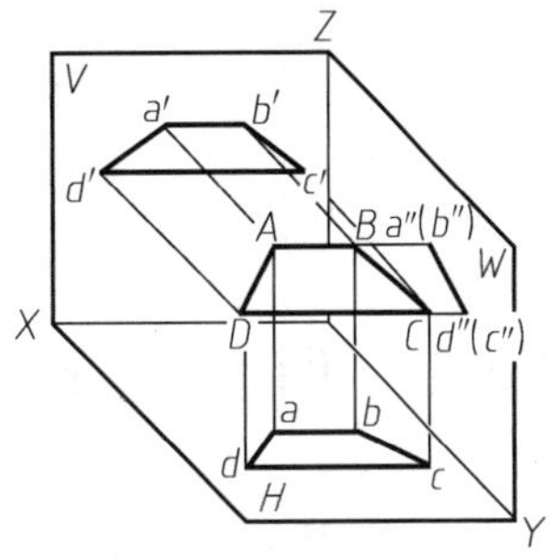 |
| 投影图 | 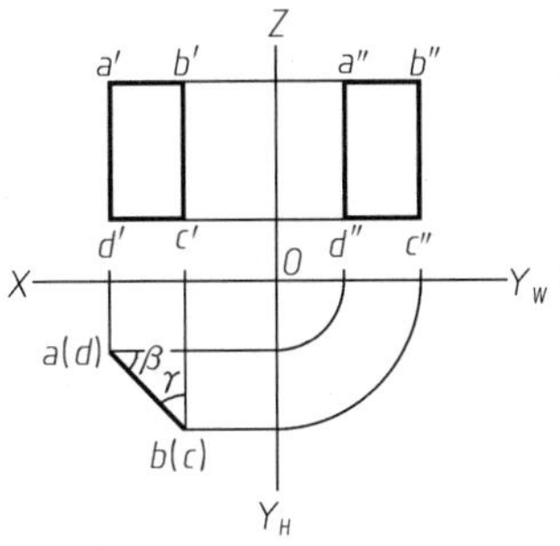 | 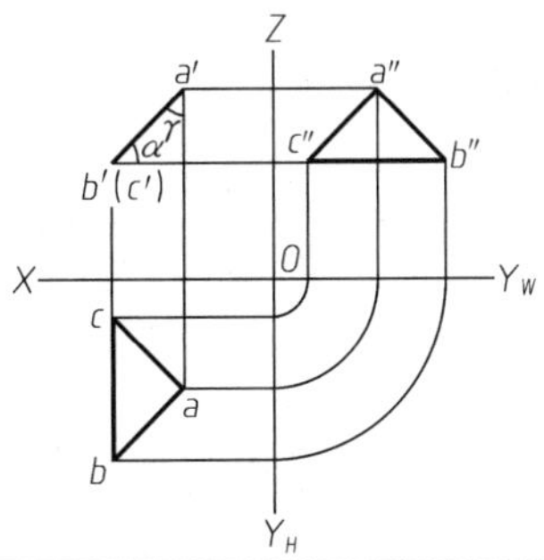 | 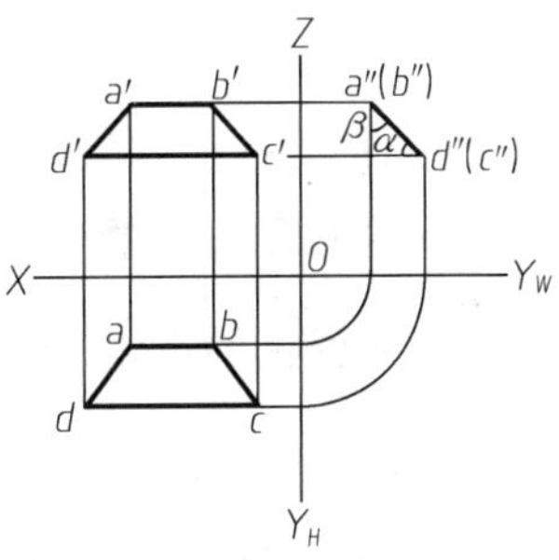 |
| 投影特性 | (1) 在 $H$ 面上的投影积聚为一条与投影轴倾斜的直线；<br>(2) $\beta$、$\gamma$ 反映平面与 $V$、$W$ 面的倾角；<br>(3) 在 $V$、$W$ 面上的投影均为小于实形的类似图形 | (1) 在 $V$ 面上的投影积聚为一条与投影轴倾斜的直线；<br>(2) $\alpha$、$\gamma$ 反映平面与 $H$、$W$ 面的倾角；<br>(3) 在 $H$、$W$ 面上的投影均为小于实形的类似图形 | (1) 在 $W$ 面上的投影积聚为一条与投影轴倾斜的直线；<br>(2) $\alpha$、$\beta$ 反映平面与 $H$、$V$ 面的倾角；<br>(3) 在 $V$、$H$ 面上的投影均为小于实形的类似图形 |

3. 一般位置平面

与三个投影面都倾斜的平面称为一般位置平面(见图2-31)。

一般位置平面的投影特性("三框"):三面投影均为小于实形的类似图形。

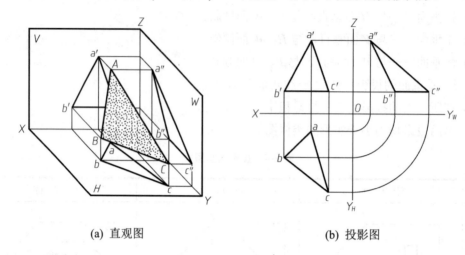

(a) 直观图　　　　　　　　　　　　(b) 投影图

图 2-31　一般位置平面的投影

### 2.5.3　平面上点和直线的投影

1. 平面上的直线

直线在平面上的几何条件如下。
(1) 通过平面上的两点。
(2) 通过平面上的一点且平行于平面上的一条直线。

2. 平面上的点

点在平面上的几何条件是:点在平面内的某一直线上。

在平面上取点、直线的作图,实质上就是在平面内作辅助线的问题。利用在平面上取点、直线的作图,可以解决三类问题:判别已知点、线是否属于已知平面;完成已知平面上的点和直线的投影;完成多边形的投影。

3. 平面上的投影面平行线

平面上的投影面平行线的投影,既有投影面平行线具有的特性,又要满足直线在平面上的几何条件。

如图2-32(a)中所示的直线 AB 和 CD,AB 通过平面上的Ⅰ、Ⅱ两个点,而 CD 通过平面上的 H 点又与平面上的直线 JK 平行,所以直线 AB 和 CD 都在 P 平面上。若一个点在某一平面内的直线上,则该点必定在该平面上,如图2-32(b)中所示的点 B 和点 D,其中点 B

是在直线 AC 上，而 AC 在平面 Q 上；而点 D 是在平面上直线 JK 的延长线上，所以点 B 和点 D 都在 Q 平面上。

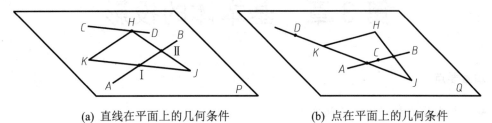

(a) 直线在平面上的几何条件　　　　(b) 点在平面上的几何条件

图 2-32　平面上的点和直线

在平面上取点，首先要在平面上取线。下面举例说明其作图方法。

【例 2.6】　如图 2-33(a)所示，已知△ABC 的两面投影，在△ABC 平面上取一点 K，使 K 点在 A 点之下 15mm，在 A 点之前 13mm，试求 K 点的两面投影。

**解**　分析：由已知条件可知 K 点在 A 点之下 15mm，在 A 点之前 13mm，我们可以利用平面上的投影面平行线作辅助线求得。K 点在 A 点之下 15mm，可利用平面上的水平线，K 点在 A 点之前 13mm，可利用平面上的正平线，K 点必在两直线的交点上。

作图：作图方法与步骤如下[见图 2-33(b)]。

① 从 a′向下量取 15mm，作一平行于 OX 轴的直线，与 a′b′交于 m′，与 a′c′交于 n′。

② 求作水平线 MN 的水平投影 mn。

③ 从 a 向前量取 13mm，作一平行于 OX 轴的直线，与 ab 交于 g，与 ac 交于 h，则 mn 与 gh 的交点即为 k。

④ 由 g、h 求 g′、h′，则 g′h′与 m′n′交于 k′，k′即为所求。

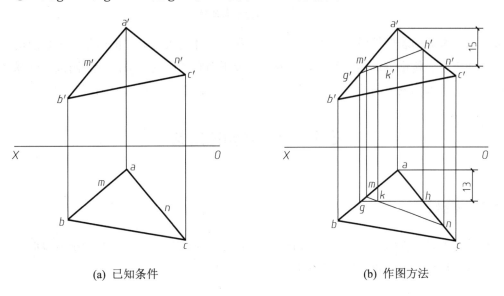

(a) 已知条件　　　　　　　　　　(b) 作图方法

图 2-33　作平面上点的投影

# 第 3 章　基本体的投影

**本章要点**

- 基本体投影图的特征及画法。
- 基本体表面上点与线的求法：线上定点法、积聚性法、辅助线法。

**本章难点**

基本体表面上点与线的求法。

任何工程建筑物及构件，无论形状复杂程度如何，都可以看作由一些简单的几何形体组成。这些最简单的、具有一定规则的几何体称为基本体。常见的基本体如图 3-1 所示。

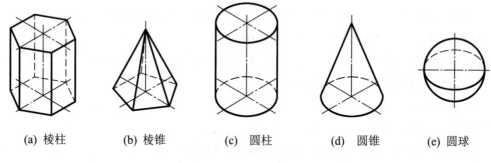

(a) 棱柱　　　(b) 棱锥　　　(c) 圆柱　　　(d) 圆锥　　　(e) 圆球

图 3-1　常见的基本体

按照基本体的表面性质，可以分为平面体和曲面体两大类。平面体是各个表面均为平面的，如棱柱、棱锥等；曲面体是表面为曲面或平面和曲面的，如圆柱、圆锥、圆球等。正确地分析基本体表面的性质、形状特征，准确地画出其投影图，是研究复杂形体的基础。

## 3.1　平面体的投影

### 3.1.1　棱柱

棱柱分为直棱柱(侧棱与底面垂直)和斜棱柱(侧棱与底面倾斜)。底面为正多边形的直棱柱，称为正棱柱。现以正六棱柱为例讨论作其三面投影图的方法。

1．形体特征分析

由图 3-2 可知，正六棱柱包括 8 个外表面。其中上、下两表面分别被称为上、下底面，它们为全等的正六边形且互相平行；6 个矩形外表面称为侧面或棱面，它们全等且与底面垂直；6 条棱线相互平行、长度相等且与上、下底面垂直。

2．投影分析

由图 3-2 可以看出，其三面投影分别如下。

(1) 水平投影为一正六边形，是上、下底面的投影(重影)，且反映实形；六边形的各边为 6 个侧面的积聚投影；6 个角点是 6 条侧棱的积聚投影。

(2) 正面投影是并列的 3 个矩形线框，中间的矩形线框是棱柱前后侧面的投影(重影)，反映实形；左右的线框是其余 4 个侧面的投影，为类似图形；线框上下两条水平线是上、下底面的积聚投影；4 条竖直线是侧棱的投影，反映实长。

(3) 侧面投影是并列的两个矩形线框，它是棱柱左右 4 个侧面的投影(重影)，为类似图形；两侧竖直线是棱柱前后侧面的积聚投影；中间的竖直线是侧棱的投影；上、下水平线则为底面的积聚投影。

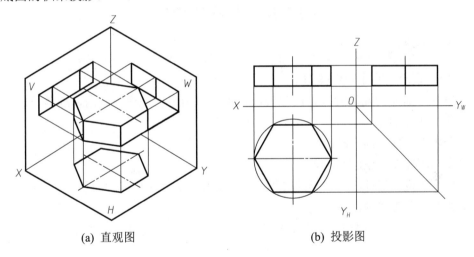

(a) 直观图　　　　　　　(b) 投影图

图 3-2　正六棱柱的投影图

3．视图特征

通过上述分析，可以总结出棱柱体的视图特征如下。

(1) 反映底面实形的视图为多边形。

(2) 另两视图均为矩形(或矩形的组合图形)。

由此可得出以下结论：基本体中柱体的投影特征可归纳为四个字"矩矩为柱"。这句话的含义是：只要是柱体，则必有两面投影的外线框是矩形；反之，若某一形体两个投影的外线框都是矩形，则该形体一定是柱体。而第三面投影可用来判别是何种柱体。

工程形体的形状为棱柱者居多，如图 3-3 所示的四种工程形体(棱柱)的投影图，读者可自行分析。

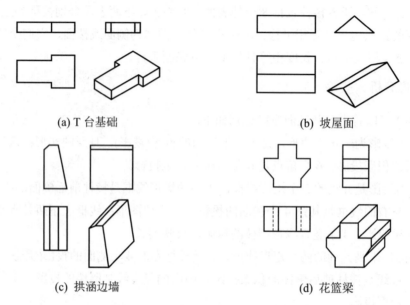

图 3-3　四种工程形体的投影图

### 4．作图步骤

正六棱柱投影图的作图步骤如下。

(1) 研究平面体的几何特征，决定安放位置，即确定正面投影方向，通常将形体的表面尽量平行于投影面。

(2) 分析该形体三面投影的特点。

(3) 布图(定位)，画出基准线。

(4) 先画出反映形体底面实形的投影，再根据投影关系画出其他投影。

(5) 检查、整理描深，标注尺寸。

图 3-4 所示为正六棱柱投影图的作图步骤(已知正六边形外接圆直径 $\phi$ 及柱高 $h$)。

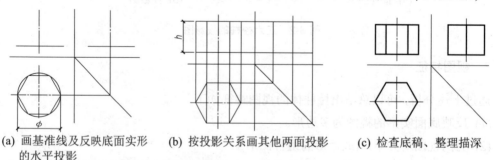

图 3-4　正六棱柱投影图的作图步骤

## 3.1.2 棱锥

底面为正多边形，各侧面为具有公共顶点的全等等腰三角形的棱锥称为正棱锥，其锥顶在过底面中心的垂线上。现以正三棱锥为例讨论作其三面投影图的方法。

**1．形体特征分析**

正三棱锥又称四面体，图 3-5 所示为正三棱锥的投影图。其底面为正三角形，三个棱面为三个全等的等腰三角形。

**2．投影分析**

由图 3-5 可以看出，其三面投影分别如下。

(1) 水平投影中的外形正三角形是底面的投影，反映实形；$s$ 是锥顶的投影，位于 $\triangle abc$ 的中心，它与三个角点的连线 $sa$、$sb$、$sc$ 是三条侧棱的投影；中间三个小三角形是三个侧面的投影。

(2) 正面投影是两个并列的全等三角形，是三棱锥三个侧面的投影。底面及侧棱的正面投影读者可自行分析。

(3) 侧面投影是一个非等腰三角形，$s''a''(c'')$ 为三棱锥后侧面的积聚投影，$s''b''$ 为三棱锥侧棱的投影，其余部分的投影读者可自行分析。

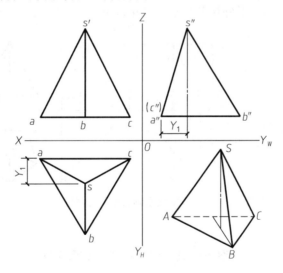

图 3-5　正三棱锥的投影图

**3．视图特征**

通过上述分析可以总结出棱锥体的投影特征如下。

(1) 反映底面实形的视图为多边形(或三角形的组合图形)。

(2) 另两视图为并列的三角形(内含反映侧表面的几个三角形)。

由此可得出以下结论：基本体中锥体的投影特征可归纳为四个字"三三为锥"，即若形体有两面投影的外线框均为三角形，则该形体一定是锥体；反之，凡是锥体，则必有两面投影的外线框为三角形。同样，第三面投影可用来判别是何种锥体，棱锥体的投影特征如图 3-6 所示。

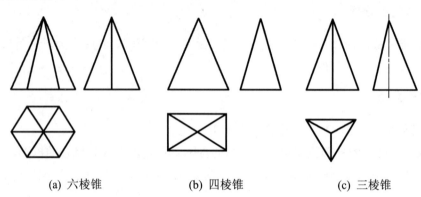

(a) 六棱锥　　　　　(b) 四棱锥　　　　　(c) 三棱锥

图 3-6　棱锥体的投影特征

### 4．作图步骤

作图方法和步骤与棱柱体的作图方法及步骤基本相同。图 3-7 所示为正五棱锥投影图的作图步骤(已知底面多边形外接圆直径 $\phi$ 及锥高 $h$)。

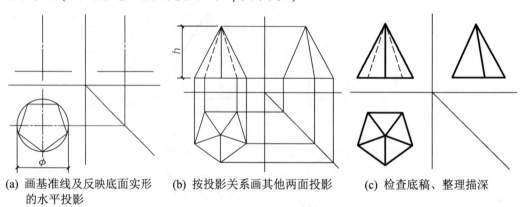

(a) 画基准线及反映底面实形的水平投影　　(b) 按投影关系画其他两面投影　　(c) 检查底稿、整理描深

图 3-7　正五棱锥投影图的作图步骤

## 3.1.3　棱台

棱台可看作由棱锥用平行于锥底面的平面截去锥顶而形成的形体，上、下底面为各对应边相互平行的相似多边形，侧面为梯形。

图 3-8 所示为五棱台的直观图和投影图。

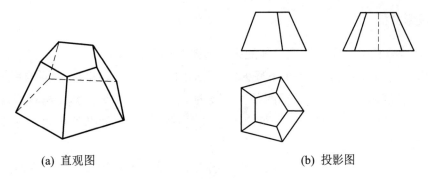

(a) 直观图　　　　　　　　　　(b) 投影图

图 3-8　五棱台的投影图

图 3-8 中五棱台的底面为水平面，左侧面为正垂面，其他侧面是一般位置平面。

可以看出，棱台的视图特征是：反映底面实形的视图为两个相似多边形和反映侧面的几个梯形，另两视图为梯形(或梯形的组合图形)，因此亦有"梯梯为台"之说。

## 3.2　曲面体的投影

常见的曲面体多是回转体。回转体的曲面可看作由一条动线围绕固定轴线回转而成的形体，如图 3-9 所示。这条运动着的线称为母线，母线运行到任一位置的轨迹称为素线。由回转面或回转面与平面所围成的基本体称为回转体。常见的回转体有圆柱、圆锥、圆球等。

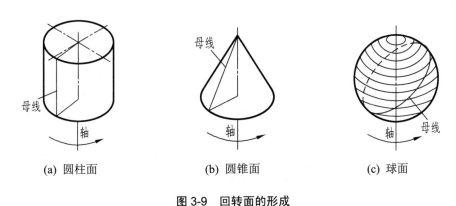

(a) 圆柱面　　　　　　(b) 圆锥面　　　　　　(c) 球面

图 3-9　回转面的形成

### 3.2.1　圆柱

圆柱体由圆柱面和两个底面所围成。

**1. 形成**

圆柱可看作由一个矩形平面绕着它的一条边回转一周而成。

## 2. 投影分析

若其轴线垂直于 $H$ 面，则圆柱体的投影如图 3-10 所示。

(1) 水平投影为一圆，反映上下底面的实形(重影)，圆周则为圆柱侧面的积聚投影。

(2) 正面投影为一矩形，上下两条水平线为上下底面的积聚投影，左右两条竖直线为圆柱最左、最右两条素线(轮廓素线)的投影，也是圆柱面对 $V$ 面投影时可见部分与不可见部分的分界线。

(3) 侧面投影为一矩形，上下两条水平线为上下底面的积聚投影，竖直的两条线为圆柱最前、最后两条素线(轮廓素线)的投影，也是圆柱面对 $W$ 面投影时可见部分与不可见部分的分界线。

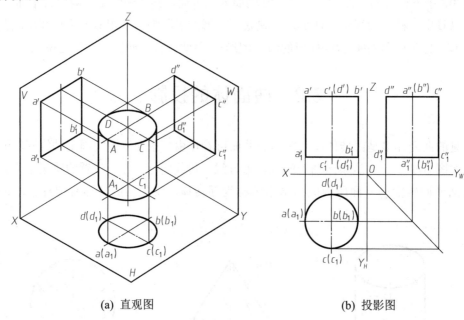

(a) 直观图　　　　　　　(b) 投影图

图 3-10　圆柱体的投影图

## 3. 视图特征

通过上述分析，可以总结出图柱体的视图特征如下。

(1) 反映底面实形的视图为圆。
(2) 另两视图均为矩形。

由圆柱的投影图可以看出，圆柱投影也符合柱体的投影特征——"矩矩为柱"。

## 4. 作图步骤

圆柱体投影图的作图步骤如下。

(1) 作圆柱体三面投影图的轴线和中心线——点画线。
(2) 作反映底面实形的水平投影图——圆。

(3) 按投影关系画出其他两面投影图——矩形。

圆柱体投影图的作图步骤如图 3-11 所示。

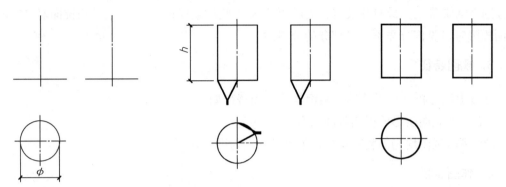

(a) 画基准线及反映底面实形的水平投影

(b) 按投影关系画其他两面投影

(c) 检查底稿、整理描深

图 3-11　圆柱体投影图的作图步骤

## 3.2.2　圆锥

圆锥体由圆锥面和底面围成。

**1．形成**

圆锥可看作由一个直角三角形平面绕着它的一条直角边回转一周而成。

**2．投影分析**

若圆锥体的轴线垂直于 $H$ 面，则其投影图如图 3-12 所示。

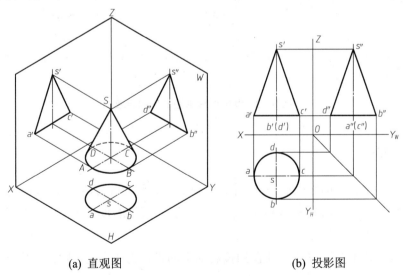

(a) 直观图　　　　　　　　　　(b) 投影图

图 3-12　圆锥体的投影图

(1) 水平投影为一圆,反映底面的实形及圆锥面的水平投影。

(2) 正面、侧面投影均为一等腰三角形,底下一条水平线为底面的积聚投影,另两条边分别为圆锥最左、最右及最前、最后两条素线(轮廓素线)的投影,也是圆锥面对 $V$ 面与 $W$ 面投影时可见部分与不可见部分的分界线。

**3．视图特征**

通过上述分析,可以总结出圆锥体的视图特征如下。

(1) 反映底面实形的视图为圆。

(2) 另两视图均为等腰三角形,即为"三三为锥"。

**4．作图步骤**

圆锥体投影图的作图步骤如下。

(1) 作圆锥体三面投影图的轴线和中心线——点画线。

(2) 作反映底面实形的水平投影图——圆。

(3) 按投影关系画出其他两面投影图——等腰三角形。

圆锥体投影图的作图步骤如图 3-13 所示。

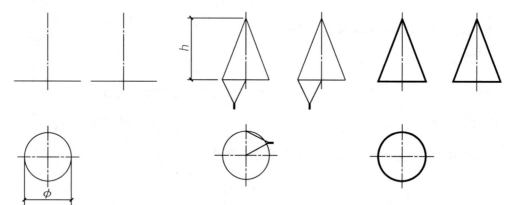

(a) 画基准线及反映底面实形的水平投影　　(b) 按投影关系画其他两面投影　　(c) 检查底稿、整理描深

图 3-13　圆锥体投影图的作图步骤

### 3.2.3　圆台

圆锥被垂直于轴线的平面截去锥顶部分,剩余部分称为圆台,其上下底面为半径不同的圆面,直观图与投影图如图 3-14 所示。圆台的投影与圆锥的投影相仿,其上下底面、轮廓素线的投影,读者可自行分析。

圆台的投影特征是:与轴线垂直的投影面上的投影为两个同心圆,另两面投影均为等腰梯形。

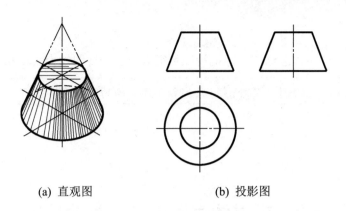

(a) 直观图　　　　　　(b) 投影图

图 3-14　圆台的投影图

## 3.2.4　圆球

圆球由球面围成，其直观图和投影图如图 3-15 所示。

**1．形成**

圆球可看作由一个圆面绕其任一直径回转而成。

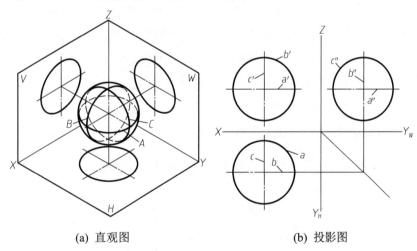

(a) 直观图　　　　　　(b) 投影图

图 3-15　圆球的投影图

**2．投影分析**

球体的三面投影图均为与球的直径大小相等的圆，故又称为"圆圆为球"。$V$、$H$ 和 $W$ 面投影的三个圆分别是球体的前、上、左三个半球面的投影，后、下、右三个半球面的投影分别与之重合；三个圆周代表了球体上分别平行于正面、水平面和侧面的三条素线圆的投影。由图 3-15 还可以看出：圆球面上直径最大的平行于水平面和侧面的圆 A 与圆 C 其正面投影分别积聚在过球心的水平与铅垂中心线上。

### 3. 视图特征

通过上述分析，可以总结出圆球的视图特征为：三个视图均为大小相等的圆。

**注意**：不完整球体的三视图，其外形轮廓都有半径相等的圆弧。

### 4. 作图步骤

先画圆的中心线，再画三个圆。

## 3.3 求立体表面上点、线的投影

确定立体表面上点、线的投影，是后面求截切体与相贯体投影的基础。本节叙述立体表面上求点、求线的方法，并对其可见性进行判别。

### 3.3.1 平面体上点和直线的投影

点和直线位于立体表面的位置不同，求其投影的方法也不同。因此，在求点、直线的投影之前应先通过认真看图，明确其具体位置，并分析点所在平面或直线的空间位置，然后确定合适的求解方法，最后再对求出的点的投影进行标记(若是求直线，只需确定两端点的投影，然后将所求点的同面投影连接成线，并判定可见性，即为该直线的投影；若为曲线，则除确定两端点外，还需确定适量的中间点及可见与不可见分界点的投影，判定可见性，再行连线)。常见的求解方法有以下三种。

#### 1. 位于棱线或边线上的点(线上定点法)

当点位于立体表面的某条棱线或边线上时，可利用线上点的"从属性"直接在线的投影上定点，这种方法即为线上定点法，亦可称为从属性法。

【例 3.1】 如图 3-16 所示，点 $M$、$N$ 分别是立体表面上的两个点。已知点 $M$ 的正面投影 $m'$，点 $N$ 的水平投影 $n$，试求点 $M$、$N$ 的另外两面投影。

**解** 读图及分析：由基本体的投影特征"三三为锥"可知，图 3-16 所示的是一正三棱锥，点 $M$ 和点 $N$ 分别是其棱线 $SA$ 和 $SB$ 上的点。本例中正三棱锥的棱线 $SA$ 是一条一般位置直线，其上点 $M$ 的水平和侧面投影可直接利用从属性求出。而棱线 $SB$ 是侧平线，必须先求出点 $N$ 的侧面投影，然后再求出正面投影；或者利用比例法直接求出其正面投影。

求解：如图 3-16(b)、图 3-16 (c)所示。

① 过 $m'$ 作铅垂线与直线 $SA$ 的水平投影 $sa$ 相交于点 $m$，过 $m'$ 作水平线与直线 $SA$ 的侧面投影 $s''a''$ 相交于 $m''$，$m$、$m''$ 即为棱线 $SA$ 上点 $M$ 的水平与侧面投影。

② 过 $n$ 作水平线与 45°斜线相交，过此交点作铅垂线与直线 $SB$ 的侧面投影 $s''b''$ 相交

于 $n''$，过 $n''$ 作水平线与直线 $SB$ 的正面投影 $s'b'$ 相交于 $n'$，$n'$、$n''$ 即为棱线 $SB$ 上点 $N$ 的正面与侧面投影。

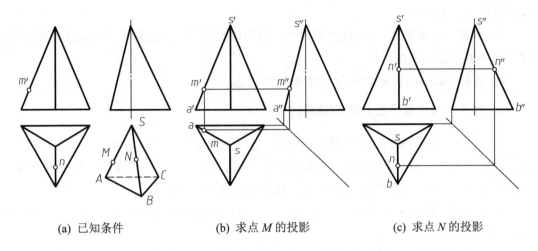

(a) 已知条件　　　　(b) 求点 $M$ 的投影　　　　(c) 求点 $N$ 的投影

图 3-16　利用"从属性法"求平面立体表面上的点

### 2. 位于特殊位置平面上的点(积聚性法)

当点位于立体表面的特殊位置平面上时，可利用该平面的积聚性，直接求得点的另外两面投影，这种方法称为积聚性法。

【例 3.2】 如图 3-17 所示，已知立体表面上直线 $MK$ 的正面投影 $m'k'$，试作直线 $MK$ 的水平投影 $mk$ 和侧面投影 $m''k''$。

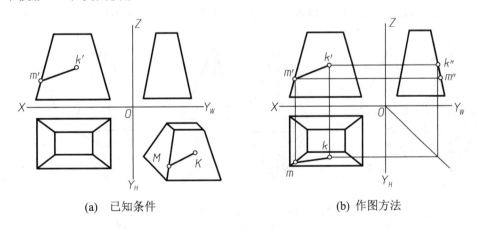

(a) 已知条件　　　　　　　　(b) 作图方法

图 3-17　利用"积聚性法"求立体表面上线的投影

**解** 读图及分析：由基本体的投影特征"梯梯为台"可知，图 3-17 所示的是一四棱台。图中直线 $MK$ 的投影 $m'k'$ 是可见的，因此可判定该直线在台体前面的棱面上。因 $M$ 点在棱线上，故可利用从属性求解；而 $K$ 点所在的表面是一侧垂面，其侧面投影具有积聚性，因此求解时应先利用所在表面的积聚性求出 $K$ 点的侧面投影 $k''$，然后再求其他投影。

求解：如图 3-17(b)所示。

① 利用"线上定点法"（"从属性法"）过 m'作水平直线和铅垂直线分别与四棱台的另两面投影交于 m、m"。

② 利用"积聚性法"过 k'作水平直线与四棱台的侧面投影相交于 k"，再由点的投影规律，求出 K 点的水平投影 k。

③ 连接 mk，m'k'、m"k"即为直线 MK 的投影。

### 3．位于一般位置平面上的点(辅助线法)

当点位于立体表面的一般位置平面上时，因所在平面无积聚性，不能直接求得点的投影，而必须先在一般位置平面上作辅助线(辅助线可以是一般位置直线或特殊位置直线)，求出辅助线的投影，然后再在其上定点，这种方法称为辅助线法。

【例 3.3】 如图 3-18 所示，已知立体表面上点 K 的正面投影 k'，试求其水平与侧面投影 k、k"。

**解** 读图及分析：读图 3-18 可知，该立体是一正三棱锥，点 K 的正面投影可见，K 点在棱锥的左棱面上。因为左棱面是一般位置平面，其投影无积聚性，所以求点时需用辅助线法。

求解：如图 3-18(a)所示，常用的辅助线有两种。

① 连接锥顶 S 和待求点 K，交底边 AB 于 M 点，SM(一般位置直线)即为所作的辅助线。

② 过待求点 K 作底边 AB 的平行线 KN 交棱线 SA 于 N 点，此时 KN(特殊位置直线)为辅助线。

利用"辅助线法"求平面立体表面上的点的作图步骤如图 3-18(b)、图 3-18 (c)所示。

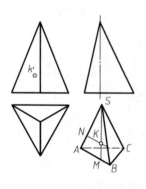
(a) 已知条件

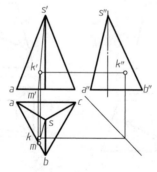
(b) 用一般位置直线作辅助线求点 K 的投影

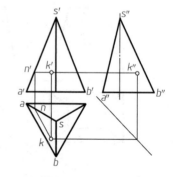
(c) 用特殊位置直线作辅助线求点 K 的投影

图 3-18 利用"辅助线法"求平面立体表面上的点

## 3.3.2 曲面体上点和直线的投影

与平面立体一样，曲面立体上求点和直线的投影也有如下三种方法。

## 1. 线上定点法(从属性法)

当点或线位于曲面立体的轮廓素线上时，可利用"线上定点(从属性)法"求解。

【例3.4】 如图3-19(a)所示，已知立体表面上的点 $K$ 的正面投影 $k'$，求其另外两面投影 $k$、$k''$。

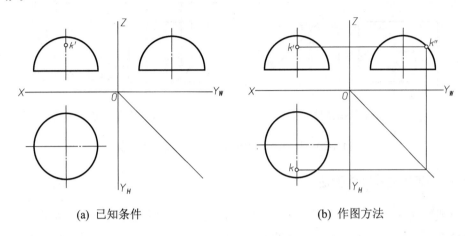

(a) 已知条件　　　　　　　(b) 作图方法

图3-19 利用"线上定点法"求圆球表面上的点

**解** 读图及分析：由"圆圆为球"可知，该立体为一球体，$K$ 点在其侧视方向的轮廓素线上。根据线上定点法，其投影一定在相应的轮廓素线的投影上。

求解：如图 3-19(b) 所示，过 $k'$ 点根据"高平齐、宽相等"即可求得 $K$ 点的另两面投影 $k$、$k''$。

## 2. 积聚性法

当点或线所在的立体表面有积聚性时，可利用"积聚性法"求解。

【例3.5】 如图 3-20(a)所示，已知圆柱表面上线段 $AB$ 的正面投影 $a'b'$，求其另外两面投影。

**解** 读图及分析：由题意及图 3-20(a)可知，线段 $AB$ 是一段位于前半个圆柱面上的椭圆弧。而求曲线的投影需要求出一系列的特殊点(本题中的 $A$、$B$、$C$ 点)和中间点($D$、$E$ 点)。因为该圆柱面的侧面投影积聚为圆，故线段 $AB$ 的侧面投影就是在此圆上的一段圆弧。

求解：如图 3-20(b)所示。

① 先在圆柱的正面投影图上标出特殊点 $a'$、$b'$、$c'$ 和中间点 $d'$、$e'$。

② 利用所在圆柱面的积聚性，分别过 $a'$、$b'$、$c'$、$d'$、$e'$ 作水平线与圆柱的侧面投影交于 $a''$、$b''$、$c''$、$d''$、$e''$。

③ 由"长对正、宽相等"作出对应的水平投影 $a$、$b$、$c$、$d$、$e$。

④ 光滑地连接 $a$、$d$、$c$、$e$、$b$ 并判别其可见性(以 $C$ 点为界，$ADC$ 段为可见，画成实线，而 $CEB$ 段为不可见，画成虚线)，即得曲线弧 $AB$ 的水平投影。

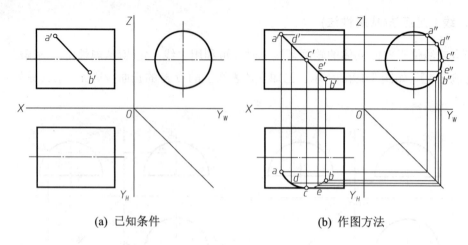

(a) 已知条件　　　　　　　　(b) 作图方法

图 3-20　利用"积聚性法"求圆柱表面上的线

### 3. 辅助素线或辅助纬圆法

当点或线所在的曲面立体表面无积聚性时,则必须利用"辅助线法"求解,如位于圆锥(圆台)锥面上的点或线,可利用辅助素线或辅助纬圆法;而位于圆球球面上的点或线可利用辅助纬圆法。

【例 3.6】 如图 3-21 所示,已知圆锥上点 $K$ 的正面投影 $k'$,求其另两面投影。

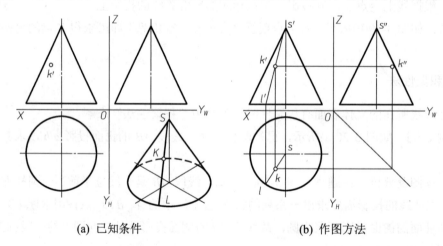

(a) 已知条件　　　　　　　　(b) 作图方法

图 3-21　利用"辅助素线法"求圆锥体表面上的点

**解**　读图与分析:由图 3-21(a)可知,点 $K$ 在圆锥体的左前 1/4 圆锥面上。因圆锥面无积聚性,故应用辅助素线或辅助纬圆法。

求解:如图 3-21(b)所示。

① 连接 $s'k'$ 并延长交底面圆周于 $l'$,$s'l'$ 即为辅助素线 $SL$ 的正面投影。

② 利用"从属性",求得 $L$ 点的水平投影 $l$,连接 $sl$,即得 $SL$ 的水平投影。

③ 由"长对正",求得 $K$ 点的水平投影 $k$。

④ 由"宽相等、高平齐",求得 K 点的侧面投影 k″。因 K 点在圆锥的左前表面上,故 k、k″均为可见。

**【例 3.7】** 如图 3-22(a)所示,已知球面上 K 点的正面投影 k',求其另两面投影 k、k″。

**解** 读图与分析:由图 3-22(a)可知,点 K 在球体的左上前 1/8 球面上。可过 K 点可作一水平纬圆,该纬圆的正面投影积聚为一水平线;而水平投影为一反映实形的圆,点 K 到球竖直轴线的距离即为该圆的半径。

求解:利用辅助纬圆法的求解步骤如图 3-22(b)所示。
① 过 k'作水平直线与圆球的轮廓线相交,求得纬圆的半径。
② 在水平投影图上作圆球轮廓线的同心圆(纬圆)。
③ 根据"长对正",在纬圆上求出 K 点的水平投影 k。
④ 由点的投影规律求得 k″。

该题也可以用平行于侧面的辅助圆作图,读者可以自行分析。

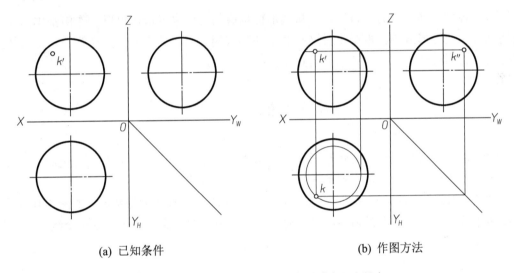

(a) 已知条件　　　　　　　　(b) 作图方法

图 3-22 利用"辅助纬圆法"求圆球表面上的点

# 第4章 建筑形体的表面交线

**本章要点**

- 截交线、相贯线的概念。
- 平面体、曲面体截交线的画法。
- 两平面体、平面体与曲面体、两曲面体相贯线的画法。

**本章难点**

形体的截交线与相贯线的画法。

对于各种不同造型的建筑形体，从其形体构成的角度来分析，可以看作由基本形体经过切割或相交而形成的。本章将对这些经过切割或相交而在其表面产生交线的基本形体进行分析，并通过建筑形体实例来介绍其投影图的画法。

## 4.1 概　　述

经过切割或相交而构成的建筑形体的表面上，经常会出现一些交线，这些交线有些是平面与形体相交产生的，有些则是两个形体相交而形成的。

如图 4-1(a)所示的某网球馆，其球壳屋面是由平面切割球体而形成的。如图 4-1(b)所示的商店屋顶上的棱锥形天窗和拱形老虎窗，它们与坡屋面相交而形成了屋面交线。

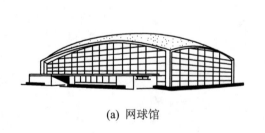

(a) 网球馆　　　　　　　　　　　(b) 商店

图 4-1　网球馆和商店的屋面交线

**1. 截交线**

平面与形体相交产生的表面交线称为截交线。如图 4-2 所示，切割形体的平面称为截平面(见图中的 $P$、$Q$ 面)，截平面与形体表面产生的交线即为截交线；截交线所围成的平面图形称为截断面；形体被平面截断后的部分称为截切体。

截交线是截平面与形体表面的共有线，并且是封闭的平面折线或平面曲线。

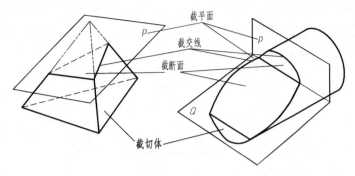

图 4-2　截交线的形成

### 2．相贯线

形体与形体相交所产生的表面交线称为相贯线，相交的形体称为相贯体。如图 4-3 所示，按相贯体表面性质的不同，可分为三种形式：两平面体相贯，如图 4-3(a)所示；平面体与曲面体相贯，如图 4-3(b)所示；两曲面体相贯，如图 4-3(c)所示。

相贯线是相交两形体表面的共有线，一般情况下，相贯线是封闭的空间折线或空间曲线(特殊情况下是平面)。

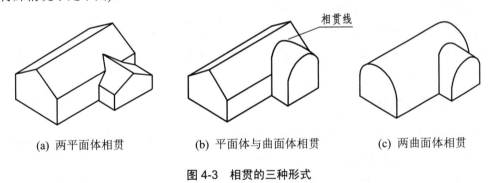

(a) 两平面体相贯　　　　(b) 平面体与曲面体相贯　　　　(c) 两曲面体相贯

图 4-3　相贯的三种形式

## 4.2　切割型建筑形体

### 4.2.1　平面体的截交线

由于平面体是由平面围成的，因此平面体的截交线是封闭的平面折线，即平面多边形。如图 4-4(a)所示，截平面切割四棱锥，截交线为四边形。四边形的四条边分别是截平面与四棱锥各棱面的交线；四边形的四个顶点分别是平面体各棱线与截平面的交点。

### 1. 平面切割四棱锥

(1) 分析。由于截平面 $P$ 是正垂面，因此截交线的正面投影积聚成一直线，水平投影和侧面投影都是四边形(类似图形)，只要求得四棱锥的四条棱线与截平面的交点，依次连接即可完成作图，如图 4-4(b)所示。

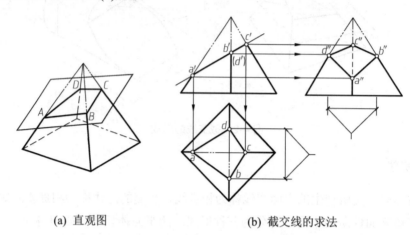

(a) 直观图　　　　　　(b) 截交线的求法

图 4-4　截平面与四棱锥相交

(2) 作图。作图步骤如下。

① 根据 $a'$、$c'$ 可直接求得 $a$、$c$ 和 $a''$、$c''$。

② 由 $b'$、$d'$，先求得 $b''$、$d''$，再按"宽相等"求得 $b$、$d$。

③ 分别连接 $a$、$b$、$c$、$d$ 和 $a''$、$b''$、$c''$、$d''$，完成作图。注意侧面投影中四棱锥右边棱线的一段虚线不要漏画。

### 2. 平面切割四棱柱

(1) 分析。截平面 $P$ 与四棱柱的四个棱面及上底面相交，截交线是五边形，如图 4-5 所示。五边形的五个顶点分别是 $P$ 面与四棱柱三条棱线以及上底面两条边线的交点。由于 $P$ 为正垂面，因此截交线的正面投影与 $P$ 重合。四棱柱的各棱面为铅垂面，截交线的水平投影与四棱柱各棱面的水平投影重合。截平面与棱柱上底面的交线为正垂线，其正面投影积聚为一点，水平投影反映实长。

(2) 作图。作图步骤如下。

① 由 $a'$、$b'$、$e'$，可直接求得 $a''$、$b''$、$e''$。

② 由 $P$ 平面与四棱柱上底面交线的正面投影 $c'(d')$，求得水平投影 $c$、$d$，再按"宽相等"求得侧面投影 $c''$、$d''$。

③ 依次连接 $a''$、$b''$、$c''$、$d''$、$e''$，即为所求截交线的侧面投影。

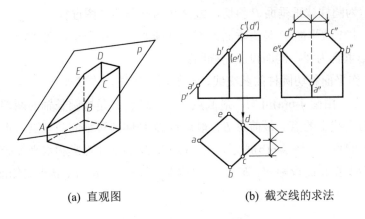

(a) 直观图　　　　　　(b) 截交线的求法

图 4-5　截平面与四棱柱相交

## 4.2.2　曲面体的截交线

曲面体被平面切割时，其截交线一般为平面曲线，特殊情况下是直线。作图的基本方法是求出曲面体表面上若干条素线与截平面的交点，然后光滑连接而成。截交线上的一些能确定其形状和范围的点，如最高点、最低点，最左点、最右点，最前点、最后点，以及可见与不可见的分界点等，均为特殊点。作图时，通常先作出截交线上的特殊点，再按需要作出一些中间点，最后依次连接各点，并注意判别其投影的可见性。

平面切割立体时，截交线的形状取决于立体表面的形状和截平面与立体的相对位置。

### 1．平面与圆柱相交

当平面与圆柱相交时，由于截平面与圆柱轴线的相对位置不同，将会产生三种不同的截交线，如表 4-1 所示。

表 4-1　平面与圆柱相交

| 截平面的位置 | 平行于轴线 | 垂直于轴线 | 倾斜于轴线 |
| --- | --- | --- | --- |
| 截交线的形状 | 矩形(直线) | 圆 | 椭圆 |
| 直观图 | | | |
| 投影图 | | | |

图 4-6 所示为圆柱被正垂面 P 斜切,截交线为椭圆的作图过程。

(1) 分析。由于截平面 P 是正垂面,因此椭圆的正面投影积聚在 $P'$ 上,水平投影与圆柱面的水平投影重合为圆,侧面投影为椭圆。

(2) 作图。作平面斜切圆柱的截交线,一般用定点法,步骤如下。

① 求特殊点。由图 4-6(a)可知,最低点 A、最高点 C 是椭圆长轴的两端点,也是位于圆柱最左、最右素线上的点。最前点 B、最后点 D 是椭圆短轴的两端点,也是位于圆柱最前、最后素线上的点。如图 4-6(b)所示,A、B、C、D 的正面投影和水平投影可利用积聚性直接求得。然后根据正面投影 $a'$、$b'$、$c'$、$d'$ 和水平投影 $a$、$b$、$c$、$d$ 求得侧面投影 $a''$、$b''$、$c''$、$d''$。

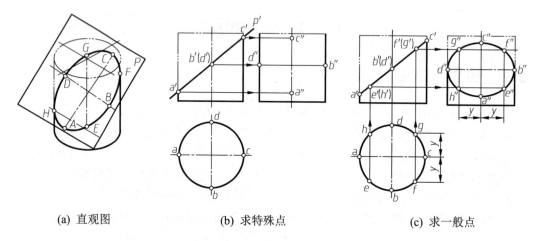

(a) 直观图　　　　　　(b) 求特殊点　　　　　　(c) 求一般点

图 4-6　斜截圆柱其截交线的画法

② 求一般点。为了作图准确,还必须在特殊点之间作出适当数量的中间点(一般点),如图 4-6(a)中的 E、F、G、H 各点,可先作出它们的水平投影,再作出正面投影,然后根据水平投影 $e$、$f$、$g$、$h$ 和正面投影 $e'$、$f'$、$g'$、$h'$ 作出侧面投影 $e''$、$f''$、$g''$、$h''$。

③ 依次光滑连接 $a''$、$e''$、$b''$、$f''$、$c''$、$g''$、$d''$、$h''$,即为所求截交线椭圆的侧面投影,如图 4-6(c)所示。

**注意**:随着截平面 P 与圆柱轴线倾角的变化,所得截交线椭圆的长、短轴的投影也相应变化。当 P 面与轴线成 45°角时,椭圆长、短轴的侧面投影相等,即投影为圆。

## 2. 平面与圆锥相交

当平面与圆锥相交时,由于截平面与圆锥轴线的相对位置不同,将会产生五种不同的截交线,如表 4-2 所示。

表 4-2　平面与圆锥相交

| 截平面的位置 | 过锥顶 | 与轴线垂直 | 与轴线倾斜 | 与一条素线平行 | 与轴线(与两条素线)平行 |
|---|---|---|---|---|---|
| 截交线的形状 | 三角形(直线) | 圆 | 椭圆 | 抛物线 | 双曲线 |
| 直观图 | 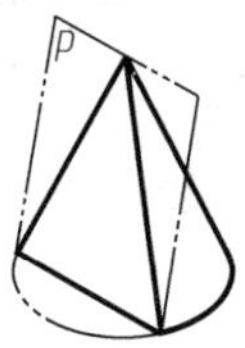 | 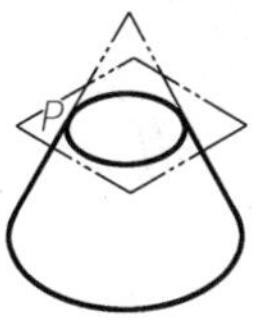 | 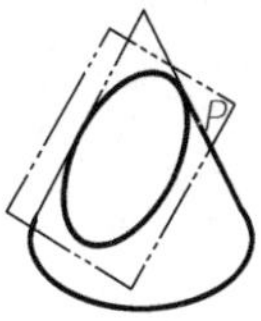 | 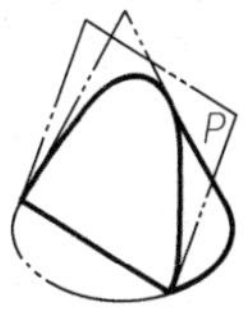 | 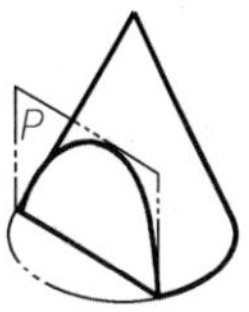 |
| 投影图 | 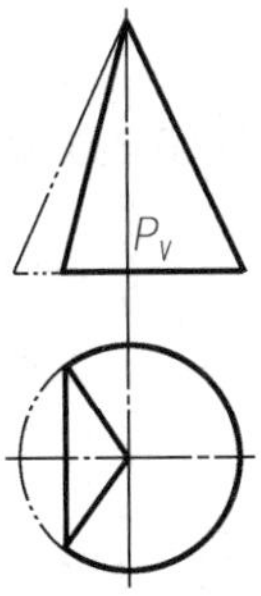 | 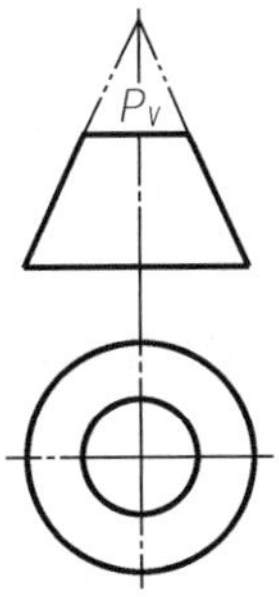 | 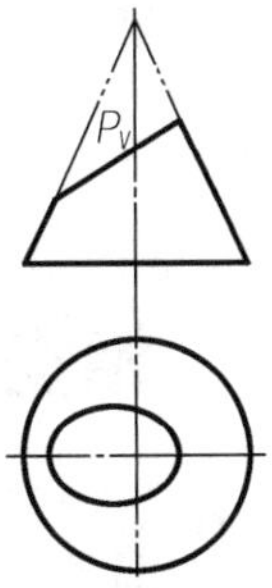 | 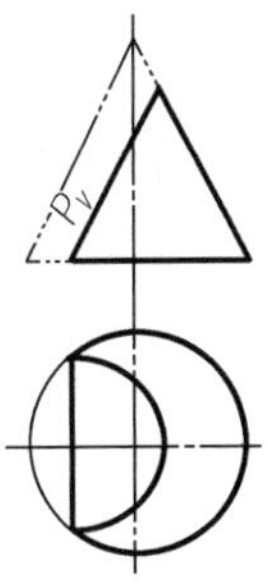 | 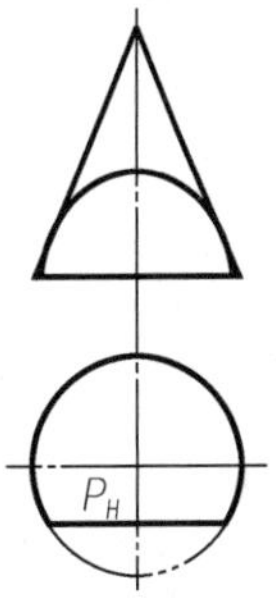 |

图 4-7 所示为圆锥被正平面切割后形成截交线的作图过程。

(1) 分析。由于截平面为正平面，因此截交线的水平投影积聚为直线，可由截交线的水平投影用辅助纬圆法或辅助素线法求作其正面投影。

(2) 作图。作图步骤如下。

① 求特殊点。截交线的最低点 $A$、$B$ 是截平面与圆锥底圆的交点，可直接作出 $a$、$b$ 和 $a'$、$b'$。由于截交线的最高点 $C$ 是截平面与圆锥面上最前素线的交点，因此最高点 $C$ 的水平投影 $c$ 在 $ab$ 的中点处，过 $c$ 点作与 $ab$ 相切的水平纬圆作出 $c'$。

② 求中间点。在截交线的适当位置作水平纬圆，该圆的水平投影与截交线的水平投影交于 $d$、$e$，即为截交线上两点的水平投影，由 $d$、$e$ 作出 $d'$、$e'$。依次光滑连接 $a'$、$d'$、$c'$、$e'$、$b'$，即为截交线的正面投影。

3．平面与圆球相交

平面切割圆球时，其截交线总是圆。当截平面平行于投影面时，截交线在该投影面上的投影为反映其真实大小的圆，另外两投影分别积聚成直线，如图 4-8 所示。必须注意图中确定截交线圆半径的方法。

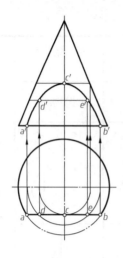

图 4-7 正平面切割圆锥

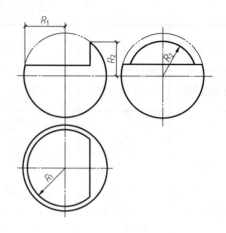

图 4-8 平面与圆球相交

## 4.3 相交型建筑形体

有些建筑物是由两个或两个以上的基本形体相交组成的。两相交形体称为相贯体，它们的表面交线(相贯线)是两形体表面的共有线，相贯线上的点是两形体表面的共有点。

**1. 两平面体的表面交线**

图 4-9 所示为烟囱与坡屋面相交的形体，其形体可看作由四棱柱与五棱柱相贯，相贯线是封闭的空间折线，折线的每一段分别属于两立体侧面的交线，折线上每个顶点都是一形体上的棱线与另一形体侧面的交点。因此，求两平面体的相贯线实际上是求两平面的交线或直线与平面的交点。

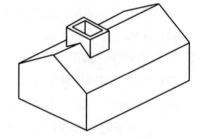

图 4-9 烟囱与坡屋面相交

【例 4.1】 如图 4-10 所示，求作高低房屋相交的表面交线。

(1) 分析。高低房屋相交，可看作两个五棱柱相贯，由于两个五棱柱各有一棱面(相当于地面)且在同一平面上，因此相贯线是不封闭的空间折线。两个五棱柱中的一个五棱柱的棱面都垂直于侧面，另一个五棱柱的棱面都垂直于正面，所以交线的正面、侧面投影为已知，根据正面、侧面投影求作交线的水平投影。

(2) 作图。作图结果如图 4-10 所示。

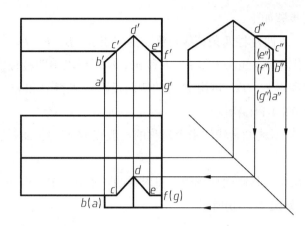

图 4-10 高低房屋的表面交线

**2．平面体与曲面体的表面交线**

平面体与曲面体相交，其交线是由几段平面曲线组成的空间曲线。如图 4-11(a)所示的圆锥形薄壳基础，每段曲线是平面体上的棱面与曲面体的截交线；每两段曲线的交点为平面体上棱线与曲面体的贯穿点。由此可见，求作平面体与曲面体的表面交线，可归结为求截交线和贯穿点的问题。

【例 4.2】 如图 4-11 所示，求作圆锥形薄壳基础的表面交线。

(1) 分析。如图 4-11 所示，圆锥形薄壳基础可看作由四棱柱和圆锥相交。四棱柱的四个棱面平行于圆锥轴线，它们与圆锥表面的交线为四段双曲线。四段双曲线的连接点就是四棱柱四条棱线与锥面的交点。由于四棱柱的四个棱面是铅垂面，因此交线的水平投影与四棱柱的水平投影重合。

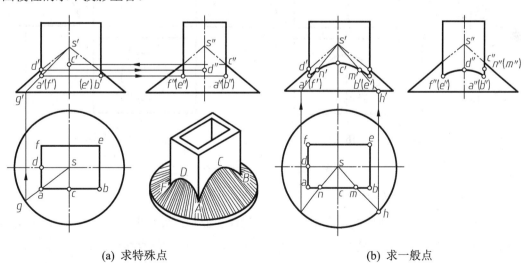

(a) 求特殊点　　　　　　　　　　　(b) 求一般点

图 4-11 圆锥形薄壳基础的表面交线

(2) 作图。作图步骤如下。

① 求特殊点。先求四棱柱四条棱线与锥面的交点 A、B、E、F。可由已知的四个点的水平投影如 a、b，用辅助素线法求得 a′、b′和 a″、b″。再求出四棱柱前棱面和左棱面与锥面交线(双曲线)的最高点 C、D，可由 C 点的侧面投影 c″求得 c 和 c′，再由 D 点的正面投影 d′求得 d 和 d″，如图 4-11(a)所示。

② 求一般点。同样用辅助素线法求得对称的一般点 M、N 的正面投影 m′、n′，如图 4-11(b)所示。

③ 连线。分别在正面和侧面投影中，将求得的各点 a′、n′、c′、m′、b′和 f″、d″、a″依次连接，完成作图，如图 4-11(b)所示。

**3．两曲面体的表面交线**

两曲面体表面的相贯线，一般是空间曲线，特殊情况下可能是平面曲线或直线。相贯线上的每个点都是两形体表面的共有点，因此求作两曲面体的相贯线时，通常是先求出一系列共有点，然后依次光滑连接相邻各点。

(1) 分析。如图 4-12(a)所示，圆柱形屋面上有一圆柱形烟囱(不等径圆柱正交)，可将它们看作两个大小不同的轴线垂直相交的圆柱体相贯，相贯线为封闭的空间曲线。由于直立小圆柱的水平投影有积聚性，水平大圆柱(半圆柱)的侧面投影有积聚性，因此相贯线的水平投影与小圆周重合，侧面投影与大圆周(部分)重合。因此需要求作的仅是相贯线的正面投影。

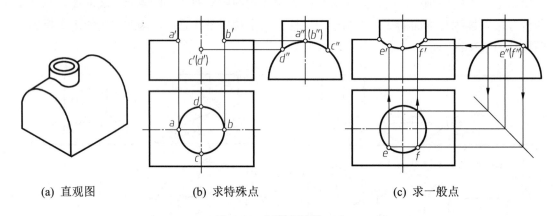

(a) 直观图　　　　(b) 求特殊点　　　　(c) 求一般点

图 4-12　不等径圆柱正交

(2) 作图。作图步骤如下。

① 求特殊点。水平圆柱的最高素线与直立圆柱的最左、最右素线的交点 A、B 是相贯线上的最高点，也是最左、最右点，a′、b′、a、b 和 a″、b″均可直接作出。直立圆柱的最前、最后素线与水平圆柱表面的交点 C、D 是相贯线上最低点，也是最前、最后点，c″、d″、c、d 可直接作出，再由 c″、d″和 c、d 求得 c′、d′，如图 4-12(b)所示。

② 求一般点。利用积聚性，在侧面投影和水平投影上定出 $e''$、$f''$和 $e$、$f$，再由 $e''$、$f''$ 和 $e$、$f$ 作出 $e'$、$f'$。光滑连接各点即为相贯线的正面投影，如图 4-12(c)所示。

> **注意**：当两相贯圆柱的轴线垂直相交(正交)且直径相差较大($R_小/R_大 \leqslant 0.75$)时，其相贯线可采用画圆弧来代替非圆曲线(相贯线)的近似画法，即相贯线可用大圆柱的半径为半径画弧代替。

**4．两曲面形体表面交线的特殊情况**

如前所述，两曲面形体的表面交线在一般情况下是空间曲线。但在工程上常遇到两个回转曲面，如圆柱面、圆锥面等二次曲面，如果两个回转曲面共同外切于圆球时，这两个回转曲面的表面交线为二次平面曲线而不是空间曲线。常见的特殊情况有下列三种。

(1) 具有同轴的回转体相交时，其表面交线为垂直于该轴线的圆，如图 4-13 所示。其中图 4-13(c)所示为一水塔造型。

(a) 柱球相贯　　　　(b) 锥球相贯　　　　(c) 锥锥相贯

图 4-13　同轴回转体相交

(2) 两个回转曲面相交，且具有公共内切圆球时，其表面交线为平面曲线。如两等径圆柱正交时，交线为两个大小相等的椭圆，如图 4-14(a)所示。当两等径圆柱斜交时，表面交线为两个长轴不相等，而短轴相等的椭圆，如图 4-14(b)所示。当圆柱与圆锥轴线相交，且有公共内切圆球时，其表面交线也是一对椭圆，如图 4-14(c)所示。

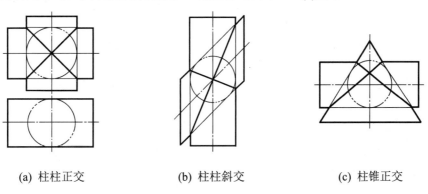

(a) 柱柱正交　　　　(b) 柱柱斜交　　　　(c) 柱锥正交

图 4-14　具有公切圆球的曲面体相交

(3) 当两圆柱轴线平行或两圆锥共锥顶时,其表面交线为直线(素线),如图4-15所示。

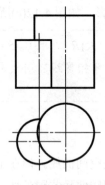 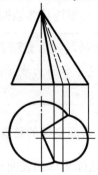

(a) 柱柱轴线平行　　　　　　　　　(b) 锥锥共锥顶

图4-15　两曲面体轴线平行、共锥顶

建筑工程上常用的十字拱屋面,就是由两个等径圆柱面正交所构成的,如图4-16所示。此外,两回转曲面相交还用于管道连接等,如图4-17所示。

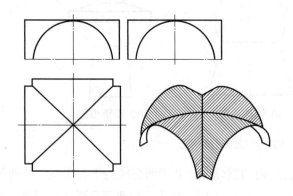 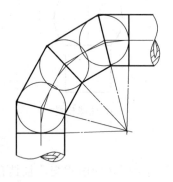

图4-16　两等径圆柱面正交　　　　　图4-17　等径90°弯管连接

# 第 5 章 组合体的投影

**本章要点**

- 组合体投影图的画法。
- 组合体投影图的尺寸标注。
- 组合体投影图的识图方法。

**本章难点**

组合体投影图的识图方法。

任何复杂的工程构件,从形体角度来分析,都可以看作是由一些基本几何体组合而成,这种由两个或两个以上基本体按一定的方式组合而成的立体,称为组合体。如图 5-1(a)所示的涵洞口,是由棱柱、棱台、圆柱组成;如图 5-1(b)所示的灯柱头,则是由圆柱、圆台、圆球的一部分组合而成。本章将介绍组合体投影图的绘制、识读方法及尺寸标注等问题。

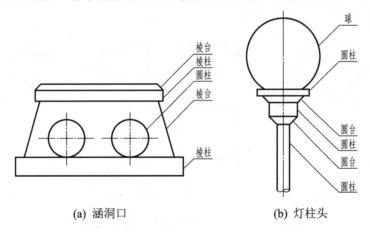

(a) 涵洞口  (b) 灯柱头

图 5-1 组合体

## 5.1 概 述

### 1. 组合体的组合形式

组合体按其组合形式不同可分为叠加式、切割(挖切)式、综合式三种,如图 5-2 所示。

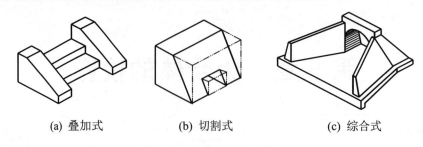

(a) 叠加式　　　　(b) 切割式　　　　(c) 综合式

图 5-2　组合体的组合形式

### 2. 表面交线的分析

组成组合体的各基本体，因其表面会结合成不同情况，所以只有准确地弄清它们之间的连接关系，才能避免在绘图中出现漏线或多画线的问题。

组合体表面交接处的连接关系，可分为平齐、不平齐、相切、相交四种。

(1) 平齐：当两基本形体相邻表面平齐(即共面)时，相应投影图中间应无分界线。如图 5-3(a)、图 5-3(b)所示，由 3 个四棱柱叠加而成的台阶，左侧面结合处的表面平齐没有交线，故在侧面投影中不应画出分界线，因而图 5-3(c)的画法是错误的。

(2) 不平齐：当两基本形体相邻表面不平齐(即不共面)时，相应的投影图中间应有线隔开，如图 5-3(b)所示的台阶正面投影。

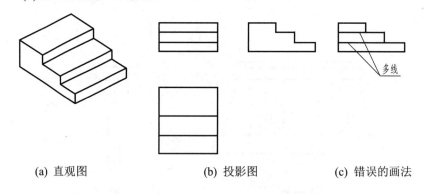

(a) 直观图　　　　(b) 投影图　　　　(c) 错误的画法

图 5-3　"平齐"与"不平齐"表面交线的分析

(3) 相切：当相邻两基本形体的表面相切时，由于在相切处两表面是光滑过渡的，不存在明显的分界线，故规定在相切处不画分界线的投影，如图 5-4(a)所示。

(4) 相交：当相邻两基本形体的表面相交时，在相交处会产生各种形状的交线，应在投影图相应位置画出此交线的投影，如图 5-4(b)所示。

### 3. 形体分析法

为了正确而迅速地绘图、标尺寸和读图，假想把组合体分解成若干个基本体，分析各基本体的形状、相对位置、组合形式和表面连接关系，这种思考和分析问题的方法称为形体分析法。

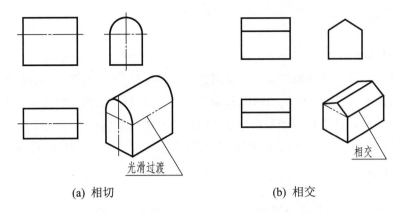

(a) 相切　　　　　　　　　　(b) 相交

图 5-4　"相切"与"相交"表面交线的分析

## 5.2　组合体投影图的画法

绘制组合体投影图的基本方法是形体分析法，即将其"化整为零"，把组成组合体的各基本体的投影图按其相互位置进行组合，便可得到组合体的投影图。现以肋式杯形基础(见图 5-5)为例，将建筑形体投影图的绘图步骤说明如下。

### 1．形体分析

如图 5-5 所示，肋式杯形基础的形体，可以看作由四棱柱底板、中间四棱柱(其中挖去一楔形块)和 6 块梯形肋板叠加组成。四棱柱在底板中央，前后各肋板的左、右外侧面与中间四棱柱左、右侧面共面，左、右两块肋板在四棱柱左、右侧面的中央，如图 5-5(b)所示。

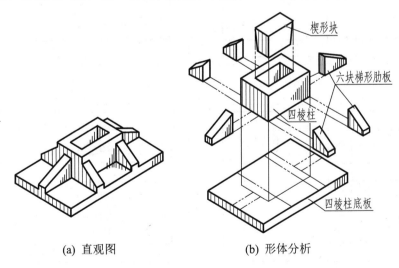

(a) 直观图　　　　　　　　　　(b) 形体分析

图 5-5　肋式杯形基础

## 2. 选择视图

视图选择包括两个方面：一是选择视图数量；二是选择正面投影方向。

在保证表达完整、清晰的前提下，建筑物及其构配件的投影图应尽可能地用最少的数量。肋式杯形基础由于前后肋板的侧面形状要在 $W$ 面投影中反映，因而需要画出 $V$、$H$、$W$ 三面投影。正面图应能较多地反映形体各组成部分的形状特征和相互位置关系。根据杯形基础在整座房屋中的位置，应将其平放，使底板底面平行于 $H$ 面，形体的正面平行于 $V$ 面。

## 3. 绘制底稿

(1) 根据形体的大小和注写尺寸所占的位置，选择适宜的图幅和比例。

(2) 布置投影图。先画出图框和标题栏线框，明确图纸上可以画图的范围，然后大致安排三个投影的位置，使每个投影在注完尺寸后，与图框的距离大致相等。

(3) 按形体分析法，逐个画出各基本体的三视图。画图的顺序一般是先画主要部分，后画次要部分。画各基本体的投影时，应从形状特征明显的视图入手，三个视图配合着画。按此原则依次画出四棱柱底板[见图 5-6(a)]、中间四棱柱[见图 5-6(b)]、六块梯形肋板[见图 5-6(c)]和楔形杯口[见图 5-6(d)]的三面投影。在 $V$、$W$ 面投影中杯口是看不见的，应画成虚线。

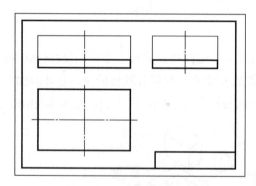

(a) 布图、画四棱柱底板

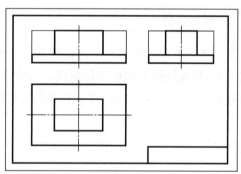

(b) 画中间四棱柱

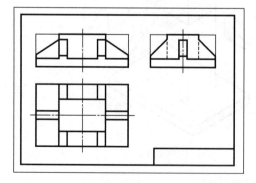

(c) 画六块梯形肋板

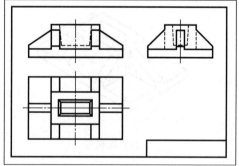

(d) 画楔形杯口

图 5-6　肋式杯形基础的作图步骤

必须注意，建筑物和构配件的形体，实际上是一个不可分割的整体，形体分析仅仅是一种假想的分析方法。如果建筑形体中两基本形体的侧面处于同一平面上，就不应该在它们之间画一条分界线。例如左边肋板的左侧面与底板的左侧面，前左肋板的左侧面与中间四棱柱的左侧面，都处在同一个平面上，它们之间都不应画出交线。

**4．检查、描深图线**

经检查无误后，按各类线宽要求，用较软的 B 或 2B 等铅笔进行描深。

**5．标注尺寸**

标注方法和步骤详见 5.3 节所述。

**6．填写标题栏**

最后填写标题栏内各项内容，完成全图。

对所绘组合体投影图的整体要求是：投影关系正确，尺寸标注齐全，布置均匀合理，图面清洁整齐，线型粗细分明，字体端正无误，符合国标规定。

> **注意**：对于切割型组合体，绘图时也应先从整体出发，然后逐步进行挖切。对切去的部分同样应先画反映其形状特征的视图，之后再画其他视图。

## 5.3　组合体投影图的尺寸标注

建筑形体的投影图，仅能表达形体的形状和各部分的相互关系，因此还必须注上足够的尺寸才能确定其实际大小和各部分的相对位置。标注组合体尺寸的方法仍是形体分析法，即把建筑形体分解成若干个基本立体，先标注每一基本立体的尺寸，然后标注建筑形体的总体尺寸。

尺寸标注应达到如下要求。

(1) 正确——要符合"国标"的规定。
(2) 完整——尺寸应齐全，不得遗漏。
(3) 清晰——注在图形的明显处，且布局整齐。
(4) 合理——既要保证设计要求，又要适合施工、维修等生产要求。

### 5.3.1　基本体的尺寸标注

组合体是由基本体组成的，熟悉基本体的尺寸注法是组合体尺寸标注的基础。

基本体一般要标注出长、宽、高三个方向的尺寸，即底面大小和高度。图 5-7 所示为几种常见基本体(定形)尺寸的注法。

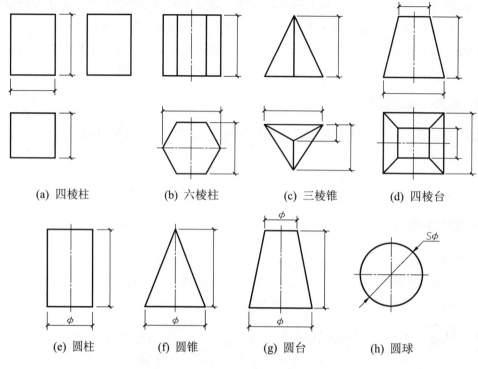

图 5-7 基本体的尺寸注法

## 5.3.2 截切体与相贯体的尺寸标注

截切体与相贯体除了应注出组成该形体的基本体的尺寸外,截切体只需再注出其切口尺寸,即形成切口截平面的定位尺寸,如图 5-8(a)、图 5-8(b)中的 $h_1$、$h_2$、$h_3$、$b$ 等;相贯体再注出组成该相贯体的各基本体之间的相对位置尺寸即可,如图 5-8(c)中的 $h_4$;图中带"×"的尺寸不应标注。

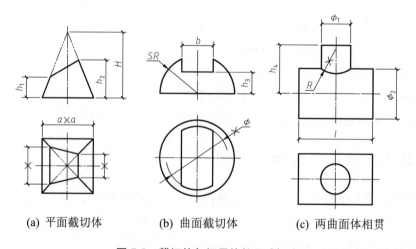

图 5-8 截切体与相贯体的尺寸标注

## 5.3.3　组合体的尺寸标注

### 1．尺寸种类

(1) 定形尺寸。确定组成建筑形体的各基本体形状和大小的尺寸称为定形尺寸。基本体形状简单，只要注出它的长、宽、高或直径即可确定其大小。尺寸一般应注在反映该形体特征的实形投影上，并尽可能集中地注在一两个视图上。

(2) 定位尺寸。确定各基本体在建筑形体中相对位置的尺寸称为定位尺寸。

(3) 总体尺寸。确定建筑形体外形的总长、总宽、总高尺寸称为总体尺寸。

### 2．尺寸基准

尺寸基准是标注或量取(定位)尺寸的起点。通常选取组合体的底面、端面、对称平面、回转体的轴线、圆的中心线等作为其各个方向的尺寸基准。

### 3．标注示例

下面以图 5-9 所示的肋式杯形基础为例，介绍标注尺寸的步骤。

(1) 标注定形尺寸。肋式杯形基础各基本形体的定形尺寸是：四棱柱底板长 3000、宽 2000 和高 250；中间四棱柱长 1500、宽 1000 和高 750；前后肋板长 250、宽 500、高 600 和厚 100；左右肋板长 750、宽 250、高 600 和厚 100；楔形杯口上底 1000×500、下底 950×450、高 650 和杯口厚度 250 等。

(2) 标注定位尺寸。先选择长、宽、高三个方向的尺寸基准作为标注尺寸的起点。由于该形体前后、左右对称，故长度、宽度方向应选择对称面作为尺寸基准；而底面则可以作为标注高度方向尺寸的起点。

如图 5-9 所示的肋式杯形基础，其中间四棱柱的长、宽、高三个方向的定位尺寸是分别为 750、500、250；杯口距离四棱柱的左右与前后侧面均为 250；杯口底面距离四棱柱顶面为 650。左右肋板的定位尺寸是宽度方向的 875，高度方向的 250，长度方向因肋板的左右端面与底板的左右端面对齐，因而不需标注。同样，前后肋板的定位尺寸则分别是 750、250。

对于此基础，为便于施工，还应注出杯口中线的定位尺寸，如图 5-9 平面图中所标注的 1500、1500 和 1000、1000。

(3) 标注总体尺寸。基础的总长和总宽就是底板的长度 3000 与宽度 2000，不需另加标注；总高尺寸则为 1000。

标注尺寸是一道比较"烦琐"但却极其重要的"工序"，必须做到耐心细致、一丝不苟。而要达到"正确、完整、清晰和合理"的要求，除了要明确应该标注哪些尺寸，还要考虑尺寸该如何配置和布置，如一般应尽量把尺寸布置在图形轮廓线之外，但又要靠近被标注的基本体(见图5-9); 对某些细部尺寸, 则允许标注在图形内部。同一基本体的定形、定位尺寸, 应尽量标注在反映该形体特征的视图中; 数字的书写必须端正且准确无误, 同一张图幅内的数字大小应一致等。

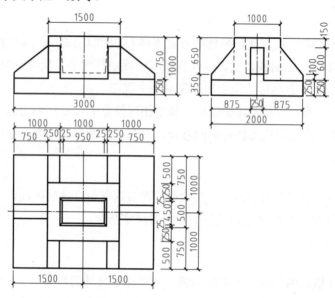

图5-9 肋式杯形基础的尺寸标注

## 5.4 组合体投影图的读法

阅读建筑形体的投影图, 就是根据图纸上的投影图和所注尺寸, 想象出形体的空间形状、大小、组合形式和构造特点。

### 5.4.1 读图时应注意的问题

为了能准确、迅速地读懂形体的投影图, 除了应熟练掌握三面投影规律, 各种位置直线、平面与基本体的投影特点、读图方法, 熟悉一些常见组合体的投影等之外, 读图时还要注意以下几个问题。

**1. 弄清投影图中各图线和线框的含义**

投影图是由图线及图线围成的封闭线框所组成的。读图就是分析这些图线及线框表示的是哪些空间几何元素的投影, 进而想象出所表达形体的空间形状。

(1) 投影图中一条图线所代表的含义, 通常是以下三种情况之一: 面和面交线的投影; 曲面体轮廓素线的投影; 投影面垂直面的积聚投影, 如图5-10所示。

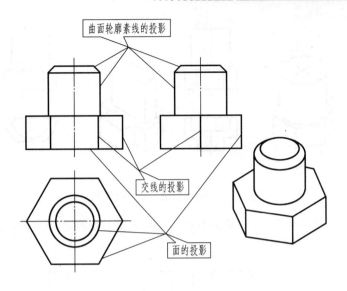

**图 5-10 投影图中每一条图线的含义**

(2) 投影图中一个封闭线框所代表的含义，通常是以下情况：形体上一个面(平面、曲面或两个相切面)的投影；或者是孔洞或坑槽的投影，如图 5-11 所示。

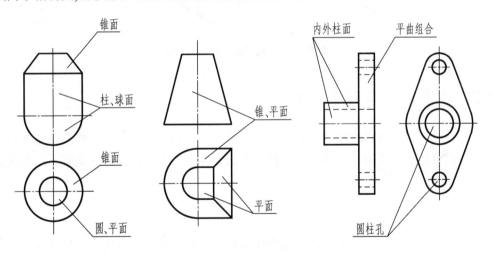

**图 5-11 投影图中每一封闭线框的含义**

### 2. 将几个投影图联系起来读

形体的单面投影不能唯一确定其形状和大小，因此看图时必须把所有投影图联系起来进行分析。

如图 5-12 所示的三组投影图，其虽具有相同的正面投影，但水平投影不同，因而分别表达的是不同形状的形体。

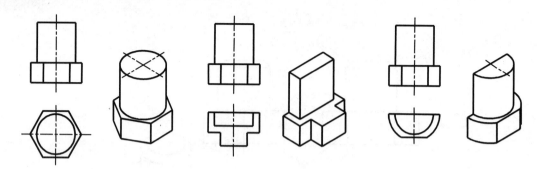

图 5-12　两视图确定立体的形状

如图 5-13 所示的三组投影图，其虽具有相同的正面投影和水平投影，但侧面投影不同，因而所表达形体的形状也不同。

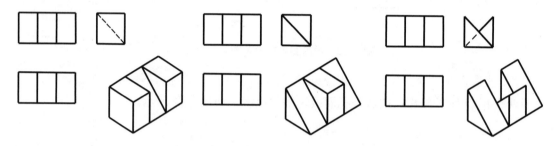

图 5-13　三视图确定立体的形状

## 5.4.2　读图的基本方法和步骤

读图的基本方法是以形体分析法为主、线面分析法为辅，且经常是两种方法并用，其中叠加型组合体可主要用形体分析法，切割型组合体则需在形体分析的基础上结合线面分析法进行识读。

### 1. 形体分析法

从形体的概念出发，先大致了解组合体的形状，再将投影图按线框假想分解成几个部分，运用三视图的投影规律，逐个读出各部分的形状及相对位置，最后综合起来想象出整体形状。

> **注意：** 形体分析法的着眼点是体，把视图中每个封闭线框的对应关系视为表示某一形体。

### 2. 线面分析法

根据线面的投影特征，分析线、面的形状和相对位置关系，想象出形体形状(在采用形体分析法的基础上，对局部比较难看懂的部分，可采用此法帮助看图)。

> 注意：线面分析法的着眼点是体上的面，把视图中的线及线框的对应关系视为表示体上的面；视图中的相邻线框，一般视为表示不同位置的面。

读图步骤总的来说一般是先概略后细致，先形体分析后线面分析，先外部后内部，先整体后局部，再由局部回到整体，最后加以综合，以获得对该建筑形体的完整形象。

一些建筑形体，给出其两面投影已能完整、清晰地表达其形状和构造，但为了培养和提高读图能力，往往需要求出其第三投影。下面举例加以说明。

【例 5.1】如图 5-14 所示，试根据建筑形体的 V、W 面投影，补画其 H 面投影。

**解** 先要确定该建筑形体的形状，才能顺利地补出其 H 面投影。读图方法和步骤如下。

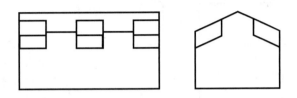

图 5-14 建筑形体的 V、W 面投影

(1) 形体分析。通过对图 5-14 所示的房屋外形轮廓线的 V、W 面投影进行分析，可以想象出这是一个两坡顶的房屋，其投影如图 5-15 所示。

比较图 5-14 和图 5-15 的两坡顶屋面可看出，前者的 V 面投影比后者多了三个小方块线框，前者的 W 面投影比后者多了左右对称的两个平行四边形线框，因而需做进一步分析。

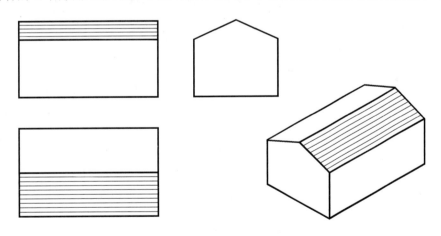

图 5-15 形体分析——两坡顶房屋外形的投影

(2) 线面分析。如图 5-16 所示，先分析图 5-14 中 V 面投影左边的一个小方块。这个小方块内又分成两个线框，上面一个线框 $r'$，根据"高平齐"的投影关系，对应于 W 面投影上一条竖直线的 $r''$可知这是一个正平面 R；小方块内下面一个线框 $q'$，对应 W 面投影上一条斜线，可知这是一个侧垂面 Q；小方块线框右边的竖直线 $p'$，与 W 投影上的平行四边形 $p''$对应，可知这是一个侧平面 P。

由上述分析可知，V 面投影上的小方块线框和 W 面投影上相对应的平行四边形线框，是在两坡屋面上用一个正平面 R、一个侧垂面 Q 和一个侧平面 P 切去了一个小四棱柱[如图 5-16(b)所示的立体图]所产生的截交线的投影。经过 6 处同样的切割之后，两坡顶屋面就形成了具有 6 个纵横天窗的屋面，如图 5-16 所示。

(3) 补绘第三投影。根据"长对正、宽相等"的投影关系，在两坡顶房屋的 H 面投影上画出截交线的 H 面投影，如图 5-16(a)所示。

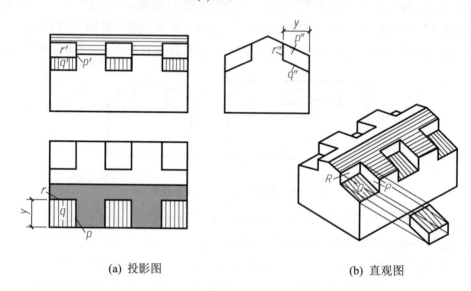

(a) 投影图　　　　　　　　　　(b) 直观图

图 5-16　线面分析——补绘 H 面投影

# 第 6 章 轴测投影图

**本章要点**

- 轴测投影的形成、种类和基本性质。
- 常用轴测图(正等轴测图、正面斜轴测图)的画法：坐标法、切割法、叠加法。

**本章难点**

圆及圆角正等测图的画法。

前面介绍的正投影图能准确、完整地表达形体的形状和大小，且作图简便、度量性好，所以在工程上被广泛采用。但是，正投影图中的每个视图只能表达形体在长、宽、高三个方向中的两个方向的尺度，因此缺乏立体感，不易读懂。所以工程上常用具有立体感的轴测图作为辅助图样，以便能更快地了解工程建筑物的结构形状。图 6-1(b)所示的图形就是图 6-1(a)所示的正投影图所表达形体的轴测图。

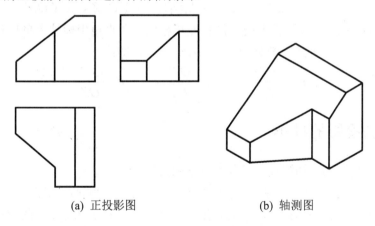

(a) 正投影图　　　　　　(b) 轴测图

图 6-1 正投影图和轴测图

## 6.1 轴测投影的基本知识

### 6.1.1 轴测投影的形成

轴测投影的形成如图 6-2 所示，将形体连同确定形体长、宽、高方向的空间直角坐标轴一起，沿不平行于任一坐标面的方向，用平行投影法将其向单一投影面 $P$ 进行投影所得的图形,称为轴测投影或轴测图。

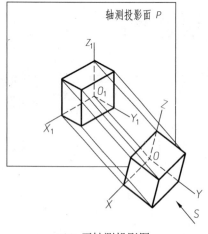
(a) 正轴测投影图

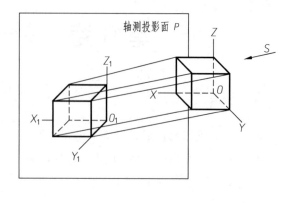
(b) 斜轴测投影图

图 6-2 轴测投影的形成

(1) 轴测投影面:$P$ 面。
(2) 轴测轴:空间直角坐标轴 $OX$、$OY$、$OZ$ 在 $P$ 面上的投影 $O_1X_1$、$O_1Y_1$、$O_1Z_1$。
(3) 轴间角:轴测投影轴之间的夹角 $\angle X_1O_1Y_1$、$\angle Y_1O_1Z_1$、$\angle X_1O_1Z_1$。
(4) 轴向伸缩系数:轴测轴上的单位长度与相应空间直角坐标轴上单位长度的比值。
$OX$、$OY$、$OZ$ 轴的轴向伸缩系数分别用 $p$、$q$、$r$ 表示,即:

$$p = \frac{O_1X_1}{OX}, \qquad q = \frac{O_1Y_1}{OY}, \qquad r = \frac{O_1Z_1}{OZ}$$

## 6.1.2 轴测投影的种类

根据投影方向不同,轴测投影可分为以下两类。
(1) 正轴测投影:将形体放斜(立体上的坐标面均与 $P$ 面倾斜),用正投影法投影。
(2) 斜轴测投影:将形体摆正(选取立体上的坐标面与 $P$ 面平行),用斜投影法投影。

## 6.1.3 轴测投影的基本性质

由于轴测投影是用平行投影法投影的,所以具有平行投影的性质,具体如下。
(1) 平行性——形体上相互平行的线段在轴测投影图上仍然平行。
(2) 定比性——形体上两平行线段长度之比在投影图上保持不变。
(3) 真实性——形体上平行于轴测投影面的平面,在轴测图中反映实形。
由上述性质可知,凡与空间坐标轴平行的线段,其轴测投影不但与相应的轴测轴平行,且可以直接用该轴的伸缩系数度量尺寸;而不与坐标轴平行的线段则不能直接量取尺寸,"轴测"一词由此而来,轴测图也就是沿轴测量所画出的图。

## 6.2 正等轴测投影图

形体上的三个坐标轴与轴测投影面的倾角均相等时,所获得的轴测图称为正等轴测投影图,简称正等测图。

### 6.2.1 轴间角与轴向伸缩系数

**1. 轴间角**

如图 6-3 所示,正等测图的三个轴间角均相等,即:

$$\angle X_1O_1Y_1 = \angle X_1O_1Z_1 = \angle Y_1O_1Z_1 = 120°$$

作图时,通常将 $O_1Z_1$ 轴画成铅直方向,使 $O_1X_1$、$O_1Y_1$ 轴与水平线成 30°夹角。

**2. 轴向伸缩系数**

由于三个坐标轴与轴测投影面的倾角均相等,所以它们的轴向伸缩系数也相同,经计算可知:$p = q = r = 0.82$。为了作图方便,采用简化的轴向伸缩系数 $p = q = r = 1$,即凡平行于各坐标轴的尺寸都按原尺寸作图。这样画出的轴测图,其轴向尺寸都相应放大了 1/0.82=1.22 倍,但这对所表达形体的立体效果并无影响而且作图简便。

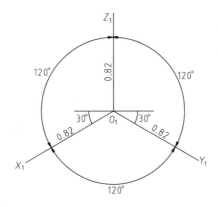

图 6-3 正等测图的轴间角

### 6.2.2 正等轴测图的画法

**1. 平面体正等测图的画法**

画轴测投影图的基本方法是坐标法,实际作图时可根据形体的特征灵活运用其他方法。坐标法是根据形体表面各点的空间坐标或尺寸,画出各点的轴测图,然后依次连接各点,即得该形体的轴测图。

通常可按下述步骤作图。

(1) 根据形体的结构特点，选定坐标原点的位置。坐标原点的位置一般选在形体的对称轴线上，且放在顶面或底面处，这样有利于作图。

(2) 画出轴测轴。

(3) 根据形体表面上各点的坐标及轴测投影的基本性质，沿轴测轴，按简化的轴向伸缩系数逐点画出，然后依次连接。为了使轴测图更直观，图中的虚线一般不画。

【例6.1】 如图6-4(a)所示，根据正投影图画出正六棱柱的正等测图。

**解** 由正投影图可知，正六棱柱的顶面、底面均为水平的正六边形。在轴测图中，顶面可见，底面不可见，宜从顶面画起，且使坐标原点与正六边形的中心重合。其作图方法与步骤如下。

① 在视图上确定坐标原点及坐标轴，如图6-4(a)所示。

② 在适当位置作轴测轴 $O_1X_1$、$O_1Y_1$，如图6-4(b)所示。

③ 作点 $A$、$D$、Ⅰ、Ⅱ 的轴测图：沿 $O_1X_1$ 量取 $M$，沿 $O_1Y_1$ 量取 $S$，得到点 $A_1$、$D_1$、$Ⅰ_1$、$Ⅱ_1$，如图6-4(c)所示。

④ 作点 $B$、$C$、$E$、$F$ 的轴测图：过 $Ⅰ_1$、$Ⅱ_1$ 两点作 $O_1X_1$ 轴的平行线，并量取 $L$ 得到点 $B_1$、$C_1$、$E_1$、$F_1$，顺次连线，即完成了顶面的轴测图，如图6-4(d)所示。

完成全图：过 $A_1$、$B_1$、$C_1$、$F_1$ 各点向下作平行于 $O_1Z_1$ 轴的直线，分别截取棱线的高度为 $H$，定出底面上的点，并顺次连线，擦去作图线，加深轮廓线，完成作图，如图6-4(e)所示。

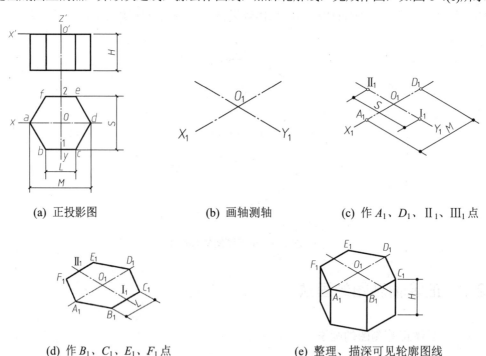

图6-4 作正六棱柱的正等测图

## 2. 曲面体正等测图的画法

曲面体与平面体正等测图的画法基本相同，只是由于其上多有圆(圆弧)或圆角，所以只要掌握圆或圆角正等测图的画法，就能画出曲面体的正等测图。

(1) 圆的正等测图。与坐标面平行的圆或圆弧，在正等测图中投影成椭圆或椭圆弧。由于各坐标面对轴测投影面的倾斜角度相等，因此，平行于各坐标面且直径相等的圆，其轴测投影均为长短轴之比相同的椭圆，如图 6-5 所示。

三个坐标面上的椭圆作法相同，工程上常用辅助菱形法(四圆心近似画法)作圆的正等轴测图。

以水平圆为例，其作图方法和步骤如图 6-6 所示。

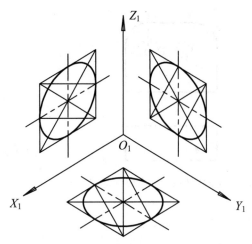

图 6-5 平行于各坐标面圆的正等测图

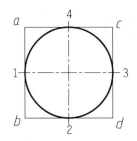

(a) 已知平行于 $H$ 面的圆，作其外切正方形 $abcd$

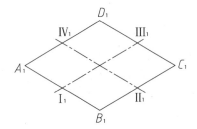

(b) 画轴测轴，作出外切正方形的正等轴测图——菱形 $A_1B_1C_1D_1$

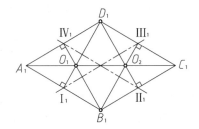

(c) 连接 $D_1\text{I}_1$、$D_1\text{II}_1$、$B_1\text{III}_1$、$B_1\text{IV}_1$，得出 $O_1$、$O_2$ 点，$O_1$、$O_2$、$B_1$、$D_1$ 四点即为四段圆弧的圆心

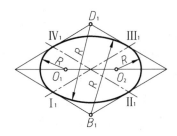

(d) 分别以点 $O_1$、$O_2$、$B_1$、$D_1$ 为圆心，以图示 $R$ 为半径画出四段圆弧 $\text{I}_1\text{II}_1$、$\text{II}_1\text{III}_1$、$\text{III}_1\text{IV}_1$、$\text{IV}_1\text{I}_1$

图 6-6 辅助菱形法作椭圆的方法和步骤

(2) 圆角的正等测图。圆角是圆的 1/4，其正等测图的画法与圆的相同，但只需作出对应的 1/4 菱形，找出所需的切点和圆心，画出相应的圆弧即可。圆角正等测图的作图步骤如图 6-7 所示。

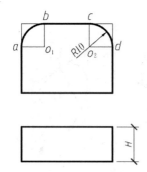

(a) 在视图中作切线，标出切点 $a$、$b$、$c$、$d$

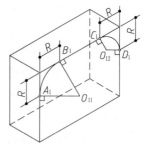

(b) 画出底板的正等测图，在底板前面定出切点 $A_1$、$B_1$、$C_1$、$D_1$，过切点分别作各对应边的垂线，两垂线的交点即为圆心 $O_{11}$、$O_{12}$，画出圆弧 $A_1B_1$、$C_1D_1$

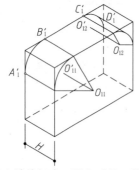

(c) 用移心法将切点、圆心后移一段板厚距离 $H$，以与前面相同的半径画弧并作出小圆弧的切线，即完成圆角的作图

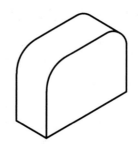

(d) 擦去多余的作图线，描深可见轮廓线，即完成全图

图 6-7　圆角正等测图的画法

### 3. 组合体正等测图的画法

一般组合体均可看作由基本体叠加、挖切而成，因此画组合体的轴测图时可根据其组合形式选用切割、叠加及特征面等方法。

(1) 切割法。对于能由基本形体切割而成的形体，可以先画出基本形体的轴测投影，然后在轴测图中切去应该去掉的部分，从而可得到所需的图形。

【例 6.2】　如图 6-8(a)所示，根据正投影图画出木榫头的正等测图。

**解**　由正投影图可知，木榫头可视为由一长方体切割而成，因此作图时可用切割法。其作图方法与步骤如下。

① 画出长方体的正等测图，并在左上角切去一块，如图 6-8(b)所示。

② 切去左前方的一个角(一定要沿轴量取 $B_2$ 和 $L_2$ 来确定切平面的位置)，如图 6-8(c)所示。

③ 擦去多余的作图线，加深可见轮廓线，即可完成全图，如图 6-8(d)所示。

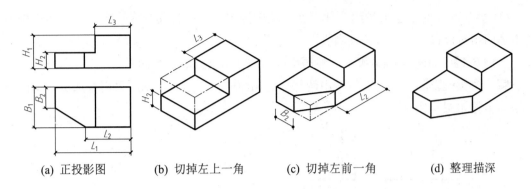

(a) 正投影图　　(b) 切掉左上一角　　(c) 切掉左前一角　　(d) 整理描深

图 6-8　用切割法画平面体的轴测图

【例 6.3】　如图 6-9(a)所示，根据正投影图画出切口圆柱体的正等测图。

**解**　由正投影图可知，切口圆柱体由一圆柱体切割而成，因此作图时可用切割法。其作图方法与步骤如下。

① 用辅助菱形法画出圆柱体顶面圆的正等测图，如图 6-9(b)所示。

② 用移心法将切点、圆心分别下移一段高度距离 $h-h_1$ 和 $h$，以与前面相同的半径画出四段圆弧围成的两椭圆，如图 6-9(c)所示。

③ 根据尺寸 $b$ 画出切口的截交线——矩形 1234，擦去多余的作图线，加深可见轮廓线，即可完成全图，如图 6-9(d)、图 6-9 (e)所示。

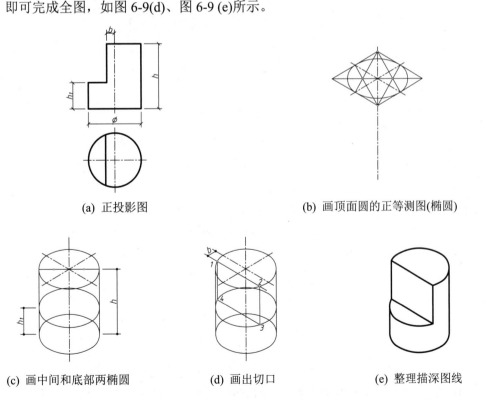

(a) 正投影图　　　　　　　(b) 画顶面圆的正等测图(椭圆)

(c) 画中间和底部两椭圆　　(d) 画出切口　　(e) 整理描深图线

图 6-9　用切割法画曲面体的轴测图

(2) 叠加法。对于叠加型组合体，在作其轴测图时，可将其分为几个部分，然后按各基本体的相对位置逐一画出其轴测投影。

【例 6.4】 如图 6-10(a)所示，根据正投影图画出支架的正等测图。

**解** 由正投影图可知，支架是由两部分叠加而成的，因此作图时可用叠加法。其作图方法与步骤如图 6-10 所示。

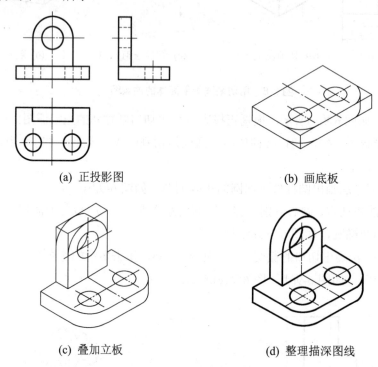

(a) 正投影图　　　　　　　　　　(b) 画底板

(c) 叠加立板　　　　　　　　　　(d) 整理描深图线

图 6-10　用叠加法画轴测图

(3) 特征面法。当柱类形体的某一端面比较复杂且能反映柱体的特征形状时，可用坐标法先求出特征端面的正等测图，然后沿坐标轴方向延伸成立体，这种画轴测图的方法称为特征面法。

【例 6.5】 如图 6-11(a)所示，根据正投影图画出 T 形梁的正等测图。

**解** 由正投影图可知，T 形梁为一八棱柱，有两个大小相等且均平行于 $YOZ$ 坐标面的八边形底面，作图时可将此面作为特征面。其作图方法与步骤如下。

① 选择八棱柱的八边形底面为特征面，在正投影图上定出原点和坐标轴的位置，如图 6-11(a)所示。

② 画出轴测轴，利用坐标法及轴测投影的基本性质画出特征面的正等测图，如图 6-11(b)所示。

③ 过特征面的各角点作 $X_1$ 轴的平行线，并截取形体的长度 $L$，然后顺序连接各点并整理描深图线，即可完成 T 形梁正等测图的绘制，如图 6-11(c)所示。

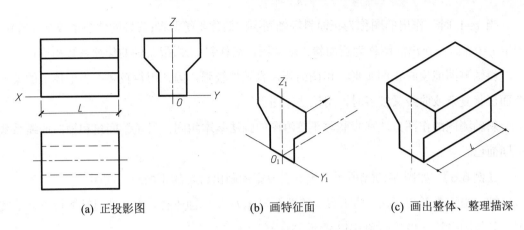

(a) 正投影图　　　　(b) 画特征面　　　　(c) 画出整体、整理描深

图 6-11　用特征面法画柱体的轴测图

## 6.3　斜轴测投影图

不改变形体对投影面的位置，而使投影方向与投影面倾斜，即得斜轴测投影图，简称斜轴测图。

### 6.3.1　正面斜轴测图

以 $V$ 面作为轴测投影面所得到的斜轴测图，称为正面斜轴测图。

由于形体的 $XOZ$ 坐标面平行于轴测投影面，因而 $X$、$Z$ 轴的投影 $X_1$、$Z_1$ 轴互相垂直，且投影长度不变，即轴向伸缩系数 $p=r=1$。因投影方向可有多种，故 $Y$ 轴的投影方向和伸缩系数也有多种。为了作图简便，常取 $Y_1$ 轴与水平线成 45°角。正面斜轴测图的轴间角如图 6-12 所示。

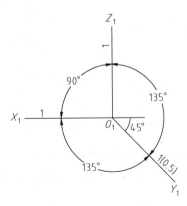

图 6-12　正面斜轴测图的轴间角

当 $q=1$ 时，作出的图称为正面斜等轴测图，简称斜等测图(三轴的伸缩系数全相等)；若取 $q=0.5$ 时，作出的图称为正面斜二轴测图，简称斜二测图(二轴的伸缩系数相等)。

斜轴测图能反映正面实形，作图简便，直观性较强，因此用得较多；当形体上的某一个面形状复杂或曲线又较多时，用该法作图更佳。

斜轴测图的作图方法和步骤与正等测图的画法基本相同，只是轴间角和轴向伸缩系数不同而已。

【例 6.6】 如图 6-13(a)所示，根据正投影图画出台阶的正面斜二测图。

**解** 由正投影图可知，由于台阶的端面与 $XOZ$ 坐标面平行，因此其斜轴测投影显示实形。其作图方法与步骤如图 6-13 所示。

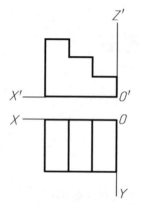

(a) 在正投影图上定出原点和坐标轴的位置

(b) 画出斜二测图的轴测轴，并在 $X_1O_1Z_1$ 坐标面上出正面图

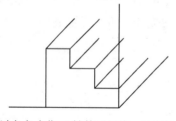

(c) 过各角点作 $Y_1$ 轴的平行线，长度等于原宽度的一半

(d) 将平行线各角点连接起来，描深图线即得其斜二测图

图 6-13 作台阶的斜二测图

【例 6.7】 如图 6-14(a)所示，根据正投影图画出门洞的正面斜等测图。

**解** 由正投影图可知，门洞可看作由上下两部分叠加而成，下部挖了半圆拱门洞。其作图方法与步骤如图 6-14 所示。

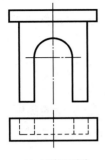
(a) 正投影图

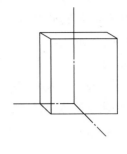
(b) 画轴测轴及底部长方体(宽度量取原尺寸)

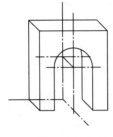
(c) 挖出底部门洞

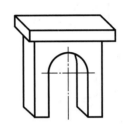
(d) 叠加上顶部，描深完成全图

图 6-14　作门洞的斜等测图

## 6.3.2　水平斜轴测图

以 $H$ 面作为轴测投影面所得到的斜轴测图，称为水平斜轴测图。

由于形体的 $XOY$ 坐标面平行于轴测投影面，因而 $OX$、$OY$ 轴的投影 $O_1X_1$、$O_1Y_1$ 轴互相垂直，且投影长度不变，即轴向伸缩系数 $p=q=1$。作图时通常将 $Z_1$ 轴画成铅直方向，$O_1X_1$、$O_1Y_1$ 轴夹角为 90°，使它们与水平线分别成 30°、60°角。水平斜轴测的轴间角，如图 6-15 所示。

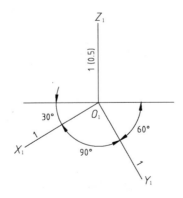

图 6-15　水平斜轴测图的轴间角

当取 $r=1$ 时作出的图称为水平斜等测图；若取 $r=0.5$ 作出的图称为水平斜二测图。

水平斜轴图又称鸟瞰轴测图，在建筑工程中，常用来表达建筑群的布局、交通等情况，如图 6-16、图 6-17 所示。

图 6-16 所示为建筑小区的水平斜等轴测图，其作图方法如下。

(1) 根据小区特点，将其水平投影逆时针旋转 30°或 60°。

(2) 过各个房屋水平投影的转折点向上作垂线，使之等于房屋的高度。

(3) 连接上部各端点，整理描深图线，即得小区的水平斜等轴测图。

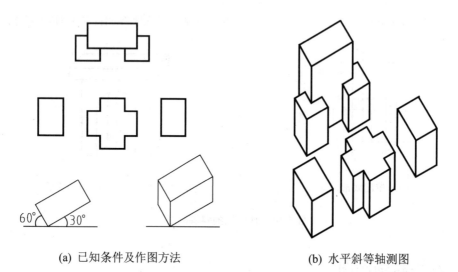

(a) 已知条件及作图方法　　　(b) 水平斜等轴测图

图 6-16　建筑小区的水平斜等轴测图

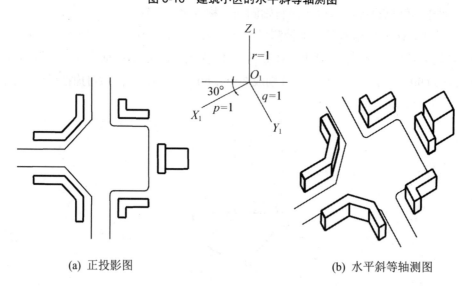

(a) 正投影图　　　(b) 水平斜等轴测图

图 6-17　建筑群的水平斜等轴测图

**【例 6.8】** 如图 6-18(a)所示，根据正投影图画出建筑形体的水平斜等测图。

**解** 根据正投影图可知，该建筑形体由三部分组合组成。其作用方法与步骤如下。

① 坐标原点选在房屋的右后下角，如图 6-18(a)所示。

② 画出轴测轴，将建筑形体的水平投影绕 $X_1$ 逆时针旋转 30°，即可得到建筑基底的水平斜轴测图，如图 6-18(b)所示。

③ 从建筑基底的各个顶角点向上引垂线，使之等于建筑高度，连接上部各端点，可画出建筑的顶面轮廓。

④ 擦去多余作图线，描深可见轮廓线，即可完成建筑形体的水平斜等测图，如图 6-18(c)所示。

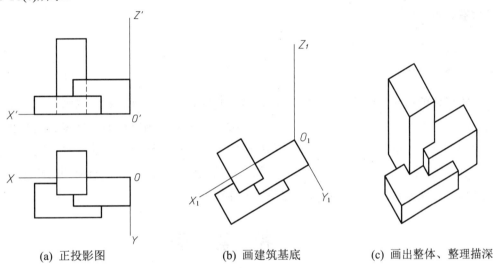

(a) 正投影图　　(b) 画建筑基底　　(c) 画出整体、整理描深

图 6-18　建筑形体的水平斜等测图

# 第 7 章　表达形体的常用方法

**本章要点**

- 投影图、剖面图、断面图的画法。
- 建筑形体的表达方法。

**本章难点**

- 投影图、剖面图的画法。
- 建筑形体的表达方法。

建筑形体的形状和结构是多种多样的,要想把它们表达得既完整、清晰,又便于画图和读图,只用前面介绍的三面投影图难以满足要求。为此,国家标准《技术制图》和《房屋建筑制图统一标准》(GB/T 50001—2010)规定了一系列图样表达方法,以供制图时根据形体的具体情况选用。本章将介绍国家标准规定的投影图、剖面图、断面图的画法和一些简化画法,以及如何应用这些方法表达各种形体的结构形状。

## 7.1　投　影　图

### 7.1.1　六面投影图

用正投影法绘出的形体图形称为正投影图,亦称为视图。对于形状简单的形体,一般用三面投影即三视图就可以表达清楚。但房屋建筑形体的形状多样,有些复杂形体的形状仅用三面投影难以表达清楚,此时可能就需要用到更多数量的视图才能完整表达其结构形状。如图 7-1(b)所示的房屋形体,可由不同方向投射,从而得到如图 7-1(a)所示的六面投影图。

六面投影图的名称分别如下。
(1) 正立面图——自前向后($A$ 向)投射所得的视图。
(2) 平面图——自上向下($B$ 向)投射所得的视图。
(3) 左侧立面图——自左向右($C$ 向)投射所得的视图。
(4) 右侧立面图——自右向左($D$ 向)投射所得的视图。
(5) 背立面图——自后向前($E$ 向)投射所得的视图。
(6) 底面图——自下向上($F$ 向)投射所得的视图。

一般情况下，如果六面投影图画在一张图纸上，并且按如图 7-1(a)所示的位置排列时，可不标注各投影图的名称；而如果一张图纸内画不下所有投影图时，可以把各投影图分别画在几张图纸上，但应在投影图下方标注图名。图名宜标注在图样的下方或一侧，并在图名下绘一粗实线，其长度应以图名所占长度为准。

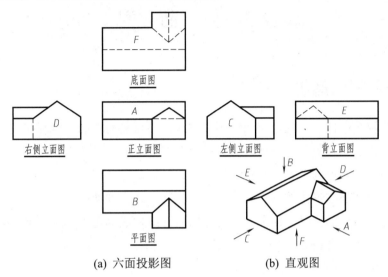

图 7-1 六面投影图

## 7.1.2 镜像投影图

镜像投影图如图 7-2 所示。有些工程构造，如板梁柱构造节点[见图 7-2(a)]，因为板在上面，梁、柱在下面，在从上向下投影得到的平面图中，因梁、柱为不可见，要用虚线绘制，这样给读图和尺寸标注带来不便。如果把 H 面当作一个镜面，在镜面中就能得到梁、柱为可见的反射图像，这种投影称为镜像投影法(属于正投影法)。镜像投影是形体在镜面中的反射图形的正投影，该镜面应平行于相应的投影面。

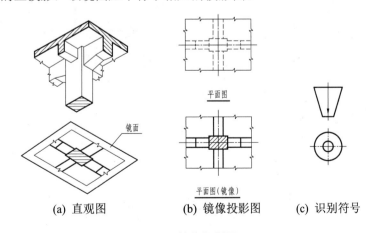

图 7-2 镜像投影图

用镜像投影法绘图时,应在图名后加注"镜像"二字[见图 7-2(b)],必要时可画出镜像投影画法的识别符号[见图 7-2(c)]。镜像投影图在室内设计中常用来表现吊顶(天花板)的平面布置。

## 7.2 剖 面 图

### 7.2.1 剖面图的形成

在形体的视图中,可见的轮廓线绘制成实线,不可见的轮廓线绘制成虚线。因此,对于内部形状或构造比较复杂的形体,势必在投影图上出现较多的虚线,使得实线与虚线相互交错而混淆不清,不利于看图和标注尺寸。为了解决这一问题,工程上常采用剖切的方法,即假想用剖切面在形体的适当部位将形体剖开,移去剖切面与观察者之间的部分,而将剩余的部分向投影面投射,使原来不可见的内部结构成为可见,这样得到的投影图称为剖面图,简称剖面。有些专业图(如水利工程图、机械图)中所提及的剖视就是此处的剖面。

图 7-3(a)所示为水槽的三面投影图,其三面投影均出现了许多虚线,使图样不够清晰。假想用一个通过水槽排水孔轴线,且平行于 $V$ 面的剖切面 $P$ 将水槽剖开,移走前半部分,将剩余的部分向 $V$ 面投影,然后在水槽的断面内画上通用材料图例(如需指明材料,则画上如表 7-1 所示的具体材料图例),即得水槽的正视方向的剖面图[见图 7-3(c)]。这时水槽的槽壁厚度、槽深、排水孔大小等均被表达得很清楚,又便于标注尺寸。同理,可用一个通过水槽排水孔轴线,且平行于 $W$ 面的剖切面 $Q$ 剖开水槽,移去 $Q$ 面的左边部分,然后将形体剩余的部分向 $W$ 面投射,得到另一个方向的剖面图[见图 7-3(d)]。由于水槽下的支座在两个剖面图中已表达清楚,故在平面图中省去了表达支座的虚线。如图 7-3(b)所示为水槽的剖面图。

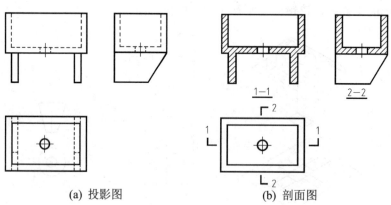

(a) 投影图  (b) 剖面图

图 7-3 水槽的剖面图

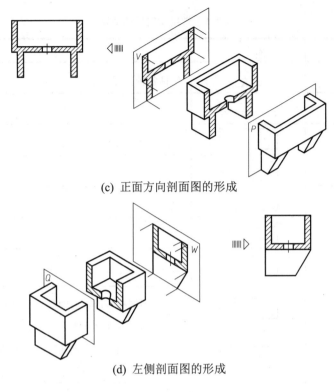

(c) 正面方向剖面图的形成

(d) 左侧剖面图的形成

图 7-3 水槽的剖面图(续)

## 7.2.2 剖面图的画法

在画剖面图时应注意以下相关规定。

(1) 形体的剖切平面位置应根据表达的需要来确定。为了完整、清晰地表达内部形状，一般来说剖切平面应通过孔、槽等不可见部分的中心线，且应平行于剖面图所在的投影面。如果形体具有对称平面，则剖切平面应通过形体的对称平面。

(2) 剖面的剖切符号与剖面图的名称。剖面图中的剖切符号由剖切位置线和投射方向线两部分组成。剖切位置线用 6~10mm 长的粗实线表示，投射方向线用 4~6mm 长的粗实线表示。为了区分同一形体上的几个剖面图，在剖切符号上应用阿拉伯数字编号，数字应水平地注写在投射方向线的端部。剖面图的名称应用相应的编号顺次水平注写在相应剖面图的下方，如 1—1 剖面图、2—2 剖面图，或简写为 1—1、2—2 等，并在图名下画一条粗实线，其长度以图名所占长度为准，如图 7-3(b)所示。

(3) 材料图例。为了使剖面图层次分明，除剖面图中一般不再画出虚线外，被剖到的实体部分(即断面区域)应按照形体的材料类别画出相应的材料图例。常用的建筑材料图例见表 7-1。在未指明材料类别时，剖面图中的材料图例一律画成方向一致、间隔均匀的 45°细实线，即采用通用材料图例来表示。

表 7-1 常用建筑材料图例

| 名 称 | 图 例 | 说 明 |
|---|---|---|
| 自然土壤 |  | 包括各种自然土壤 |
| 夯实土壤 |  | |
| 砂、灰土 | 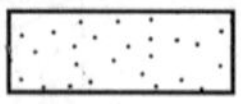 | 靠近轮廓线绘较密的点 |
| 砂砾石、碎砖三合土 | 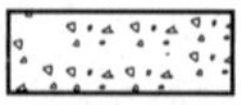 | |
| 石 材 | 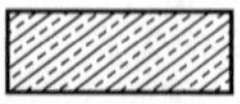 | |
| 毛 石 | 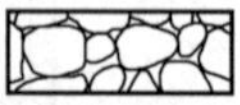 | |
| 普通砖 | 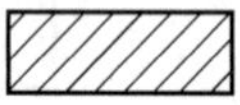 | 包括实心砖、多孔砖、砌块等砌体 |
| 混凝土 | 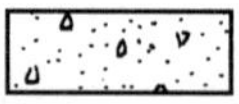 | (1) 本图例指能承重的混凝土及钢筋混凝土;<br>(2) 包括各种强度等级、骨料添加剂的混凝土; |
| 钢筋混凝土 | 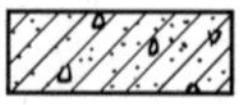 | (3) 在剖面图上画出钢筋时,不画图例线;<br>(4) 断面图形小,不易画出图例线时,可涂黑 |
| 多孔材料 | 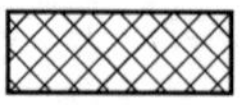 | 包括水泥珍珠岩、沥青珍珠岩、泡沫混凝土、非承重加气混凝土、软木、蛭石制品等 |
| 木 材 | 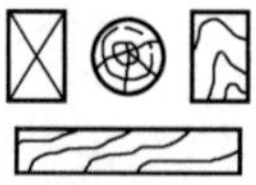 | (1) 上图为横断面,左上图为垫木、木砖或木龙骨;<br>(2) 下图为纵断面 |
| 玻 璃 |  | 包括平板玻璃、磨砂玻璃、夹丝玻璃、钢化玻璃、中空玻璃、加层玻璃、镀膜玻璃等 |
| 金 属 |  | (1) 包括各种金属;<br>(2) 图形小时可涂黑 |

(4) 同一形体各图形的画法。剖面图只是一种表达形体内部结构的方法,其剖切和移去一部分是假想的,因此除剖面图外的其他视图应按原状完整地画出。

当同一个形体具有多个断面区域时,其材料图例的画法应一致;当同一个形体多次剖切时,其剖切方法和先后次序互不影响。

### 7.2.3 剖面图的种类

**1. 全剖面图**

用一个平行于基本投影面的剖切平面,将形体全部剖开后画出的图形称为全剖面图。显然,全剖面图适用于外形简单、内部结构复杂的形体。

如图 7-4 所示为一座房屋的表达方案图。为了表达它的内部布置情况，假想用一个稍高于窗台位置的水平剖切面将房屋全部剖切开，移去剖切面及以上部分，将以下部分投射到水平面上，可得到房屋的水平全剖面图，这种剖面图在建筑施工图中称为平面图。由于房屋的剖面图都是用小于 1∶50 的比例绘制的，因此按国家标准的规定一律不画材料图例。

全剖面图一般应标注出剖切位置线、投射方向线和剖面编号，如图 7-4 所示；但当剖切位置经过对称面时，也可以省略标注。

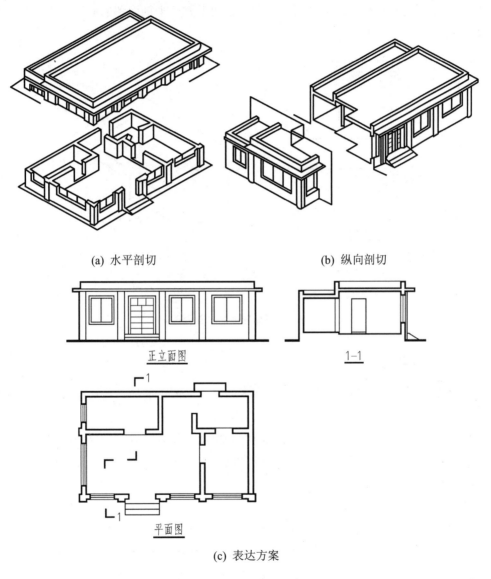

(a) 水平剖切　　　　　　(b) 纵向剖切

(c) 表达方案

图 7-4　房屋的表达方案图

## 2．半剖面图

当形体具有对称平面时，在垂直于该对称平面的投影面上投射所得到的图形，可以以对称线为界,一半画成剖面图,另一半画成外形视图,这样组合而成的图形称为半剖面图。显然,半剖面图适用于内外结构都需要表达的对称形体。

如图 7-5 所示的形体左右、前后均对称,如果采用全剖面图,则不能充分地表达外形,故用半剖面图的表达方法,保留一半外形,再配上半个剖面图表达内部构造。半剖面图一般不再画虚线,但如有孔、洞,仍须将孔、洞的轴线画出。在半剖面图中,规定以形体的对称线作为剖面图与外形视图的分界线。当对称线为铅垂线时,习惯上将剖面图画在对称线右侧;当对称线为水平线时,剖面图画在对称线下方。半剖面图的标注方法与全剖面图的标注方法相同。

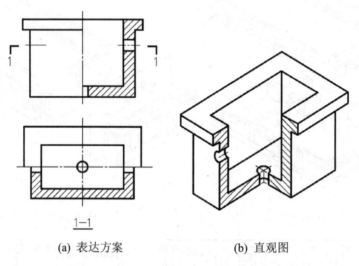

(a) 表达方案　　　　　(b) 直观图

图 7-5　对称形体的半剖面图

### 3. 局部剖面图

将形体局部地剖开后投影所得的图形称为局部剖面图。显然,局部剖面图适用于内外结构都需要表达,且又不具备对称条件或仅局部需要剖切的形体。

在局部剖面图中,外形与剖面以及剖面部分相互之间应以波浪线分隔。波浪线只能画在形体的实体部分上,且既不能超出轮廓线,也不能与图上其他图线重合。局部剖面图一般不需要标注。

如图 7-6 所示为杯形基础的局部剖面图。该图在平面图中保留了基础的大部分外形,仅将其一个角画成剖面图,表达基础内部钢筋的配筋情况。从图 7-6 中还可看出,正立剖面图为全剖面图,按《建筑结构制图标准》(GB/T 50105—2010)的规定,在断面上已画出钢筋的布置时,就不必再画钢筋混凝土的材料图例。画钢筋布置的规定是:平行于投影面的钢筋用粗实线画出实形,垂直于投影面的钢筋用小黑圆点画出它们的断面。

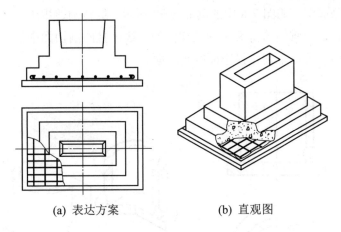

(a) 表达方案　　　　　(b) 直观图

图 7-6　杯形基础的局部剖面图

**4．阶梯剖**

用两个或两个以上平行的剖切面将形体剖切后投影得到剖面图称为阶梯剖面图，如图 7-4(c)中所示的剖面 1—1 即为阶梯剖。当形体内部需要剖切的部位不处在与投影面平行的同一个平面上，即用一个剖切面无法全部剖到时，可采用阶梯剖。阶梯剖必须标注剖切位置线、投射方向线和剖切编号。

由于剖切是假想的，在作阶梯剖面图时不应画出两剖切面转折处的交线，并且在标注剖切位置时，不应使剖切平面的转折处与图中的轮廓线重合。

建筑物结构层的多层构造可用一组平行的剖切面按构造层次逐层局部剖开。这种方法常用来表达房屋的地面、墙面、屋面等处的构造。分层局部剖面图应按层次以波浪线将各层隔开，波浪线不应与任何图线重合。图 7-7 所示为用分层局部剖面图表达的多层构造。

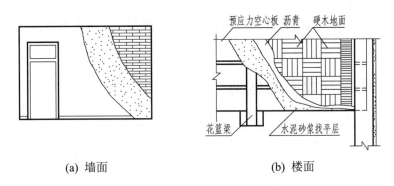

(a) 墙面　　　　　　　(b) 楼面

图 7-7　多层构造的分层局部剖面图

**5．旋转剖**

采用两个或两个以上相交的剖切面将形体剖开，并将倾斜于投影面的断面及其所关联部分的形体绕剖切面的交线(投影面垂直线)旋转至与投影面平行后再进行投射，这样得到剖面图称为旋转剖面图，如图7-8中的剖面2—2所示。旋转剖适用于内外主要结构具有理想回转轴线的形体，而轴线恰好又是两剖切面的交线，且两剖切面中的一个应是剖面图所在投影面的平行面，另一个则是投影面的垂直面。

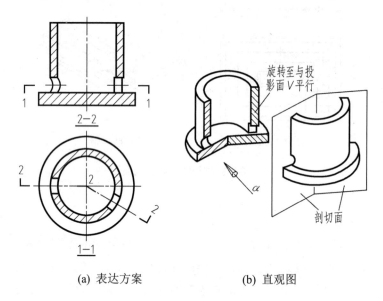

(a) 表达方案　　　　　　(b) 直观图

图 7-8　旋转剖面图

## 7.3　断　面　图

假想用一个剖切平面将形体的某部分切断，仅将截得的图形向与之平行的投影面投射，所得的图形称为断面图。

当形体某些部分的形状用投影图不易表达清楚、又没必要画出剖面图时，可采用断面图来表达。

### 7.3.1　断面图与剖面图的区别

断面图与剖面图一样，也是用来表达形体的内部结构形状，两者的区别如下。

(1) 剖面图是形体剖切之后剩下部分的投影，是体的投影；断面图是形体剖切之后断面的投影，是面的投影。因此说，剖面图中包含了断面图。

(2) 剖切符号的标注不同。剖面图用剖切位置线、投射方向线和编号来表示；断面图则只画剖切位置线与编号，用编号的注写位置来代表投射方向，即编号注写在剖切位置线哪一侧，就表示向哪一侧投射，如图7-9中的1—1断面图所示。

(3) 剖面图可用两个或两个以上的剖切平面进行剖切；断面图的剖切平面通常只能是单一的。

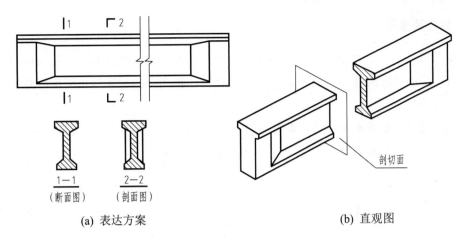

(a) 表达方案  (b) 直观图

图 7-9  断面图

## 7.3.2  断面图的种类与画法

根据断面图布置位置的不同，可分为移出断面图和重合断面图两种。

### 1. 移出断面图

布置在形体视图之外的断面图，称为移出断面图。移出断面图的轮廓线应用粗实线绘制，配置在剖切平面的延长线上或其他适当的位置，如图 7-9 中的 1—1 断面图所示。

当一个形体有多个移出断面图时，最好整齐地排列在相应剖切位置线的附近，这种表达方式，适用于断面变化较多的构件。

如图 7-10 所示是梁、柱节点构件图，其花篮梁的断面形状由 1—1 断面表示，上方柱和下方柱分别用断面 2—2 和 3—3 表示。

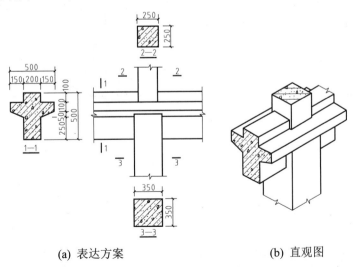

(a) 表达方案  (b) 直观图

图 7-10  梁、柱节点构件图

## 2. 重合断面图

直接画在视图轮廓线以内的断面图称为重合断面图。重合断面图的轮廓线应用细实线画出。当视图中的轮廓线与重合断面的图形重叠时，视图中的轮廓线仍应连续画出，不可间断，如图 7-11 所示。

对称的重合断面可不必标注，如图 7-11(b)所示；当图形不对称时，可标注剖切位置线，并将数字注写在投射方向一侧，如图 7-11(a)所示。

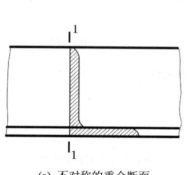 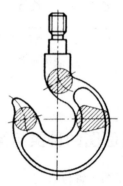

(a) 不对称的重合断面　　　　　　　　(b) 对称的重合断面

图 7-11　重合断面图

图 7-12 所示为现浇钢筋混凝土楼面的重合断面图。它是用侧平的剖切面剖开楼板层得到断面图，经旋转后重合在平面图上。因梁板断面图形较窄，不易画出材料图例，故予以涂黑表示。

图 7-13 所示为墙面装饰的重合断面图。它用于表达墙面的凸起花纹，故该断面图不画成封闭线框，只在断面图的范围内沿轮廓线边缘加画 45°细斜线。

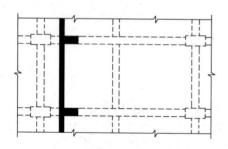 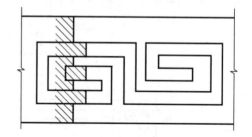

图 7-12　现浇钢筋混凝土楼面的重合断面图　　　图 7-13　墙面装饰的重合断面图

# 7.4　其他表达方法

为了节省绘图时间或图纸幅面，以提高绘图效率，《房屋建筑制图统一标准》规定了一些简化处理图形的方法，现将常用的简化画法介绍如下。

## 7.4.1 对称省略画法

构件的视图若有一条对称线,可只画该视图的一半;若有两条对称线,则可只画该视图的 1/4,并均画出对称符号,如图 7-14(a)所示。图形也可稍超出其对称线,此时可不画对称符号,如图 7-14(b)所示。

对称符号是两条平行等长的细实线,线段长为 6～10mm,间距为 2～3mm,在中心线两端各画一对,如图 7-14(a)所示。

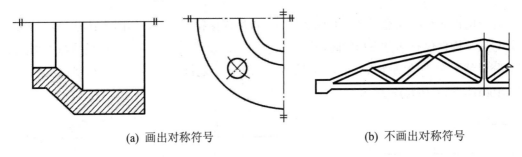

(a) 画出对称符号　　　　　　　　(b) 不画出对称符号

图 7-14　对称省略画法

## 7.4.2 相同构造要素省略画法

若构件内有多个完全相同且连续排列的构造要素时,可仅在两端或适当位置画出其完整形状,其余部分以中心线或中心线交点表示,如图 7-15(a)～图 7-15(c)所示。如果相同构造要素少于中心线交点,则其余部分应在相同构造要素位置的中心线交点处用小圆点表示,如图 7-15(d)所示。

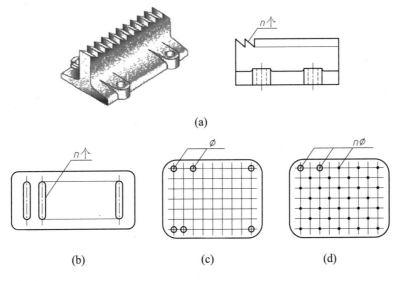

图 7-15　相同构造要素省略画法

### 7.4.3 折断省略画法

对于较长的构件,当沿长度方向的形状相同或按一定规律变化时,可采用断开省略画法,断开处应以折断线表示,如图7-16(a)所示。折断线两端应超出轮廓线2~3mm,其尺寸仍应按构件原长度标注。

### 7.4.4 连接及连接省略画法

同一构件如绘制位置不够,可分段绘制,再用连接符号相连,如图7-16(b)所示。当一构件与另一构件仅有部分不相同时,则该构件可只画出不同部分,但应在相同与不相同部位的分界线处分别绘制连接符号,如图7-16(c)所示。连接符号用折断线和字母表示,如图7-16(b)与图7-16(c)中所示。

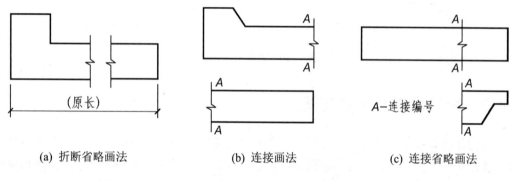

(a) 折断省略画法　　(b) 连接画法　　(c) 连接省略画法

图7-16　折断省略画法与连接画法

# 第 8 章　透视与阴影

**本章要点**

- 透视投影的形成、种类和特性。
- 透视图(一点透视、两点透视)的常用画法。
- 点、线、面、平面立体以及建筑细部阴影的画法。

**本章难点**

- 两点透视图的画法。
- 用反回光线法作阴影。

## 8.1　透视投影图

第 6 章已学过用平行投影法形成的轴测图，它可以表现出形体的立体形象，立体感也比较强，但如果用以绘制尺寸较大的形体，如整幢建筑物时，则因缺乏远近距离感，而不能很好地表现出形体的真实形象。而用某一视点(中心投影法)画成的透视图则能表现出建筑物既立体又逼真自然的图形，人们看到透视图，就像看到实物一样真实。所以在建筑设计中，常常用透视图来表达建筑物的造型，显示其将来建成后的外观，常作为方案阶段的表现图，为推敲、评估、比较、审批建筑物提供依据。

### 8.1.1　透视投影的基本知识

#### 1. 透视投影的形成

如图 8-1 所示，当人们从室内透过玻璃窗用一只眼睛观看室外的建筑物时，实际上在玻璃窗上就准确形象地留下了建筑物的立体图形，这个图形，就是建筑物的透视投影图，简称透视。透视图是用中心投影法将形体透射在单一投影面上所得到的具有立体感的图样，所以中心投影又称为透视投影。

透视图的特点是在一个投影图中能同时反映形体长、宽、高三个方向的关系，同样的形体看上去近大远小，近高远低，近长远短，互相平行的直线通常会交汇于一点。这些特点与人们观察形体的视觉特点相一致，但形体长、宽、高三个方向的透视投影都产生了变形，缺乏度量性，不利于标注尺寸，所以它不能用作施工图。

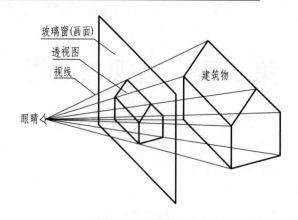

图 8-1 透视投影的形成

**2．透视图的基本术语**

为了便于理解透视原理和掌握透视作图的方法，应先了解如图 8-2 所示的有关透视术语和符号。

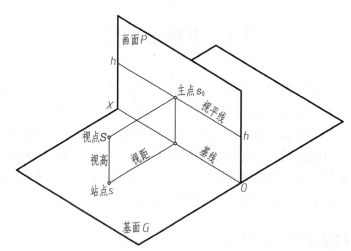

图 8-2 透视术语和符号

(1) 基面($G$)——放置建筑形体的水平面。

(2) 画面($P$)——透视图所在的平面，通常与基面垂直。

(3) 基线——基面与画面的交线。在画面上以字母 $OX$ 表示基线，在平面图中则以 $P\text{-}P$ 表示画面的位置。

(4) 视点($S$)——观察者眼睛所在的位置，即投影中心。

(5) 站点($s$)——观察者站立的位置，即视点在基面上的正投影。

(6) 主点($s_0$)——视点在画面上的正投影，也称视中心点或心点。

(7) 视线——过视点所引出的直线。

(8) 主视线——垂直于画面 $P$ 的视线，也就是过视点 $S$ 和主点 $s_0$ 的直线。

(9) 视平面——过视点 $S$ 的水平面。

(10) 视平线($h$-$h$)——过视点的水平面与画面的交线。

(11) 视高($Ss$)——视点至基面的距离，即观察者眼睛的高度。

(12) 视距($Ss_0$)——视点至画面的距离。

(13) 点的基透视——空间点在基面上投影的透视。

3．灭点的概念及透视图的种类

1) 灭点的概念

直线的灭点，就是直线上离画面无限远点的透视，即通过直线上无穷远点的视线与画面的交点。平行线有统一的灭点。由几何学可知，两平行直线交于无穷远点，因而，通过一直线上无穷远点的视线必与该直线平行。

若求一条水平线 $AB$ 的灭点，必须过视点作与 $AB$ 平行的视线 $SF$[如图 8-3(a)所示的 $sf/\!/ab$，图 8-3(b)所示的 $sf_1/\!/ab$]，视线 $SF$ 与画面的交点 $F$ 即为直线 $AB$ 的灭点[如图 8-3(a)所示的 $F$，图 8-3(b)所示的 $F_1$]。注意水平线的灭点 $F$ 必在视平线上。

2) 透视图的种类

建筑物的形状大多为长方体，其长、宽、高三组主方向棱线与画面可能平行，也可能不平行。与画面不平行的轮廓线，在透视图中就会产生主向灭点；而与画面平行的棱线，其透视与本身平行，就没有灭点。因此，根据建筑物与画面的不同位置，在透视图中按照主向灭点的多少分为以下几种(如图 8-3 所示为一点透视和两点透视)。

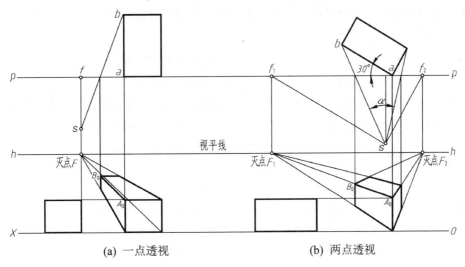

(a) 一点透视　　　　　　　　(b) 两点透视

图 8-3　透视图的种类

(1) 一点透视(平行透视)。如图 8-4 所示，建筑物上长度和高度方向的棱线与画面平行，此时，只有建筑物宽度方向的棱线有一个灭点，这样的透视图称为一点透视或平行透视。一点透视的表现范围广，尤其适用于表现主要、严肃的形体和室内空间，作图简便，但与真实效果有差距，因而常用于画室内布置、庭院、长廊、街景等的透视图。

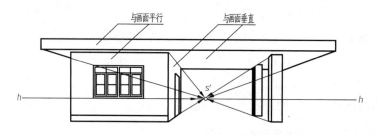

图 8-4　一点透视图示例

(2) 两点透视(成角透视)。建筑物上高度方向的棱线(铅垂线)与画面平行，而长度和宽度方向与画面倾斜(有一定夹角)，如图 8-5 所示，有长度和宽度方向两个主向灭点的透视图，称为两点透视或成角透视。两点透视的画面效果自由、活泼，常用于表现建筑的外形。作图时需选好视点角度，否则易出现变形。

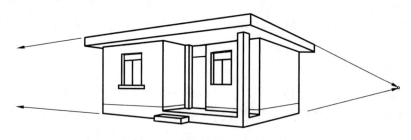

图 8-5　两点透视图示例

由于建筑物的主向平行线较多，故在求建筑物的两点透视图时，如果先求出两主灭点，将会给作图带来很大的方便。

(3) 三点透视。建筑物上的长、宽、高三组棱线均与画面倾斜。此时，长、宽、高三组主方向棱线共有三个灭点。三点透视主要用于表现高耸的建筑。

在这三种透视图中，因两点透视比较符合人们观察建筑物时的情况，因而应用最多；而三点透视因作图复杂，则很少采用。本章只介绍一点和两点透视作图的基本知识。

### 4．透视的性质

透视投影具有如下性质。

(1) 画面上的点、直线和平面，其透视为其本身(反映实长或实形)。

(2) 铅垂线的透视仍为铅垂，侧垂线的透视则为水平(平行于视平线)，垂直于画面直线的透视通过主点。

(3) 与画面平行的直线没有灭点；与画面平行的一组平行直线，其透视仍互相平行；与画面平行的平面图形，其透视与原形相似。

(4) 与画面相交的一组平行直线，其透视必汇交于同一个灭点。所有水平线的灭点必在视平线上。

建筑物的轮廓大都是铅垂线、侧垂线和水平线，画建筑物的透视时应注意上述性质。

## 8.1.2 透视图的常用画法

**1．画面、视点及建筑物的相对位置关系**

在透视图中，因画面、视点与建筑物三者相对位置的不同会产生不同的透视结果。如果视点距建筑物过近，则其透视图会产生过分变形而欠逼真；过远则透视效果平淡(视点在无限远处时即为平行投影)，其立体感不强。为得到理想的透视效果，一般可按以下情况选取有关参数[见图 8-3(b)]。

(1) 视点 $S$ 与建筑物的相对位置：宜以视距为画宽的 1.5～2 倍关系来确定，且为避免透视失真，站点 $S$ 的位置应使主视线不超出画宽中央的 1/3 段；水平视角(两边缘视线基投影夹角)以 $\alpha=30°\sim40°$ 为宜，特殊情况下，如室内透视图可取 $\alpha\approx60°$，一般不宜大于 80°。

(2) 视高：一般取人的身高(1.5～1.8m)，也可根据需要适当升高或降低。

(3) 建筑物与画面的相对位置。

① 一点透视可取画面与一墙面平行，而前后位置可根据作图需要选取，如通过一些结构较为复杂的部位，以利于应用真高线或真长线作图。

② 两点透视可取画面通过建筑物其中一墙角，使该墙角高度在画面中成为真高，以利于作图；一般取建筑物的长边与画面的夹角 $\theta=30°$。

**2．点的透视原理及画法**

点的透视就是过点的视线与画面的交点。即为了求空间一点 $A$ 的透视，只需求通过该点的视线 $SA$ 与画面的交点(迹点)$A_0$，交点 $A_0$ 即为空间点 $A$ 的透视，此种方法称为视线迹点法，是作点透视的基本方法。其作图原理如图 8-6 所示。

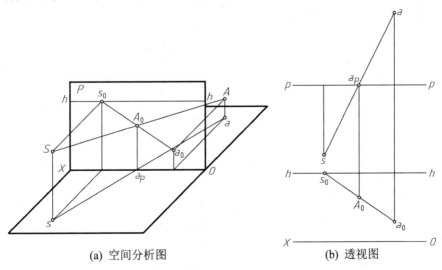

(a) 空间分析图　　(b) 透视图

图 8-6　点的透视原理及画法

作图时，习惯上把基面放于上方，画面对齐放在下方，且不必画出边框线。基面上有画面线 $P$-$P$、站点 $s$ 和点在基面上的正投影 $a$(基投影)，画面上有视平线 $h$-$h$、基线 $OX$、主点 $s_0$ 和点在画面上的正投影 $a_0$，如图 8-6(b)所示。已知 $A$ 点在基面和画面上的正投影为 $a$ 与 $a_0$，视线 $SA$ 的正投影为 $sa$ 与 $s_0a_0$，为求点 $A$ 的透视，先连接 $sa$ 及 $s_0a_0$，再由 $sa$ 与 $P$-$P$ 的交点 $a_P$ 向下引垂线与 $s_0a_0$ 交于点 $A_0$ 即为 $A$ 点的透视图。

### 3. 透视图画法举例

(1) 一点透视的画法。

【**例 8.1**】 如图 8-7 所示，已知垫块的正立面图和平面图以及站点 $s$、基线 $OX$、视平线 $h$-$h$ 与画面线 $P$-$P$，求作垫块的一点透视。

**解** 由图 8-7 可知，垫块的长度方向($X$ 向)和高度方向($Z$ 向)与画面平行，而且垫块的前端面靠在画面上，故前端面的透视反映实形，而后端面与前端面平行，其透视必与原形相似；铅垂线仍保持铅垂，侧垂线则保持水平；宽度方向($Y$ 向)与画面垂直，因此有一个灭点。

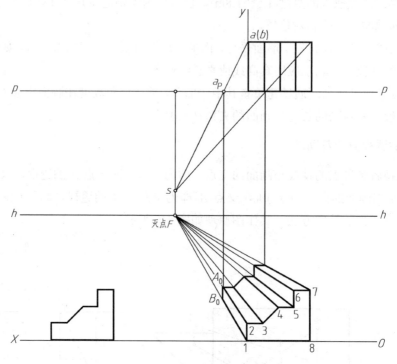

图 8-7 垫块的一点透视图

求其一点透视的作图方法与步骤如下。

① 求灭点 $F$(灭点 $F$ 与主点 $s_0$ 重合)。由于宽度方向的直线均为水平线，因而它们的灭点必在视平线上。过站点 $s$ 作视平线 $h$-$h$ 的垂线，得垂足 $F$，则 $F$ 点就是所求的灭点(此时也是主点)。

② 求真高、真长线。由于平面 12345678 在画面上，则 1 至 8 点的透视为其本身(12、23、34、45、56、67、78、81 各线段均为实长)，即前端面的透视反映实形。

③ 求宽度方向($Y$ 向)的透视。连接 $1F$、$2F$、$3F$、$4F$、$5F$、$6F$、$7F$、$8F$，得到垫块各轮廓线的透视方向。

④ 用视线迹点法求垫块后端面的透视(确定 $Y$ 向直线的透视长度)。连接 $sa$ 交画面线 $P$-$P$ 于 $a_P$，自 $a_P$ 向下引垂线交 $1F$ 于 $B_0$，交 $2F$ 于 $A_0$。以 $A_0B_0$ 为基准依次作水平线和铅垂线，便得到垫块后侧面的透视。$8F$ 被台阶遮挡，其透视投影不必画出。

⑤ 检查整理、描深可见的轮廓线，即完成垫块的透视图。

(2) 两点透视的画法。

【例 8.2】 如图 8-8 所示，已知长方体的平面图及其高度、站点 $s$、基线 $OX$、视平线 $h$-$h$、画面线 $P$-$P$，求作长方体的两点透视。

**解** 由于长方体长、宽两个主向灭点可以预先求出，则形体上的长度和宽度方向棱线的透视必分别汇交于这两个主向灭点。若再求出长、宽各条棱线经延长后与画面的交点(迹点)，即可获得棱线的透视方向(即全长透视)。再利用视线迹点法求出各条棱线端点的透视(确定直线的透视长度)，最后连接可见棱线的透视即获得长方体的两点透视图。

由图 8-8 所示可知，长方体的底面位于基面上，且长、宽方向(图中 $X$、$Y$ 向)与画面线 $P$-$P$ 倾斜，即与画面倾斜，故有两个灭点 $F_1$、$F_2$。底面角点 $a(a_1)$ 与 $P$-$P$ 线重合，故可知长方体的 $AA_1$ 棱线位于画面上，反映真高。为简化作图，一般均选择形体的一角靠在画面上，使其显示真实高度。

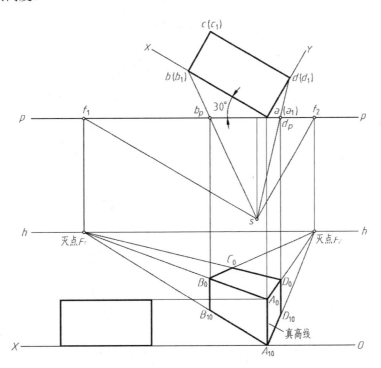

图 8-8 长方体的两点透视图

求其两点透视的作图方法与步骤如下。

(1) 求灭点。过站点 $s$ 分别作长方体长、宽两个方向的平行线,分别交 $P$-$P$ 线于 $f_1$、$f_2$ 两点,$f_1$、$f_2$ 就是两灭点的水平投影。再过 $f_1$、$f_2$ 两点作垂线、与视平线的左、右两交点即为灭点 $F_1$、$F_2$。

(2) 求真高线。由于 $AA_1$ 棱线在画面上,故其透视投影 $A_0A_{10}$ 反映实际高度(真高)。

(3) 确定长、宽两组直线的透视方向。一直线的画面交点(迹点)与灭点的连线就是该直线的透视方向。所以,连接 $A_0F_1$、$A_0F_2$ 和 $A_{10}F_1$、$A_{10}F_2$ 即为长、宽两组直线的透视方向。

(4) 用视线迹点法求长方体后侧面的透视。连接 $sb$、$sd$ 分别与 $P$-$P$ 线交于 $b_P$、$d_P$ 两点,再过此两点引铅垂线分别与各自的透视方向线相交得 $B_0$、$B_{10}$ 与 $D_0$、$D_{10}$。

(5) 检查整理、描深可见的轮廓线,即完成长方体的透视图。

【例 8.3】 根据已知的透视条件(见图 8-9),求作建筑形体的两点透视图。

**解** 建筑形体可看作由多个基本形体叠加、切割而成,其透视图一般也可看作由多个基本形体透视的叠加与切割。

由图 8-9 可知,该形体下部墙体部分是长方体,上部屋顶为左右两端切去一角的三棱柱。作图时可分为两步:第一步作墙身部分(长方体)的透视图;第二步作坡屋顶部分(三棱柱)的透视图。两者叠加即得坡屋顶房屋形体的透视图。

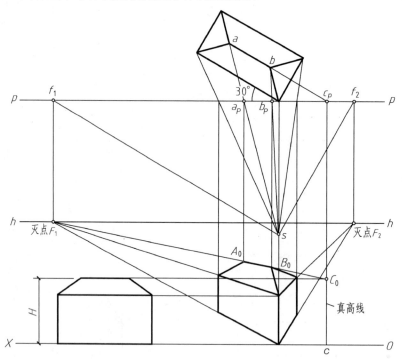

图 8-9 坡屋顶房屋形体的两点透视图

求其两点透视的作图方法与步骤如下。

① 根据上例求长方体透视图的方法作出下部墙体的透视图。

② 求作上部坡屋顶的透视图。

求屋顶部分的透视时，关键是要确定屋脊线 ab 在透视图中的位置。

a. 延长屋脊线 ab(延长至画面上才反映真高)，交画面线 P-P 于 $c_P$ 点，该点即为屋脊线与画面的交点。

b. 过 $c_P$ 点向下引垂线，交基线 OX 于一点 c，截取 $cC_0$ 等于屋脊高 H(真高)，即可得到屋脊线与画面交点的透视 $C_0$。

c. 连接 $C_0F_1$，屋脊线 ab 的透视必定在 $C_0F_1$ 上。连接 sa、sb 交 P-P 线于 $a_P$、$b_P$。过 $a_P$、$b_P$ 向下引垂线与 $C_0F_1$ 相交，交点 $A_0$、$B_0$ 的连线即为屋脊线的透视。

d. 将墙体上方四角点的透视与 $A_0$、$B_0$ 相连，完成上部坡屋顶的透视。

e. 检查、描深可见的轮廓线，即可完成坡屋顶房屋形体的透视图。

由以上例题的作图过程可见，在求各建筑物形体的透视图时，应在求出灭点后，先求出该形体轮廓的真高线，然后作出轮廓线的透视方向，最后通过视线的基投影与 P-P 线的交点定出建筑物轮廓线的透视投影长度。

一点透视图比两点透视图的作图过程显得简单些，且一点透视用于室内时，可表现三个墙面和地面、天花板等；但如用于室外，则只能表现一个外立面，其透视效果显得呆板、平淡。两点透视图的作图虽然较烦琐，但其透视效果较为生动活泼，所以两点透视应用较广。

## 8.2 建筑阴影

在现实生活中人们都知道，物体在光线的照射下会在地面或墙面上留下影子。在建筑立面图和透视图中加绘阴影，能增强建筑物的立体感和真实感，使建筑物生动明快，表现效果更好。

### 8.2.1 阴影的基本知识

**1. 阴影的概念**

光线照射物体，在物体表面形成的不直接受光的阴暗部分称为阴，直接受光的明亮部分称为阳。由于物体遮断部分光线，而在自身或其他物体表面所形成的阴暗部分称为落影，简称影。阴与影合称为阴影。

阴影的形成如图 8-10 所示，一立方体置于 H 面上，由于受到光线照射，其表面形成受光的明亮部分(阳)和背光的阴暗部分(阴)，此明暗两部分的分界线称为阴线。由于立方体不透光，而遮挡了部分光线，故在 H 面上形成了落影。此落影的外轮廓线称为影线，影子所在的面如 H 面，称为承影面。

求作物体的阴影，主要是确定阴线和影线。

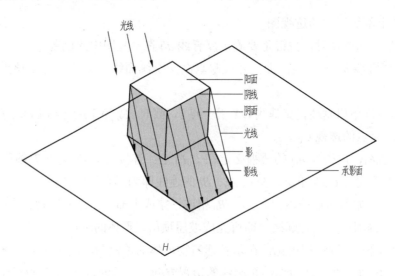

图 8-10　阴影的形成

## 2. 阴影的作用

在建筑设计图上加画阴影，是为了更形象、更生动地表达所设计的对象，使之增加真实感。建筑物的正立面图(立面正投影)只表达了建筑物高度和长度两向度的尺寸，缺乏立体感。如果画出建筑物在一定光线照射下产生的阴影，那么，建筑设计图便同时表达了建筑物前后方向的深度，即明确了各部分间的前后关系，使建筑物具有三维立体感，从而使建筑物显得形象、生动、逼真，增强了艺术表现力。

建筑阴影主要用在建筑立面渲染或透视等建筑表现图中，增强其表现力，图 8-11 所示为一建筑物立面阴影示例。

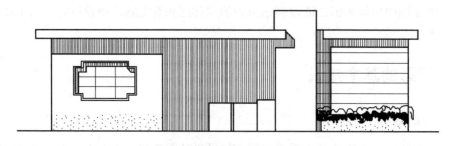

图 8-11　建筑物立面阴影示例

## 3. 常用光线

产生建筑阴影的光线主要为阳光，而太阳距地球非常遥远，其光线可视为平行光线。因此，在建筑物的投影图上作阴影，光源设定在无限远处，光线是相互平行的。为便于作图，对光线 $L$ 的方向做如下规定：设一正方体置于三面投影体系中，其各侧面平行于相应的投影面，光线 $L$ 由该正方体的前方左上角沿斜对角线射至后方右下角，此种方向的平行光线被称为常用光线(见图 8-12)。常用光线 $L$ 的三面正投影 $l$、$l'$ 和 $l''$ 对相应投影轴的夹角都为 45°，并且常用光线 $L$ 与三投影面的真实倾角都相等。在建筑物正投影中作阴影，一般都采用常用光线。

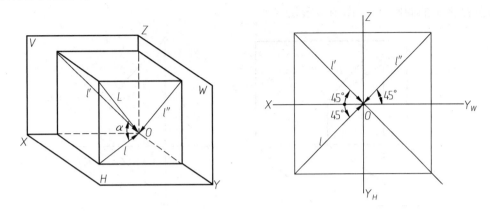

图 8-12 常用光线的方向

## 8.2.2 点、线、面的落影

### 1. 点的落影

空间点在某承影面上的落影，实际为过该点的光线与该承影面的交点。过空间点的光线可看作一条直线，而承影面可以是处于特殊位置或一般位置的平面或曲面。因此，求一空间点的落影，实质上就可归结为求过空间点的直线与平面或曲面相交的问题，其交点即为该空间点在承影面上的落影点。如图 8-13 所示，空间点 $A$ 在承影面 $H$ 上的落影为过点 $A$ 的光线 $L$ 与 $H$ 面的交点 $A_H$，$l$ 为光线 $L$ 在 $H$ 面上的正投影，$L$ 与 $l$ 交于落影点 $A_H$。

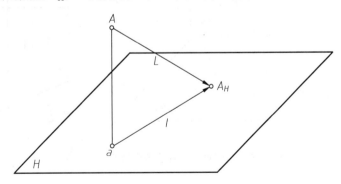

图 8-13 点的落影

若以投影面为承影面，则点在投影面上的落影即为过该点的光线与投影面的交点。具体作法如下：过空间点的两面投影分别作光线的投影(即分别与投影轴成 45°的斜线)，哪条 45°斜线首先与相应投影轴相交，则空间点就落影于其相应的积聚性投影面上。如将此光线继续延伸，则与另一投影面相交，得到另一交点。此交点不是真正的落影，称为假影。

如图 8-14 所示，过点 $A$ 的光线首先与 $V$ 面相交得正面迹点(直线与投影面的交点)$A_V$，$A_V$ 即为 $A$ 点在 $V$ 面上的落影。如将此过 $A$ 点的光线继续向前延伸，则与 $H$ 面相交，得到 $A$ 点在 $H$ 面上的假影 $A_H$。作图步骤如下。

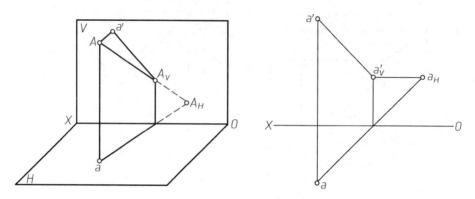

图 8-14　空间点在投影面上的落影

过 $A$ 的投影 $a$ 和 $a'$，分别作 45°斜线。过 $a$ 的 45°斜线首先与 $OX$ 轴相交，表明 $A$ 点落影于 $V$ 面。由此交点向上作垂线，与过 $a'$ 的 45°斜线交于落影点 $a'_V$。

如求 $A$ 点在 $H$ 面上的假影，可将过 $a$ 的 45°斜线向前延长，与由 $a'_V$ 引出的水平线交于 $a_H$ 点，$a_H$ 点即为 $A$ 点在 $H$ 面上的假影。反之，如空间点落影于 $H$ 面，情况亦然。

【例 8.4】　如图 8-15 所示，作出空间点 $A$ 在一般位置平面 $P$ 上的落影。

**解**　可看作一般位置直线与一般位置平面相交的问题。

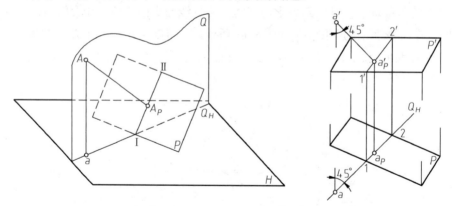

图 8-15　空间点在一般位置承影面上的落影

作图方法与步骤如下。

① 过 $A$ 点的两面投影 $a$ 和 $a'$ 分别作 45°斜线。

② 包含过 $a$ 的光线投影作一辅助铅垂光平面 $Q_H$，即过 $a$ 作 45°斜线 $Q_H$，再利用 $Q_H$ 的积聚性，求得 $P$ 与 $Q_H$ 间交线的正面投影 1′2′。

③ 由 $a'$ 作 45°斜线与 1′2′相交，得落影 $A_P$ 的正面投影 $a'_P$。过 $a'_P$ 向下引垂线与 $Q_H$ 相交，得落影 $A_P$ 的水平投影 $a_P$。

## 2. 直线的落影

(1) 直线落影的一般规律。直线的落影可看作是过直线上所有点的光线组成的光平面与承影面的交线。这样，求空间直线在承影面上的落影，可归结为面与面的相交问题，如图 8-16 所示。当承影面为平面时，空间直线的落影仍为直线。空间直线落影于两相交平面时，其落影在交线处发生转折。

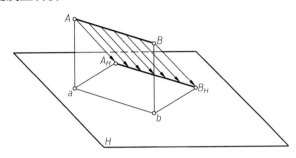

图 8-16 空间直线在承影面上的落影

(2) 一般位置直线的落影。求空间直线在承影平面上的落影，可先作出该直线上任意两点在同一承影平面上的落影(一般取直线段两端点)，然后将两落影点相连即可。

【例 8.5】 如图 8-17 所示，空间直线 $AB$ 同时落影于 $V$ 面和 $H$ 面，作出其落影。

**解** 分析：假设直线 $AB$ 全部落影于同一投影面上($V$ 面或 $H$ 面)，其落影与 $OX$ 轴的交点即为直线落影的转折点。

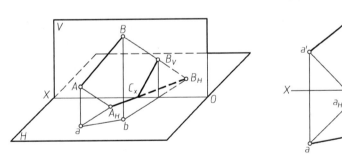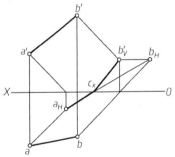

图 8-17 直线在两投影面上的落影

作图：直线在两投影面上的落影的作图步骤如下。

① 求出直线段两端点 $A$ 和 $B$ 在 $H$ 面和 $V$ 面上的落影 $a_H$ 和 $b'_V$。

② 将过 $b$ 的 45° 斜线向前延长，与过 $b'_V$ 的水平线向右交于 $b_H$，点 $b_H$ 即为 $B$ 点在 $H$ 面上的假影。

③ 连接 $a_H b_H$，交 $OX$ 轴于 $c_X$ 点。

④ 连接 $c_X b'_V$，则折线 $a_H c_X b'_V$ 即为直线 $AB$ 在两投影面上的落影，其中 $c_X$ 为转折点。

(3) 投影面平行线的落影。如图 8-18 所示，空间直线 $AB$ 平行于铅垂面 $P$(则 $ab$ 必平行于 $P_H$)，则 $AB$ 同时平行于过 $AB$ 的光平面 $ABB_P A_P$ 与 $P$ 面的交线 $A_P B_P$，而 $A_P B_P$ 即为 $AB$

在 $P$ 面上的落影。由此得出以下结论。

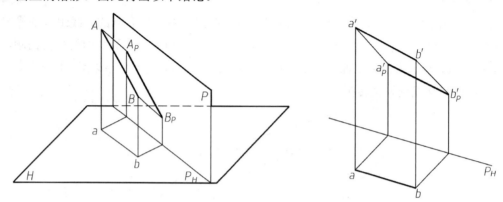

图 8-18　直线 $AB$ 落影于与之平行的承影平面 $P$

① 如果一条空间直线平行于承影平面,那么它在此承影平面上的落影必平行于此空间直线本身。

② 如果承影平面为投影面,则平行于某投影面的空间直线在此投影面上的投影,必平行于空间直线在同一投影面上的落影。

由此不难证明,一空间直线在一组相互平行的承影平面上的各落影必相互平行。

(4) 投影面垂直线的落影。图 8-19(a)所示为铅垂线在投影面上的落影,$AB$ 为铅垂线。因为经过铅垂线 $AB$ 的光平面为一铅垂面,并与 $V$ 面成 45°倾角,所以此光平面与 $H$ 面的交线(落影)为 45°斜线。也就是说,铅垂线 $AB$ 在 $H$ 面上的落影与过 $AB$ 的光平面的 $H$ 面投影相重合,为 45°斜线,如图 8-19(b)所示。又因 $AB$ 平行于 $V$ 面,故 $AB$ 在 $V$ 面上的落影平行于 $AB$ 的 $V$ 面投影 $a'b'$。如直线垂直于 $V$ 面,如图 8-19(c)所示,则其在 $V$ 面上的落影也为 45°斜线,在 $H$ 面上的落影平行于直线的同面投影。如为侧垂线,情况亦然。由此得出如下结论。

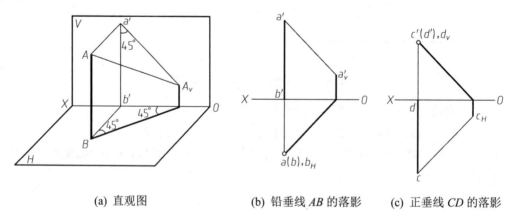

(a) 直观图　　　　(b) 铅垂线 $AB$ 的落影　　　　(c) 正垂线 $CD$ 的落影

图 8-19　投影面垂直线在投影面上的落影

若一直线垂直于投影面，则直线在此投影面上的落影必与光线的投影重合，为 45°斜线。在另一投影面上的落影必平行于该直线的同面投影，也平行于直线本身。铅垂线不论落影于何种承影面，落影的水平投影总是一条 45°斜线。此规律可推广至正垂线和侧垂线的情况。

3. 平面的落影

(1) 求平面落影的方法。我们常用平面多边形来表示平面，如三角形、四边形、五边形等。求这类平面多边形在投影面或其他承影平面上的落影，实际上就是求其轮廓线的落影。作图步骤是先求出平面多边形各顶点的落影，然后依次相连而得。

【例 8.6】 如图 8-20 所示，作出梯形 $ABCD$ 在投影面上的落影。

**解** 分析：可分别求出梯形四顶点 $A$、$B$、$C$、$D$ 的落影，依次相连即可。

**注意**：$AB$ 和 $CD$ 在两投影面上的落影发生转折，可利用假影求转折点。

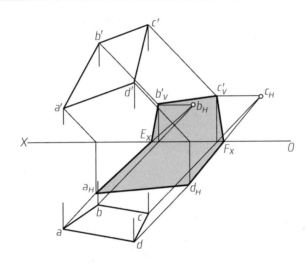

图 8-20 平面图形落影于投影面

作图：平面图形落影于投影面的作图步骤如下。

① 先求出梯形四顶点 $A$、$B$、$C$、$D$ 在 $H$ 和 $V$ 面上的落影 $a_H$、$b'_v$、$c'_v$、$d_H$，连接 $b'_v$ 和 $c'_v$ 及 $a_H$ 和 $d_H$。

② 求出 $B$ 点和 $C$ 点在 $H$ 面上的假影 $b_H$ 和 $c_H$，连接 $a_H b_H$ 和 $d_H c_H$，得两转折点 $E_X$ 和 $F_X$；连接 $a_H E_X b'_v$ 和 $d_H F_X c'_v$，则六边形 $a_H E_X b'_v c'_v F_X d_H$ 即为落影区。

这里规定用灰色表示阴区和影区范围。

(2) 投影面平行面的落影。如果平面与投影面平行，则此平面在该投影面上的落影反映平面实形。

【例 8.7】 如图 8-21 所示，作出一水平圆在 $H$ 面上的落影。

**解** 分析：此圆与承影面 $H$ 平行，其在 $H$ 面上的落影反映实形，为一同等大小的圆。

作图：可先求出圆心 $O$ 在 $H$ 面上的落影 $o_H$，然后以 $o_H$ 为圆心、已知水平圆的半径为半径作一圆，此圆即为水平圆在 $H$ 面上的落影。

(3) 投影面垂直面的落影。当一平面垂直于投影面时，平面在其垂直的投影面上沿光线投射方向(即45°方向)落影。

**【例8.8】** 如图8-22所示，作出一正平圆在 $H$ 面上的落影。

**解** 分析：此正平圆与 $H$ 面垂直，且不与光线平行，故其在 $H$ 面上的落影为一椭圆。

作图：先作此圆 $V$ 面投影圆的外切正方形，并使其一边平行于 $OX$ 轴。然后求出此外切正方形在 $H$ 面上的落影(为一平行四边形)，再利用"八点法"求出落影椭圆即可，此椭圆内切于平行四边形。

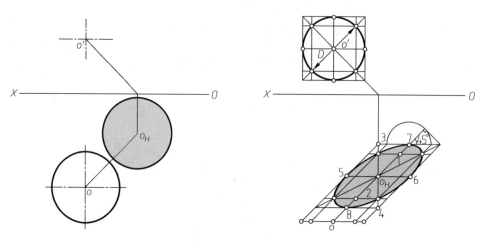

图8-21 水平圆在 $H$ 面上的落影图　　图8-22 正平圆在 $H$ 面上的落影

(4) 用反回光线法求落影。如图8-23所示，一空间直线 $DE$ 和三角形 $ABC$ 同时向 $H$ 面落影，其中直线 $DE$ 除了向 $H$ 面落影外，一部分还落影于三角形 $ABC$ 上，即直线 $DE$ 同时落影于两个承影面。对于此种情况，可用反回光线法求其落影：先作出三角形 $ABC$ 和直线 $DE$ 在同一承影面 $H$ 面上的落影三角形 $A_HB_HC_H$ 和直线 $D_HE_H$，两者相交得交点 $F_H$ 和 $G_H$。由 $F_H$ 和 $G_H$ 引反回光线(即反方向引光线)与三角形 $ABC$ 交于 $F_1$ 和 $G_1$ 两点，此两点称为过渡点，即直线 $DE$ 在三角形 $ABC$ 上的落影由此两点离开三角形 $ABC$ 而向 $H$ 面落影，此两点亦是直线 $DE$ 在三角形 $ABC$ 和 $H$ 面两承影面上落影的衔接点。如由 $F_1$ 和 $G_1$ 两点继续引反回光线，则在直线 $DE$ 上得到点 $F$ 和点 $G$ 本身。作图步骤如下：

① 作三角形 $ABC$ 和直线 $DE$ 在 $H$ 面上的落影 $a_Hb_Hc_H$ 和 $d_He_H$，两者交于 $f_H$ 和 $g_H$ 两点。

② 由 $f_H$ 和 $g_H$ 作反回光线与 $abc$ 交于 $f_1$ 和 $g_1$，连接 $f_1$ 和 $g_1$，即得 $DE$ 在三角形 $ABC$ 上落影的 $H$ 面投影 $f_1g_1$。

③ 由 $f_1$ 和 $g_1$ 向上引垂线，与 $a'b'c'$ 的相应边相交，得 $FG$ 落影的 $V$ 面投影 $f_1'g_1'$。

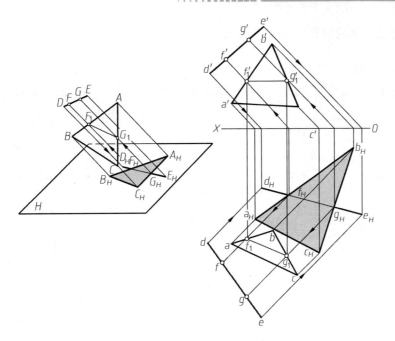

图 8-23 用反回光线法求落影

## 8.2.3 平面立体的阴影

### 1. 基本步骤

求作平面立体的阴影，一般分为两个步骤。

(1) 确定平面立体表面阴线的位置。平面立体在常用光线下，其受光部分为阳面，背光部分为阴面，阳面与阴面的交线即为立体表面的阴线。

对于平面立体积聚性表面，可通过作光线 45°角投影线的方法来判定其阴阳面。如图 8-24 所示，对六棱柱各积聚性表面作 45°斜线，由此可判定：在 H 面投影中，侧面 *baf* 为阳面，*cde* 面为阴面；在 V 面投影中，*g'* 为阳面，*h'* 为阴面，从而确定平面立体的阴线。如果立体中的某一表面与光线平行，则该表面判定为阴面。

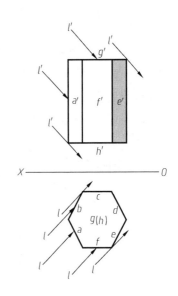

图 8-24 判定平面立体阴阳面

(2) 作出平面立体的阴线在承影面上的落影。此阴线的落影所围成的面积，即为平面立体的影区范围。如果立体局部阴线起止较难确定，可先把此局部所有可能成为阴线的落影全部作出，所有影线相交而成的外轮廓线，即为立体局部阴线的落影。阴区和影区均需用灰色或斜线表示。

## 2. 平面几何体的阴影

(1) 棱锥的阴影。

【例 8.9】 如图 8-25 所示,求作一底面重合于 $H$ 面的正四棱锥在 $H$ 面上的落影。

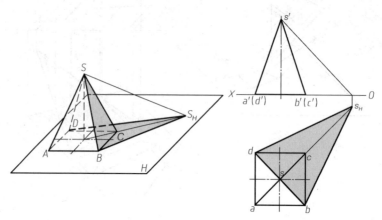

图 8-25 正四棱锥在 $H$ 面上的落影解

**解** 分析:三角形 $SAD$ 和 $SAB$ 为阳面,三角形 $SDC$ 和 $SBC$ 为阴面,故阴线为 $SD$ 和 $SB$,问题可转化为求两相交阴线在 $H$ 面的落影。

作图:求出锥顶 $S$ 在 $H$ 面上的落影 $s_H$,因阴线 $SD$ 和 $SB$ 均与 $H$ 面相交,交点为 $D$ 和 $B$,由直线与承影平面相交规律可知,其在 $H$ 面上的落影必分别通过 $D$ 和 $B$ 两点。因此,在 $H$ 面投影中连接 $s_H d$ 和 $s_H b$,即为两阴线在 $H$ 面上的落影,四边形 $s_H dcb$ 为影区范围。在 $H$ 面投影中,三角形 $bcd$ 为阴区。在 $V$ 面投影中,阴影或积聚为直线,或被遮挡,故不表达出。

(2) 棱柱的阴影。

【例 8.10】 如图 8-26 所示,在 $H$ 面上有一四棱柱,作出其在两投影面上的落影。

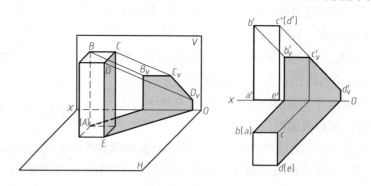

图 8-26 四棱柱在两投影面上的落影

**解** 分析:由图中分析可知,四棱柱表面的阴线为 $AB$、$BC$、$CD$、$DE$。

作图:先求阴线 $DE$ 的落影。因 $DE$ 为铅垂线,故其落影分为两段,在 $H$ 面上的落影为一段 45°的斜线，转到 $V$ 面的落影为一段 $DE$ 的平行线。阴线 $CD$ 为正垂线，其在 $V$ 面上的落影为一段 45°的斜线。$BC$ 为侧垂线，落影为一段水平线。阴线 $AB$ 为铅垂线，其在两投影面上的落影与 $DE$ 的落影相似。至此，四棱柱的落影全部求出。

### 8.2.4 建筑形体及细部的阴影

建筑立面图上的阴影，除反映在整个建筑形体上的变化和凹凸之外，很大一部分都是反映在门窗洞口、雨篷、台阶等建筑细部上。

求建筑细部的阴影一般使用下列两种方法：第一种方法是将阴线分段，连续求其阴影；第二种方法是将各立体阴线(包括可能存在的阴线)的落影全部作出，所有影线的最外轮廓线围成的范围即为影区。建筑形体及其细部阴影的画法举例如下。

#### 1. 建筑形体的阴影

建筑形体多为两个或两个以上基本形体组成的组合体。在求作建筑形体的阴影时，一方面应该注意准确判断阴线，并排除位于凹陷处的阴线；另一方面还要注意建筑形体自身表面也有可能成为承影面。图 8-27 展现了四个由四棱柱组成的建筑形体，由于四棱柱的大小高低各不相同，导致一个四棱柱在另一个四棱柱表面上所形成的影也各不相同，但影线都是阴线 $AB$、$AC$ 的影。

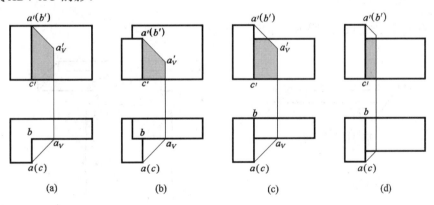

图 8-27 建筑形体的阴影

#### 2. 窗口的阴影

图 8-28 所示为两种不同类型窗口的阴影，其中阴面与阳面为投影面的平行面和垂直面，阴面在投影图中均积聚成直线或不可见，阴线与承影面平行或垂直。因此，作图时应充分利用直线落影的平行规律和垂直规律。同时，要特别注意点的落影规律：点到承影面的距离，能够直接反映投影图中点的落影到点的投影之间的水平或垂直距离。

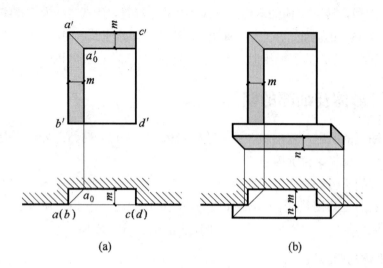

图 8-28 窗口及窗台的阴影

在图中，影的宽度 m 反映了窗口凹入墙面的深度(图中将窗扇简化为与内墙面平行的平面)，影的宽度 n 反映了窗台凸出墙面的距离。因此，只要知道这些距离的大小，即使没有平面图，也可以在立面图中直接作出阴影。

3. 门洞及雨篷的阴影

【例 8.11】 如图 8-29 所示，作出门洞及雨篷的正面阴影。

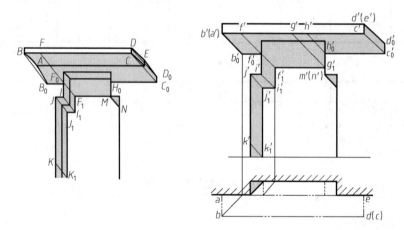

图 8-29 门洞及雨篷的阴影

**解** 门洞及雨篷的正面阴影可分两步作图。

(1) 先求雨篷的阴影。雨篷的阴线由折线 ABCDE 组成，按顺序求其阴影。

① 阴线 AB 为正垂线，其落影 $(a')b_0'$ 为 45°斜线。

② 将阴线 BC 分段，并逐段求出其相应影线。阴线 BC 在墙面上的落影平行于 $b'c'$，由 $b_0'$ 向右作 $b'c'$ 的平行线 $b_0'f_0'$，$f_0'$ 为过渡点，作 $f_0'$ 在门面上的落影 $f_1'$，因阴线 BC 也平行

于门面,故由 $f_1'$ 向右作 $b'c'$ 的平行线 $f_1'g_1'$ 即为其落影。作 $b_0'f_0'$ 在门右侧墙面上的延长线 $h_0'c_0'$,即为阴线 $BC$ 在墙面上的另一段落影。分别由 $f_1'$、$g_1'$、$h_0'$ 作反回光线交 $b'c'$ 于 $f'$、$g'$、$h'$ 三点,可知阴线 $BC$ 分四段落影:第一段 $b'f'$ 落影为 $b_0'f_0'$;第二段 $f'g'$ 落影为 $f_1'g_1'$;第三段 $g'h$ 落影于门的右侧墙面,其 $V$ 面投影为 $h_0'g_1'$;最后一段 $h'c'$ 落影为 $h_0'c_0'$。

③ 铅垂阴线 $CD$ 的落影 $c_0'd_0'$ 平行于 $c'd'$。

④ 正垂阴线 $DE$ 的落影 $d_0'(e')$ 为 45°斜线。

(2) 再求门洞的阴影。门洞的左侧阴线为折线 $F_0IJK$,由于此折线与门面平行,其落影 $f_1'i_1'j_1'k_1'$ 与 $f_0'i'j'k'$ 平行。门洞右侧只有正垂阴线 $MN$ 在门面上落影,为 45°斜线。

**4．台阶的阴影**

【例 8.12】 如图 8-30 所示,作出台阶的阴影。

**解** 分析:此种情况下,所有阴线都处于特殊位置——铅垂线和正垂线。

作图:台阶阴影的作图步骤如下。

① 先求出右侧栏板在地面和墙面上的落影。

② 再求左侧栏板阴线 $ABC$ 在台阶上的落影。为确定其交点 $B$ 落影于台阶上何处,可过阴线 $BA$ 作一铅垂光平面 $P_H$,求得 $P_H$ 与台阶截交线的 $V$ 面投影,此投影截交线与过 $b'$ 点所作 45°光线投影交于落影点 $b_0'$,再作出 $b_0'$ 的 $H$ 面投影 $b_0$。

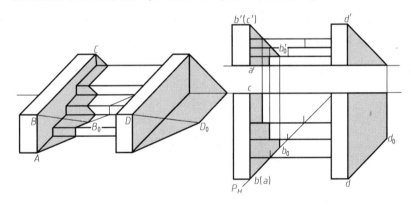

图 8-30 台阶的阴影

正垂阴线 $BC$ 按如下规律落影:在台阶水平面上的落影平行于 $bc$,在台阶正平面上的落影为 45°斜线。

铅垂阴线 $AB$ 按如下规律落影:在台阶正平面上的落影平行于 $a'b'$,在台阶水平面上的落影为 45°斜线,影线在台阶棱线处发生转折。

# 第 9 章  建筑施工图

**本章要点**

- 建筑施工图的内容、形成及有关规定。
- 总平面图的内容和图示方法。
- 建筑平面图、立面图、剖面图、详图的图示特点与识读方法。

**本章难点**

建筑平面图、立面图、剖面图、详图的识读。

## 9.1  概　　述

将一幢房屋的内外形状、大小以及各部分的结构、构造、装修、设备等内容，按照国家标准的规定，用正投影法详细准确地表达出来的图样，称为房屋建筑图，因其是用以指导工程施工的图纸，所以又称房屋施工图。

### 9.1.1  房屋的组成

虽然各种房屋的使用要求、空间组合、外形处理、结构形式和规模大小等各有不同，但基本上都是由基础、墙与柱、楼地层、楼梯、屋顶、门与窗以及台阶、散水、阳台、走廊、天沟、雨水管、勒脚和踢脚板等组成，图9-1所示为某校培训中心楼的组成示意图。

1．基础

基础是房屋最下部埋在土中的扩大构件，其作用是承受房屋的全部荷载，并将这些荷载传给地基(基础下面的土层)。

2．墙与柱

墙与柱是房屋的垂直承重构件，其承受楼地面和屋顶传来的荷载，并把这些荷载传给基础。墙体还是分隔、围护构件，外墙阻隔雨水、风雪及寒暑对室内的影响；内墙起着分隔房间的作用。

3．楼地层

楼地层是房屋的水平承重和分隔构件，包括楼板层与地坪层。楼板层是指二层或二层以上的楼板；地坪层是指第一层使用的水平部分。它们共同承受家具、设备、人体以及自身的荷载。

**4．楼梯**

楼梯是楼房建筑中的垂直交通设施，供人们上、下楼和紧急疏散之用。

**5．屋顶**

屋顶也称屋盖，是房屋顶部的围护和承重构件。其一般由屋面板、保温(隔热)层和防水层三部分组成，主要作用是防水、排水、保温、隔热、防风和承重。

**6．门与窗**

门与窗是房屋的围护及分隔构件。门主要作内外交通联系之用；窗则主要起室内采光、通风之用。门与窗均属非承重构件。

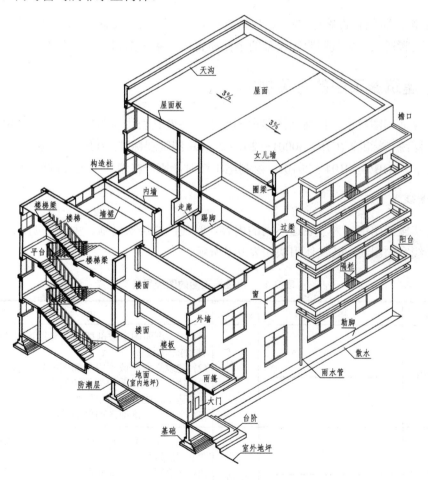

图 9-1 房屋的组成

## 9.1.2 房屋施工图的分类

房屋施工图按专业不同,可分为建筑施工图、结构施工图和设备施工图三部分。

**1. 建筑施工图**

建筑施工图(简称建施)主要表达房屋的建筑设计内容,如房屋的总体布局、内外形状、细部构造等,包括总平面图、建筑平面图、建筑立面图、建筑剖面图和建筑详图等。

**2. 结构施工图**

结构施工图(简称结施)主要表达房屋的结构设计内容,如房屋承重结构构件的布置、构件的形状和大小、所用材料及构造等,包括结构平面图、构件详图等。

**3. 设备施工图**

设备施工图(简称设施)主要表达建筑物内各专用管线和设备布置及构造情况,包括给水排水、采暖通风、电气照明等设备的平面布置图、系统图和施工详图等。

## 9.1.3 建筑施工图的有关规定

为了保证制图质量,提高制图和识图效率,并做到表达简明和统一,我国制定了《房屋建筑制图统一标准》(GB/T 50001—2010)、《总图制图标准》(GB/T 50103—2010)和《建筑制图标准》(GB/T 50104—2010)。绘制施工图时,应严格遵守以上标准的相关规定。

**1. 图线**

在建筑施工图中,为了表达不同的内容,且使图样层次清晰、主次分明,必须选用不同线型和线宽的图线,其具体用法如表 9-1 所示。

表 9-1 建筑施工图的图线用法

| 名 称 | | 线 型 | 线 宽 | 用 途 |
|---|---|---|---|---|
| 实线 | 粗 | ———————— | $b$ | (1) 平、剖面图中被剖切的主要建筑构造(包括构配件)的轮廓线;<br>(2) 建筑立面图或室内立面图的外轮廓线;<br>(3) 建筑构造详图中被剖切的主要部分的轮廓线;<br>(4) 建筑构配件详图中的外轮廓线;<br>(5) 平、立、剖面图的剖切符号 |
| | 中粗 | ———————— | $0.7b$ | (1) 平、剖面图中被剖切的次要建筑构造(包括构配件)的轮廓线;<br>(2) 建筑平、立、剖面图中建筑构配件的轮廓线;<br>(3) 建筑构造详图及建筑构配件详图中的一般轮廓线 |

续表

| 名 称 | | 线 型 | 线 宽 | 用 途 |
|---|---|---|---|---|
| 实线 | 中 |  —————— | $0.5b$ | 小于 $0.7b$ 的图形线、尺寸线、尺寸界线、索引符号、标高符号、详图材料做法引出线、粉刷线、保温层线、地面、墙面的高差分界线等 |
| | 细 |  —————— | $0.25b$ | 图例填充线、家具线、纹样线等 |
| 虚线 | 中粗 |  — — — — | $0.7b$ | (1) 建筑构造详图及建筑构配件不可见的轮廓线；<br>(2) 平面图中的起重机(吊车)轮廓线；<br>(3) 拟建、扩建建筑物轮廓线 |
| | 中 |  - - - - - - | $0.5b$ | 投影线、小于 $0.5b$ 的不可见轮廓线 |
| | 细 |  - - - - - - - | $0.2b$ | 图例填充线、家具线等 |
| (单)点画线 | 粗 | —·—·— | $b$ | 起重机(吊车)轨道线 |
| | 细 |  —·—·—·— | $0.25b$ | 中心线、对称线、定位轴线 |
| 折断线 | |  ∿∿ | $0.25b$ | 部分省略表示时的断开界线 |
| 波浪线 | |  ～～ | $0.25b$ | 部分省略表示时的断开界线，曲线形构间断开界限；构造层次的断开界限 |

注：地坪线宽可用 $1.4b$。

## 2．比例

由于建筑物的形体较大而且复杂，因此应根据其尺寸而选用不同的比例绘图。建筑施工图常用比例见表 9-2。

表 9-2 建筑施工图常用比例

| 图 名 | 比 例 |
|---|---|
| 建筑物或构筑物的平面图、立面图、剖面图 | 1∶50、1∶100、1∶150、1∶120、1∶300 |
| 建筑物或构筑物的局部放大图 | 1∶10、1∶20、1∶25、1∶30、1∶50 |
| 配件及构造详图 | 1∶1、1∶2、1∶5、1∶10、1∶15、1∶20、1∶25、1∶30、1∶50 |

## 3．定位轴线及其编号

建筑施工图中的定位轴线是建筑物承重构件系统定位、放线的重要依据。凡是承重墙、柱等主要承重构件均应标注轴线并构成纵、横轴线来确定其位置；对于非承重的隔墙及次要局部承重构件，可用附加定位轴线确定其位置。

定位轴线用细点画线绘制并加以编号，编号应注写在轴线端部的细实线圆内，直径为 8～10mm。定位轴线圆的圆心，应在定位轴线的延长线上或延长线的折线上。

建筑平面图中上定位轴线的编号宜注在图样的下方和左侧。水平方向为横向轴线，应按从左至右的顺序用阿拉伯数字编号；垂直方向为纵向轴线，则应按从下至上的顺序用大写拉丁字母编号，其中I、O、Z不得用作轴线编号，以免与数字1、0、2混淆。

附加轴线的编号规则为：分母表示前一轴线的编号，分子表示附加轴线的编号。例如，1/1表示1号轴线之后附加的第一根附加轴线，1/A表示A号轴线之后附加的第一根轴线，如图9-2所示。1号或A号轴线之前的附加轴线的分母应以01或0A表示。

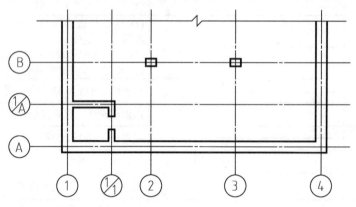

图 9-2 轴线的编号顺序

对于详图上的轴线编号，若该详图同时适用多根定位轴线时，则应同时注明各有关轴线的编号，如图9-3所示。

(a) 用于2根轴线　　　　(b) 用于3根及其以上轴线　　　　(c) 用于3根以上连续编号的轴线

图 9-3 详图的轴线编号

### 4. 标高

标高是标注建筑物高度的一种尺寸形式，其符号用细实线绘制的直角等腰三角形表示，具体画法及应用如图9-4所示。

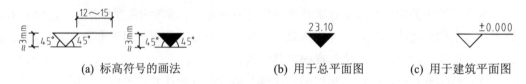

(a) 标高符号的画法　　　　(b) 用于总平面图　　　　(c) 用于建筑平面图

图 9-4 标高符号

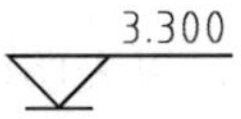

(d) 用于建筑立面或剖面图 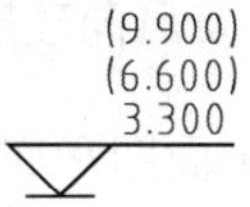　　　　(e) 用于多层平面共用同一图样时

**图 9-4　标高符号(续)**

标高数字应以米(m)为单位，注写到小数点后第三位；在总平面图中，可注写到小数点后第二位。零点标高应注写成±0.000，正数标高不注"+"，负数标高应注"-"；标高数字不到 1m 时小数点前应加写 0。

### 5. 索引和详图符号

图样中的某一局部或构件如需另见详图时，应以索引符号索引。索引符号是由细实线绘制的直径为 8～10mm 的圆和水平直径组成；而详图符号的圆则应用粗实线绘制，直径为 14mm。索引符号和详图符号的编写规定见表 9-3。

**表 9-3　索引符号和详图符号**

| 名称 | 符号 | 说明 |
|---|---|---|
| 索引符号 | 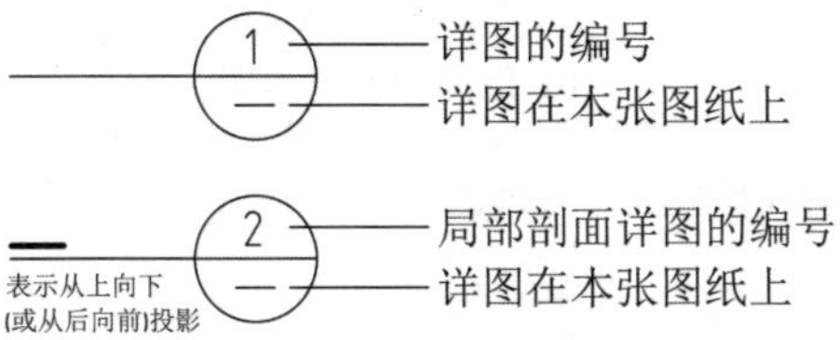 ①——详图的编号／——详图在本张图纸上　　②——局部剖面详图的编号／——详图在本张图纸上（表示从上向下(或从后向前)投影） | 详图在同一张图纸内 |
| 索引符号 | 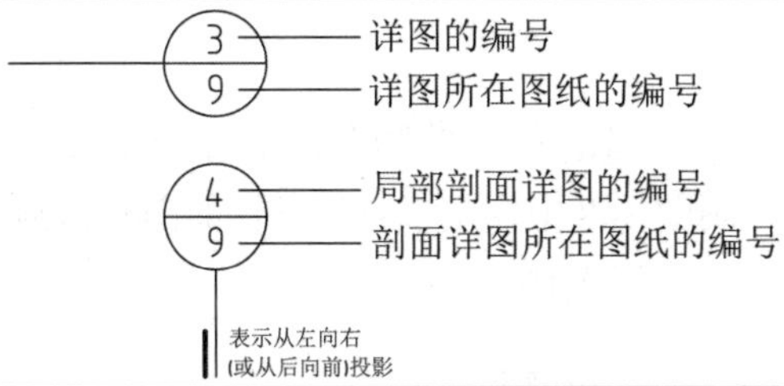 ③/⑨——详图的编号／——详图所在图纸的编号　　④/⑨——局部剖面详图的编号／——剖面详图所在图纸的编号（表示从左向右(或从后向前)投影） | 详图不在同一张图纸内 |
| 索引符号 | 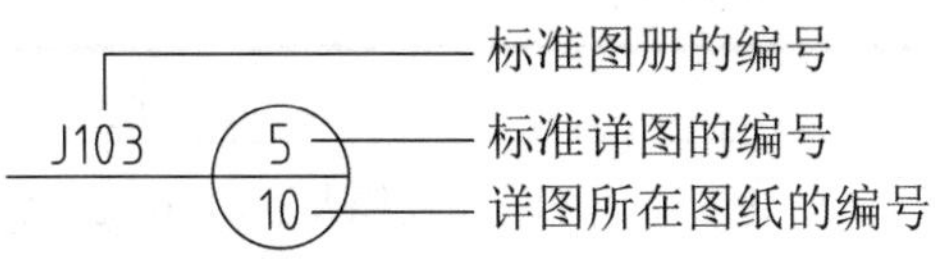 J103　⑤/⑩——标准图册的编号／——标准详图的编号／——详图所在图纸的编号 | 采用标准图集 |
| 详图符号 |  ①——详图的编号 | 被索引的图样在同一张图纸内 |
| 详图符号 | 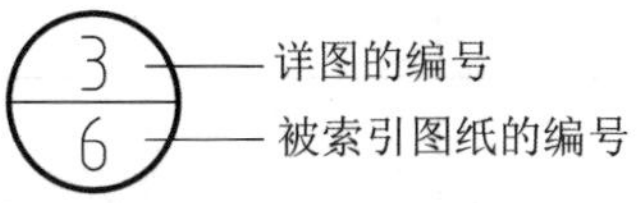 ③/⑥——详图的编号／——被索引图纸的编号 | 被索引的图样不在同一张图纸内 |

6. 指北针及风向玫瑰图

在建筑总平面图和底层建筑平面图上一般都画有指北针，以表明建筑物的朝向。指北针形状如图9-5(a)所示，圆的直径宜为24mm，用细实线绘制，指北针尾部的宽度宜为3mm，指北针头部应注写"北"或"N"字。需用较大直径绘制指北针时，指北针尾部宽度宜为直径的1/8。

在总平面图中，为了合理规划建筑还需画出表示风向和风向频率的风向频率玫瑰图，简称"风玫瑰图"。风玫瑰图是根据一地区多年统计资料平均的各个方向吹风次数的百分数值按一定比例绘制的。如图9-5(b)所示，风玫瑰图同样指示正北方向，风的吹向是由外向内；图中的实线和虚线分别表示常年和夏季(6、7、8三个月)的风向频率。

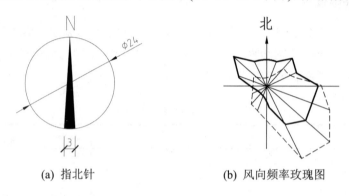

(a) 指北针　　　　　　　(b) 风向频率玫瑰图

图 9-5　指北针和风向频率玫瑰图

## 9.1.4　建筑施工图常用图例

由于房屋建筑图需要将建筑物或构筑物按比例缩小绘制在图纸上，许多物体不能按原形状画出，因此，为了便于制图和识图，制图标准中规定了各种各样的图样图例。表9-4和表9-5分别列出了总平面图和建筑施工图的常用图例。

表 9-4　总平面图图例

| 名　称 | 图　例 | 说　明 |
|---|---|---|
| 新建建筑物 | 12F/2D　H=59.00m　▲ | (1) 粗实线表示±0.00处外墙轮廓线；<br>(2) 需要时可标注地上/地下层数、建筑高度、出入口等（"▲"表示出入口） |
| 原有建筑物 |  | 用细实线表示 |
| 计划扩建的预留地或建筑物 |  | 用中粗虚线表示 |

续表

| 名　称 | 图　例 | 说　明 |
|---|---|---|
| 拆除的建筑物 | 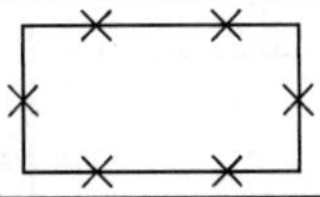 | 用细实线表示 |
| 建筑物下面的通道 | 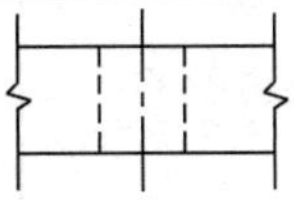 | — |
| 围墙及大门 | 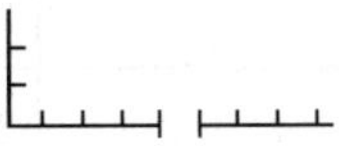 | — |
| 坐　标 | 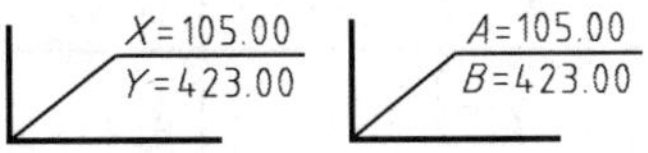X=105.00<br>Y=423.00<br>A=105.00<br>B=423.00 | 左图表示地形测量坐标；<br>右图表示自设坐标；<br>坐标数字平行于建筑坐标 |
| 填挖边坡 | 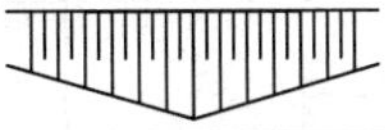 | — |
| 室内地坪标高 | 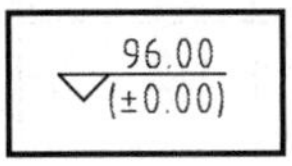96.00<br>(±0.00) | 数字平行于建筑物书写 |
| 室外地坪标高 | 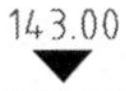143.00 | 室外标高也可用等高线来表示 |
| 原有道路 | 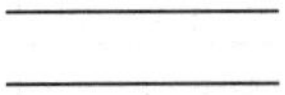 | 用细实线表示 |
| 计划扩建道路 | 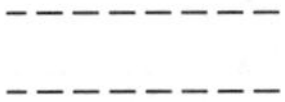 | 用细虚线表示 |

**表 9-5　建筑施工图图例**

| 名　称 | 图　例 | 说　明 |
|---|---|---|
| 楼 梯 | 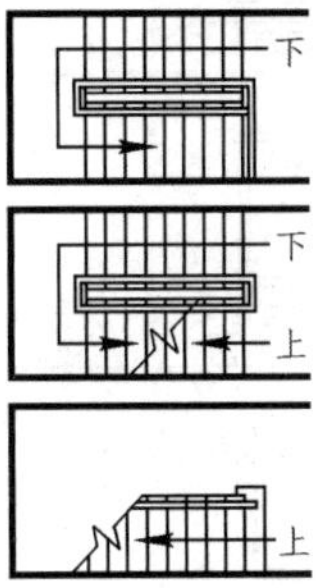下<br>下<br>上<br>上 | (1) 上图为顶层楼梯平面，中图为中间层楼梯平面，下图为底层楼梯平面；<br>(2) 需设置靠墙扶手或中间扶手时，应在图中表示 |
| 坡 道 | 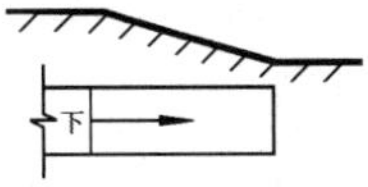下 | 长坡道 |
| 台 阶 | 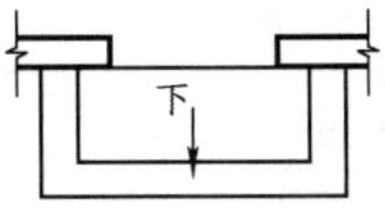下 | — |

续表

| 名　称 | 图　例 | 说　明 |
|---|---|---|
| 墙预留洞、槽 | 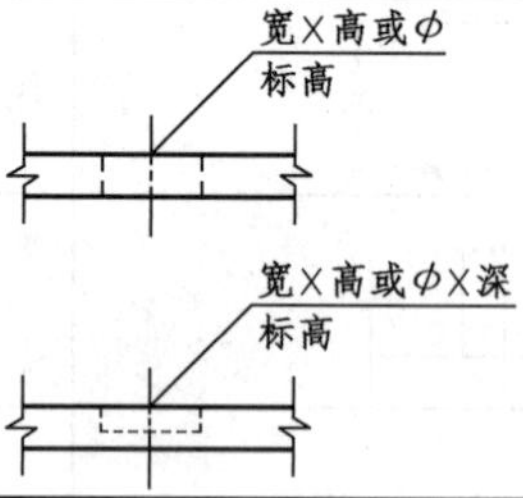 宽×高或φ／标高<br>宽×高或φ×深／标高 | (1) 上图为预留洞，下图为预留槽；<br>(2) 平面以洞(槽)中心定位；<br>(3) 标高以洞(槽)底或中心定位；<br>(4) 宜以涂色区别墙体和预留洞(槽) |
| 检查口 | 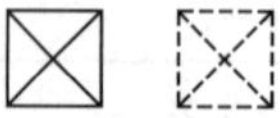 | 左图为可见检查口；<br>右图为不可见检查口 |
| 空门洞 | 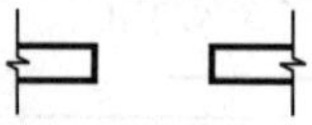 | 用于平面图中 |
| 单扇门<br>(包括平开或单面弹簧) |  | (1) 门的名称和代号用 M 表示；<br>(2) 平面图中，下为外、上为内；<br>(3) 门开启线为 90°、60° 或 45°，开启的弧线宜画出 |
| 单扇门<br>(包括双面平开或双面弹簧) |  | |
| 双扇门<br>(包括平开或单面弹簧) |  | |
| 双扇门<br>(包括双面平开或双面弹簧) |  | |
| 折叠门 | 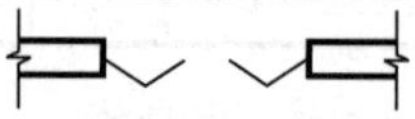 | |
| 固定窗 | 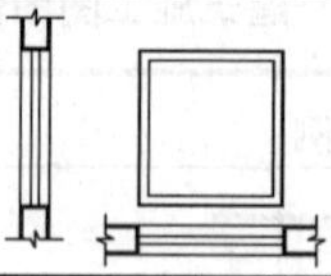 | (1) 窗的名称和代号用 C 表示；<br>(2) 平面图中，下为外、上为内；<br>(3) 立面图中，开启线实线为外开，虚线为内开 |
| 上悬窗 | 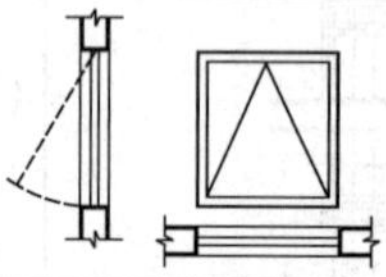 | |
| 中悬窗 | 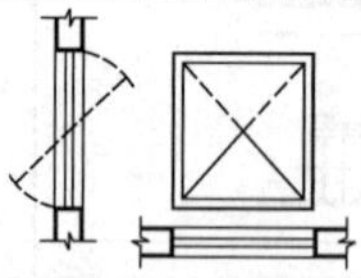 | |
| 单层外开平开窗 | 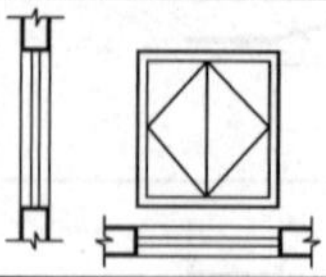 | |
| 高　窗 | 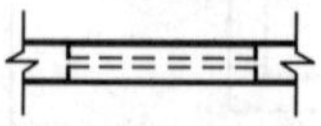 | 用于平面图中 |

## 9.2 施工图首页及建筑总平面图

### 9.2.1 施工图首页

首页图是建筑施工图的第一页，其内容一般包括图纸目录、施工总说明、门窗表等。

(1) 图纸目录。图纸目录是为了便于阅图者对整套图样有一个概略了解和方便查找图样而列的表格，内容包括图样名称、图样编号、图幅大小和备注等(见表9-6)。

(2) 施工总说明。施工总说明主要说明施工图的设计依据、工程概况、施工注意事项以及对图样上未能详细注写的用料和做法等要求做具体的文字说明。表 9-7 中所列为部分工程做法。

表9-6 图纸目录

| 序 号 | 图纸名称 | 图纸编号 | 图 幅 | 备 注 |
|---|---|---|---|---|
| 1 | 首页图 | 建施-1 | A2 | |
| 2 | 总平面图 | 建施-2 | A2 | |
| 3 | 建筑平面图(底层、标准层、顶层、屋顶平面图) | 建施-3 | A2 | |
| 4 | 建筑立面图(1-7、7-1、A-E、E-A 立面图) | 建施-4 | A2 | |
| 5 | 建筑剖面图(1-2、2-2 剖面图) | 建施-5 | A2 | |
| 6 | 外墙节点详图、门窗详图 | 建施-6 | A2 | |
| 7 | 楼梯平面图、楼梯剖面图 | 建施-7 | A2 | |
| 8 | 基础平面图、基础详图 | 结施-1 | A2 | |
| 9 | 二层结构平面布置图 | 结施-2 | A2 | |
| 10 | 钢筋混凝土结构详图 | 结施-3 | A2 | |
| 11 | 楼梯结构平面图 | 结施-4 | A2 | |
| 12 | 楼梯结构剖面图 | 结施-5 | A2 | |

表9-7 工程做法(部分)

| 名 称 | 工程做法 | 备 注 |
|---|---|---|
| 墙 体 | (1) 墙身240mm厚MU10烧结普通砖，M7.5混合砂浆砌筑；<br>(2) 墙身防潮层：在室内地下约60mm处做60mm厚C20细石混凝土，配3$\phi$8 和 $\phi$4@300 钢筋，掺5%防水剂钢筋混凝土带 | |

续表

| 名 称 | 工程做法 | 备 注 |
|---|---|---|
| 基 础 | (1) 70mm 厚 C15 混凝土垫层；<br>(2) 条形基础 C20 混凝土；柱基础 C25 混凝土 | |
| 地 面 | (1) 素土夯实；<br>(2) 70mm 厚碎砖或道渣；<br>(3) 50mm 厚 C20 混凝土；<br>(4) 30mm 厚 C20 细石混凝土面层，随捣随光(卫生间和盥洗室做 10mm 厚水磨石面层) | |
| 楼 面 | (1) 120mm 厚预应力多孔板；<br>(2) 15mm 厚 1：3 水泥砂浆找平；<br>(3) 25mm 厚 C20 细石混凝土面层，随捣随光 | |
| 屋 面 | (1) 120mm 厚预应力多孔板铺成 3%的坡度；<br>(2) 40mm 厚 C20 混凝土，φ4 双向筋@200；<br>(3) 60mm 厚 1：6 水泥炉渣隔热层；<br>(4) 20mm 厚水泥砂浆刷冷底子油；<br>(5) 高分子防水卷材上刷铝银粉 | |
| 踢脚线 | 室内各房间均做 150mm 高、25mm 厚 1：3 水泥砂浆打底，1：2 水泥砂浆粘贴瓷砖踢脚线 | |
| 内粉刷 | (1) 平顶：20mm 厚 1：1：6 混合砂浆打底，2mm 厚腻子刮平，刷乳胶漆三遍；<br>(2) 内墙：20mm 厚 1：1：6 混合砂浆打底，2mm 厚腻子刮平，刷乳胶漆三遍；墙面阳角处做 1：2 水泥砂浆护角线，高 1500mm，每侧宽 8mm | |
| 外粉刷 | 20mm 厚 1：1：6 混合砂浆打底后，做成浅绿色水刷石面层 | |

(3) 门窗表。门窗表主要用来表达建筑物门窗的编号、尺寸、数量及选用图集等内容(见表 9-8)，为工程施工及编制工程造价文件提供依据。

表 9-8 门窗表

| 门窗代号 | 门窗名称 | 洞口尺寸/mm<br>(宽×高) | 数量/个 | 图集代号 | 备 注 |
|---|---|---|---|---|---|
| M1 | 防盗门 | 2000×3100 | 1 | — | 厂家定制 |
| M2 | 防盗门 | 1500×3100 | 1 | — | 厂家定制 |
| M3 | 夹板门 | 1000×2700 | 35 | LJ21 | |
| M4 | 夹板门 | 1000×2100 | 8 | LJ21 | |
| M5 | 夹板门 | 900×2100 | 1 | L99L605-49 | |
| M6 | 塑钢门连窗 | 2100×2700 | 6 | L99L605-49 | |

续表

| 门窗代号 | 门窗名称 | 洞口尺寸/mm (宽×高) | 数量/个 | 图集代号 | 备注 |
|---|---|---|---|---|---|
| C1 | 塑钢窗 | 2100×2100 | 4 | L99L605-49 | |
| C2 | 塑钢窗 | 1800×2100 | 3 | L99L605-49 | |
| C3 | 塑钢窗 | 1500×2100 | 6 | L99L605-49 | |
| C4 | 塑钢窗 | 2100×1800 | 6 | L99L605-49 | |
| C5 | 塑钢窗 | 1800×1800 | 10 | L99L605-49 | |
| C6 | 塑钢窗 | 1500×1800 | 15 | L99L605-49 | |
| C7 | 塑钢窗 | 1200×1200 | 4 | L99L605-49 | |
| C8 | 塑钢窗 | 1500×800 | 8 | L99L605-49 | 高窗 |

## 9.2.2 建筑总平面图

建筑总平面图是新建房屋在基地范围内的总体布置图。将拟建工程周围一定范围内的新建、拟建、原有和拆除的建筑物、构筑物连同其周围的地形、地物状况，用水平投影的方法和相应图例所画出的图样，即为总平面图(总平面布置图)。总平面图是新建建筑施工定位、土方施工以及室内外水、暖、电等管线布置和施工总平面设计的依据。

### 1．图示内容

总平面图主要表达以下内容。

(1) 表明新建区的总体布局。如用地范围，各建筑物及构筑物的位置、道路、管网的布置等。

(2) 确定新建、改建或扩建工程的具体位置。一般根据原有房屋或道路定位。修建成片住宅、较大的公共建筑物、工厂或地形复杂时，用坐标确定房屋及道路转折点的位置。

(3) 注明新建房屋的层数以及室内首层地面和室外地坪、道路的绝对标高。

(4) 用指北针或风向频率玫瑰图表示建筑物朝向和该地区的常年风向频率。

(5) 根据工程的需要，有时还有水、暖、电等管线总平面图，各种管线综合布置图，道路纵横剖面图及绿化布置等。

### 2．图示方法

(1) 比例。总平面图常用1：500、1：1000、1：2000等比例绘制，布置方向一般按上北下南方向。

(2) 图例。应用图例来表明新建区、扩建区或改建区的总体布置。对于标准中缺乏规定而需要自定的图例，必须在总平面图中绘制清楚，并注明其名称。

(3) 标高。应以含有±0.000标高的平面作为总图平面，图中标注的标高应为绝对标高。总平面图中坐标、标高、距离宜以米(m)为单位，并应至少取至小数点后两位，不足时以0

补齐。

### 3. 识读要点

识读总平面图时应注意如下要点。

(1) 了解工程性质、图纸比例，阅读文字说明，熟悉图例。
(2) 了解建设地段的地形、范围、建筑物的布置、周围环境道路布置。
(3) 了解拟建建筑物的室内外高差、道路标高、坡度及排水填挖情况。
(4) 熟悉拟建房屋的定位方式。

### 4. 识图举例

现以图 9-6 某校培训中心楼的总平面图为例，介绍识读建筑总平面图的方法。

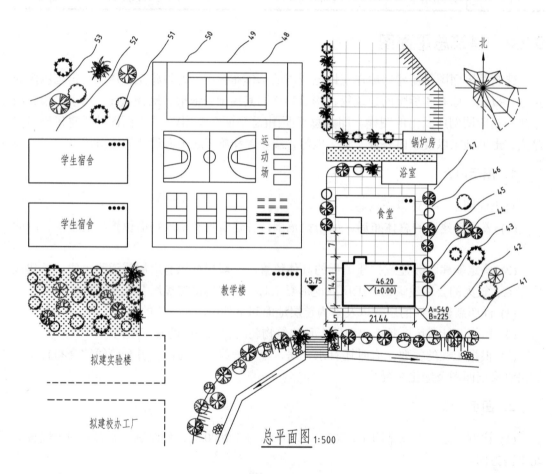

图 9-6　总平面图

(1) 先看图样的比例、图例以及文字说明。该图所用比例为 1∶500；图中用粗实线画出了新建建筑的外轮廓，从右上角的小黑圆点可以看出该建筑共 4 层；原有建筑用细实线画出，如教学楼、学生宿舍、浴室、锅炉房等；拟建建筑用中虚线画出，如实验楼、校办工厂等。

(2) 明确新建建筑的位置和朝向等。新建建筑的位置可根据原有建筑定位，从图中可知，该建筑与北面的食堂相距 7m，与西侧道路相距 5m，东端与食堂平齐，西边与教学楼相邻。室内地坪标高±0.000，相当于绝对标高 46.20m，室外地坪标高为 45.75m；建筑总长为 21.44m，总宽为 14.41m。从风向频率玫瑰图可知，该建筑坐北朝南，该地区的常年风向主要为西北风和东南风。

(3) 了解新建建筑的地形地貌及周围环境。从图中得知，新建建筑周围的地形为北高南低，校园四周有绿化带；运动场位于学生宿舍的东侧，内有篮球、羽毛球和网球场等。

## 9.3 建筑平面图

假想用一个水平的剖切平面沿略高于窗台的部位剖开，移去上部后向下投影所得的水平投影图，称为建筑平面图，简称平面图。

平面图主要反映房屋的平面形状、大小和房间布置，墙或柱的位置、厚度和材料，门窗的位置、开启方向等，是施工放线，砌筑墙体、柱，安装门窗，作室内装修及编制预算及备料等的重要依据。

### 9.3.1 图示内容

建筑平面图主要表达以下内容。

(1) 建筑物平面的形状及总长、总宽等尺寸，这样可计算建筑物的规模和占地面积。

(2) 建筑物内部各房间的名称、尺寸、大小、承重墙和柱的定位轴线、墙的厚度、门窗的宽度等，以及走廊、楼梯(电梯)、出入口的位置。

(3) 各层地面的标高。一层地面标高为±0.000，其余各层均标注相对标高。

(4) 门、窗的编号、位置及尺寸。一般图纸上还有门窗数量表用以配合说明。

(5) 室内装修做法。较简单的装修，可在平面图内直接用文字注明，复杂的工程则应另列明细表及材料做法表。

对于多层建筑，一般情况下，每一楼层对应一个平面图(图中注明楼层层数)，再加上屋面(屋顶)平面图。如果其中几个楼层结构完全相同，则可共用同一平面图，称为标准层平面图。

#### 1. 底层平面图

底层平面图(又称首层或一层平面图)主要表达建筑物底层的形状、大小，房间平面的布置情况及名称，入口、走道、门窗、楼梯等的平面位置、数量以及墙或柱的平面形状及材料等情况。除此之外，还应反映房屋的朝向(用指北针表示)、室外台阶、散水、花坛等的布置，并应注明建筑剖面图的剖切符号等，如图9-7所示。

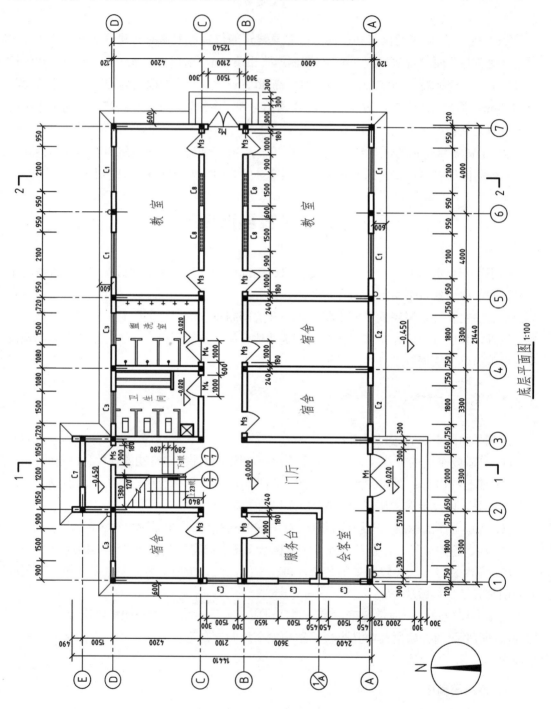

图9-7 底层平面图

## 2．标准层平面图

标准层平面图表示房屋中间几层的布置情况，其表示内容与底层平面图基本相同。标准层平面图除要表达中间几层的室内情况外，还需画出下层室外的雨篷、遮阳板等，如图 9-8 所示。

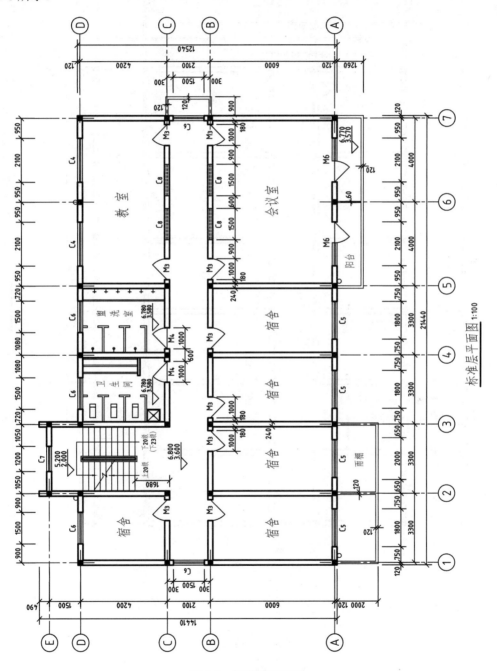

图 9-8　标准层平面图

## 3. 顶层平面图

顶层平面图表示房屋最高层的平面布置图，如图 9-9 所示。有的房屋顶层平面图与标准层平面图相同，在此情况下，顶层平面图可以省略。

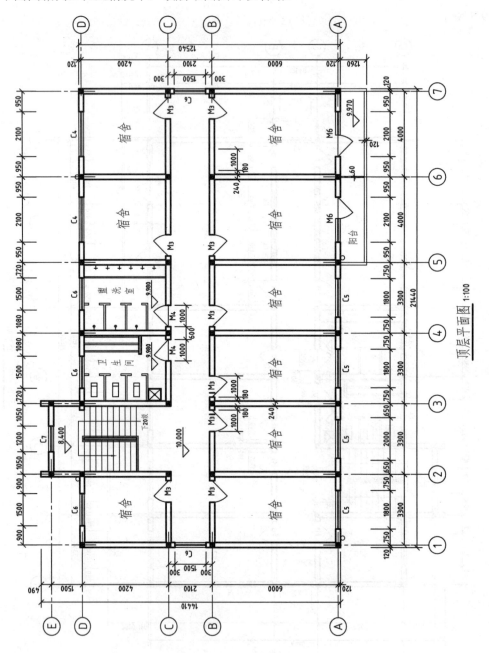

图 9-9　顶层平面图

**4．屋顶平面图**

屋顶平面图是由屋顶上方向下所作的屋顶外形水平投影图，用来表达屋面排水方向与坡度、雨水管位置以及屋顶构造等，如图 9-10 所示。该屋面设有三个排水区，坡度为 3%，以便将雨水先排入四周的天沟，然后通过天沟(坡度为 1%)分流到 4 根雨水管中。

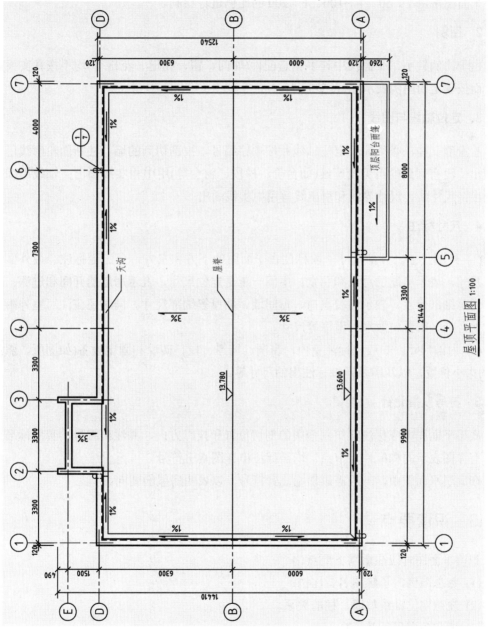

图 9-10　屋顶平面图

## 9.3.2 图示方法

**1．比例**

平面图常用 1∶50、1∶100、1∶200 的比例进行绘制。

**2．图例**

由于比例较小，平面图中许多构造配件(如门、窗、孔道、花格等)均不按真实投影绘制，而按规定的图例表示(见表 9-5)。

**3．定位轴线与图线**

承重墙、柱，必须标注定位轴线并按顺序编号。被剖切到的墙、柱断面轮廓线用粗实线画出；没有剖到的可见轮廓线(如台阶、梯段、窗台等)用中粗实线画出；轴线用细点画线画出；尺寸线、尺寸界线和引出线等用中实线画出。

**4．尺寸标注**

(1) 外部尺寸。外部尺寸一般标注在平面图的下方和左方，分三道标注：最外面一道是总尺寸，表示房屋的总长和总宽；中间一道是定位尺寸，表示房屋的开间和进深；最里面一道是细部尺寸，表示门窗洞口、窗间墙、墙厚等细部尺寸。同时还应注写室外附属设施，如台阶、阳台、散水、雨篷等尺寸。

(2) 内部尺寸。一般应标注室内门窗洞、墙厚、柱、砖垛和固定设备(如厕所、盥洗室等)的大小位置，以及需要详细标注出的尺寸等。

**5．符号及指北针**

底层平面图中应标注建筑剖面图的剖切位置和投影方向，并注出编号。套用标准图集或另有详图表示的构配件、节点，均需标注出详图索引符号。

在底层平面图中，一般需画出指北针符号，以表明房屋的朝向。

## 9.3.3 识读要点

识读平面图时应注意以下要点。

(1) 熟悉图例，了解图名、比例。

(2) 注意定位轴线与墙、柱的关系。

(3) 核实各道尺寸及标高。

(4) 核实图中门窗与门窗表中的门窗尺寸和数量，并注意所选的标准图集。

(5) 注意楼梯的形状、走向和级数。

(6) 熟悉其他构件(如台阶、雨篷、阳台等)的位置、尺寸及厨房、卫生间等设施的布置。

(7) 弄清楚各部分的高低情况。

### 9.3.4 识图举例

下面以图 9-7 所示的某校培训中心楼的底层平面图为例,介绍阅读平面图的方法。

(1) 先看图名可知该图为底层平面图,比例为 1∶100。

(2) 根据图中的指北针可知该建筑坐北朝南。

(3) 该建筑共有7条横向轴线,6条纵向轴线(其中 1/A 为附加轴线);建筑总长为21.44m,总宽为 14.41m,占地面积约为 309m²。

(4) 建筑的出入口设置在建筑西南侧和东侧。进入门厅左侧有服务台和会客室,对面是楼梯间(双跑楼梯),由此上二楼需经过 22 级台阶;在楼梯间东侧下 3 级台阶通向储藏室。由中间走廊可进入宿舍、教室、卫生间和盥洗室。

(5) 底层内各房间以及门厅、走廊等地面的标高为±0.000,卫生间和盥洗室地面的标高为-0.020;室外地坪标高比室内低 0.450m,正好可做三步室外台阶,将室内外联系起来。

(6) 图中门的代号用 M 表示,窗的代号用 C 表示,其编号均用阿拉伯数字表示,如 $M_1$、$M_2$、…、$C_1$、$C_2$、…。门窗的编号不同,说明其类型和尺寸不同,如南、北两教室与走廊之间的窗编号为 $C_8$,从其图例中的虚线可知该窗为高窗。阅读这部分内容时,应注意与门窗明细表相对照,核实两者是否一致。

(7) 从图中可知建筑物内部分平面尺寸,如南侧宿舍的开间和进深尺寸分别为 3.3m 和 6m,楼梯间的开间和进深尺寸分别为 3.3m 和 4.2m。

(8) 在底层平面图中,分别有两处标注了剖切符号和详图索引符号,表示将用两个剖面图来反映该建筑物的竖向内部构造和分层情况,两个详图来表达楼梯部分的详细构造。

## 9.4 建筑立面图

对建筑物各个立面所作的正投影图,称为建筑立面图,简称立面图。立面图主要用来表达建筑物的体型和外貌、门窗位置与形式、各部位的高度、墙面所用材料和装修做法等,是建筑物外部装修施工的主要依据。

立面图的命名宜根据房屋两端定位轴线编号标注,如图 9-11~图 9-14 所示的①—⑦立面图等;无定位轴线的建筑物,可按房屋的朝向来命名,如南立面图、北立面图、东立面图、西立面图等。

### 9.4.1 图示内容

建筑立面图主要表达以下内容。

(1) 建筑物的外形，门窗、台阶、雨篷、阳台、雨水管、水箱等位置。
(2) 用标高注明建筑物的总高度(屋檐或屋顶)、各楼层高度、室内外地坪标高等。
(3) 建筑物外墙面装修所用材料和装修做法及饰面的分格情况。
(4) 需详图表示的索引符号等。

### 9.4.2 图示方法

**1. 比例**

立面图常用 1∶50、1∶100、1∶200 等比例绘制。

**2. 图线**

为了使立面图形清晰、层次分明，建筑立面图的主要外轮廓线用粗实线($b$)表示；在立面上凸出或凹进的次要轮廓线和构配件(如窗台、窗套、阳台、雨篷、遮阳板等)轮廓线用中粗实线($0.7b$ 或 $0.5b$) 表示；门窗扇、勒脚、雨水管、栏杆、墙面分格线，以及有关说明的引出线、尺寸线、尺寸界线和标高等均用中实线或细实线($0.5b$ 或 $0.25b$) 表示；图例填充线用细实线($0.25b$) 表示；室外地坪线用特粗线($1.4b$)表示。

**3. 尺寸标注**

立面图不标注水平方向的尺寸，只画出最左、最右两端的轴线。一般只标出室外地坪、室内地面、勒脚、窗台、门窗顶及檐口处的标高，也可沿高度方向注写各部分高度尺寸。立面图上一般用文字说明各部分的装饰装修做法。

### 9.4.3 识读要点

识读立面图时应注意如下要点。
(1) 了解图名和比例。
(2) 对照平面图核对立面图上的有关内容。
(3) 了解建筑物的外貌特征。
(4) 核实建筑物的竖向标高及尺寸。
(5) 了解建筑物外墙面的装修做法。

### 9.4.4 识图举例

图 9-11～图 9-14 所示为某校培训中心楼的南、北立面图及东、西立面图。下面以南立面图(①—⑦立面图)为例，说明阅读建筑立面图的方法。

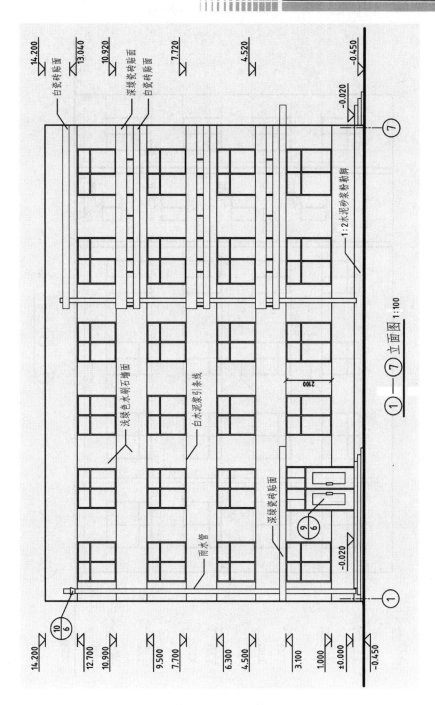

图 9-11 南立面图

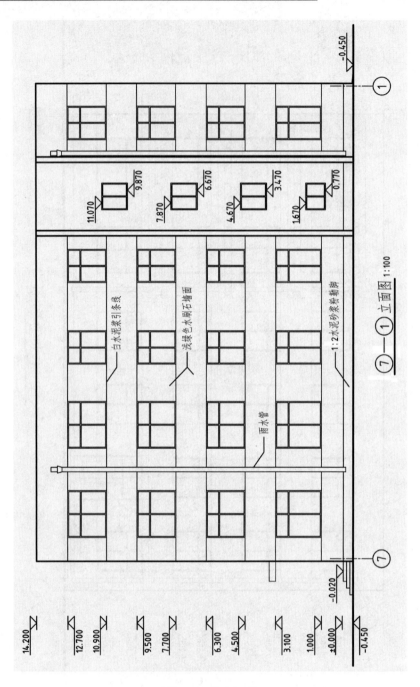

图 9-12 北立面图

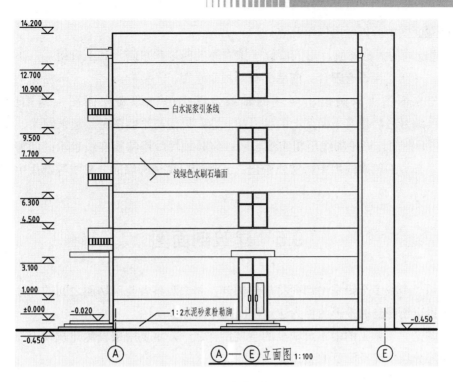

图 9-13 东立面图

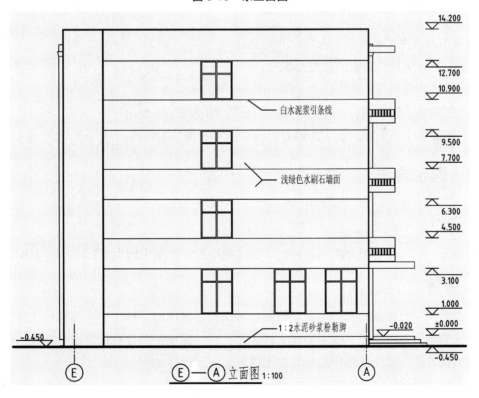

图 9-14 西立面图

从南立面图中可以看出以下几点。

(1) 建筑物的大概外貌。出入口位于该立面的西端和东侧，其上有雨篷，下有三级台阶；右边二～四层楼设有阳台；南墙面有两根雨水管。

(2) 在立面图上只画出了两端的轴线及其编号，即南立面图上两端的轴线为①与⑦，其编号应与建筑平面图上的编号相一致，以便与平面图对照起来阅读。

(3) 立面图的外形轮廓线用粗实线表示；室外地坪线用特粗实线表示；门窗、阳台、雨篷等主要部分的轮廓线用中粗实线画出；其他如门窗扇、墙面分格线等都用中和细实线表示。

## 9.5 建筑剖面图

假想用一个或多个铅垂剖切面将房屋剖开，移去观察者与剖切面之间的部分，对留下部分作正投影所得到的投影图称为建筑剖面图，简称剖面图。

剖面图是建筑施工图中不可缺少的重要图样之一，主要用来表达建筑物内部垂直方向高度、楼层分层情况及简要的结构形式和构造方式等。

### 9.5.1 图示内容

建筑剖面图主要表达以下内容。
(1) 主要承重构件的定位轴线及编号。
(2) 建筑物各部位的高度。
(3) 主要承重构件(梁、板、柱、墙)之间的相互关系。
(4) 剖面图中不能详细表达的地方，应引出索引号另画详图。

### 9.5.2 图示方法

**1. 比例**

剖面图一般选用与平面图相同或较大的比例绘制，常用比例为1∶50、1∶100等。

**2. 图线**

在剖面图中，被剖切到的墙身、楼板、屋面板、楼梯段、楼梯平台等轮廓线用粗实线表示；未剖切到的可见轮廓线用中粗实线表示；门、窗扇及其分格线，水斗及雨水管等用中或细实线表示；室内外地坪线用特粗实线表示。

**3．剖切位置与数量选择**

剖切平面的位置应选择在较为复杂的部位(如楼梯间、门窗洞口等处)，以此来表达楼梯、门窗洞口的高度和在竖直方向的位置和构造，以便施工。剖切数量视建筑物的复杂程度和施工中的实际需要而定，编号可用阿拉伯数(如 1－1、2－2)、罗马数字或拉丁字母等命名。

**4．尺寸和标高**

剖面图上应标注垂直尺寸，一般注写三道：最外侧一道应注写室外地面以上的总尺寸；中间一道注写层高尺寸；里面一道注写门窗洞口及洞间墙的高度尺寸。另外还应标注某些局部尺寸，如室内门窗洞口、窗台的高度等。

剖面图上应注写的标高包括室内外地面、各层楼面、楼梯平台面、檐口或女儿墙顶面、高出屋面的水箱顶面、烟囱顶面和楼梯间顶面等处。

**5．楼地面构造**

剖面图中一般用引出线指向所说明的部分，按其构造层次顺序，逐层加以文字说明，以表示各层的构造做法。

**6．详图索引符号**

剖面图中应表示画详图处的索引符号。

## 9.5.3 识读要点

识读剖面图时应注意以下要点。

(1) 了解图名、比例。
(2) 熟悉承重构件的定位轴线及其间距尺寸。
(3) 核对剖面图所表达的内容与平面图的剖切位置是否一致，注意被剖到和未剖切到的各构配件的位置、尺寸、形状及图例。
(4) 根据图中尺寸和标高，了解建筑物的层数、层高、总高及室内外高差。
(5) 了解详图索引符号、某些装修做法及用料注释等。
(6) 阅读剖面图时，要注意与平面图、详图相对照。

## 9.5.4 识图举例

要清楚地识读建筑物内部构造及配件情况，必须将平面图、立面图、剖面图相配合。图 9-15、图 9-16 所示为某校培训中心楼的 1－1、2－2 剖面图。现以 1－1 剖面图为例，说明剖面图的识读方法。

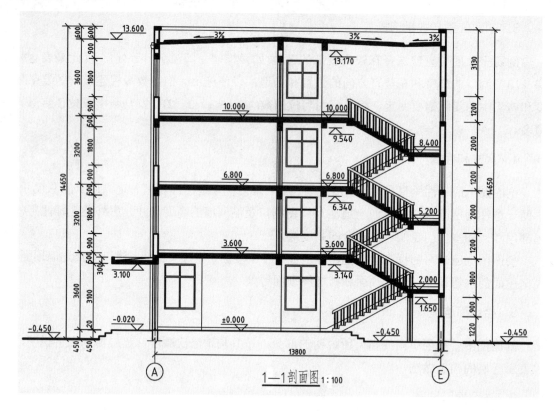

图 9-15 1—1 剖面图

(1) 根据剖面图上剖切平面位置代号 1—1,在底层平面图中找到相应的剖切位置。1—1 剖切平面位于②、③轴线之间,通过南北外墙、楼梯间等处剖切后,由右向左即由东向西投影。

(2) 房屋的剖切是从屋顶到基础,一般情况下,基础的构造由结构施工图中的基础图来表达。室内外地面的层次和做法,通常由节点详图或施工说明来表达,故在剖面图中只画一条特粗线(1.4$b$),基础的涂黑层是钢筋混凝土的防潮层。

(3) 该房屋共有四层,各层的钢筋混凝土楼板和屋面板都搁置在两端的砖墙或梁上。由于比例较小,被剖切到的楼板和屋面板用两条粗实线表示其厚度,中间的钢筋混凝土图例涂黑表示。为排水需要,屋面铺设成 3%的坡度(有时也可以水平铺设,而将屋面材料做出一定的坡度)。在檐口处和其他部位设置了内天沟板,以便将屋面的雨水导向雨水管。

在墙身的门窗洞顶、屋面板下和各层楼面板下的涂黑断面,为该房屋的门窗过梁和圈梁。大门上方的涂黑断面为过梁连同雨篷的断面。当圈梁的梁底标高与同层门窗过梁的梁底标高一致时,可用圈梁代替过梁。在外墙顶部的黑色断面是女儿墙顶部的现浇钢筋混凝土压顶。

(4) 由于楼梯为钢筋混凝土结构,所以被剖切到的第二梯段用涂黑表示,而未被剖切到的第一梯段因能可见,故仍按可见轮廓线画出。

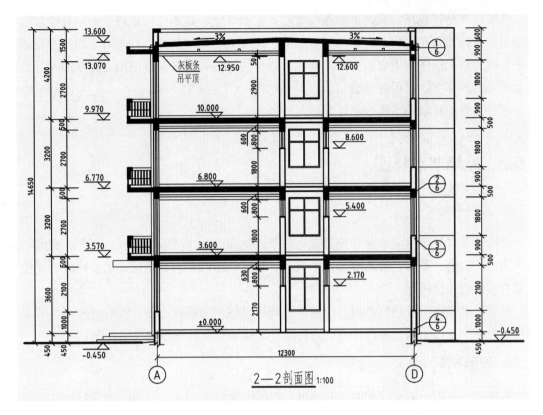

图 9-16  2—2 剖面图

(5) 由图中所注的标高尺寸可知,底层地面的标高为±0.000,室外地坪标高为-0.450,说明室内外高差为450mm;从各层楼面的建筑标高可知各层的层高,一层与顶层为3.6m,中间层均为3.2m;另外还标注了楼梯休息平台和楼梯梁底的标高。

左侧竖向三道尺寸中的第一道为门窗洞口及窗间墙的高度尺寸(楼面上下是分开标注的);第二道为层高尺寸(如3600、3200等);第三道为室外地面以上的总高度尺寸(如14650)。

(6) 在剖面图中,由于比例较小,对所需绘制详图的部位(如屋面天沟、楼梯等)均画出了详图的索引符号。

## 9.6 建 筑 详 图

### 9.6.1 建筑详图的作用

由于平面图、立面图、剖面图选用的比例较小,使许多建筑细部构造无法表达清楚,因此为了满足施工需要,把建筑物的细部构造用比较大的比例绘制出来,这样的图样称为详图。

建筑详图是建筑平、立、剖面图的重要补充和深化，其不仅可以将建筑物各细部的形状绘制出来，而且还能将各细部的材料做法、尺寸大小标注清楚。施工时，为便于查阅，在平、立、剖面图中均用索引符号注明已画详图的部位、编号及详图所在图纸的编号，同时对所画出的详图以详图符号表示。

本节只介绍外墙节点和楼梯详图。

## 9.6.2 外墙节点详图

### 1. 图示内容

外墙节点详图是房屋墙身在竖直方向的节点剖面图，主要表达房屋的屋面、楼面、地面、檐口、门窗、勒脚、散水等节点的尺寸、材料、做法等构造情况，以及楼板、屋面板与墙身的构造连接情况。

外墙节点详图一般包括檐口、门窗、勒脚等详图，为识读方便，有时将外墙各节点详图按其实际位置自上而下顺次排列，所得图样又称墙身大样图或墙身剖视图。

### 2. 图示方法

外墙节点详图一般用较大的比例绘出，常用比例为1∶10、1∶20。绘图线型选择与剖面图相同，被剖到的结构、构件断面轮廓线用粗实线表示；粉刷线用细实线表示。断面轮廓线内应画上材料图例。

### 3. 识读要点

识读外墙节点详图时应注意以下要点。

(1) 了解详图的图名、比例。
(2) 熟悉详图与被索引图样的对应关系。
(3) 掌握地面、楼面、屋面的构造层次和做法。
(4) 注意檐口构造及排水方式。
(5) 明确各层梁(过梁或圈梁)、板、窗台的位置及其与墙身的关系。
(6) 弄清外墙的勒脚、散水及防潮层与内、外墙面装修的做法。
(7) 核实各部位的标高、高度方向的尺寸和墙身细部尺寸。

### 4. 识图举例

现以图9-17所示为某校培训中心楼的外墙节点详图为例，说明阅读外墙详图的方法。

(1) 首先了解该详图所表达的部位。图9-17的外墙轴线为D，对照平面图和立面图可知，外墙D为该建筑物的北外墙，其所表达的部位为1—1、2—2剖面图中所表示出的1~4号详图，即檐口、窗顶、窗台及勒脚和散水节点；绘图比例为1∶20。

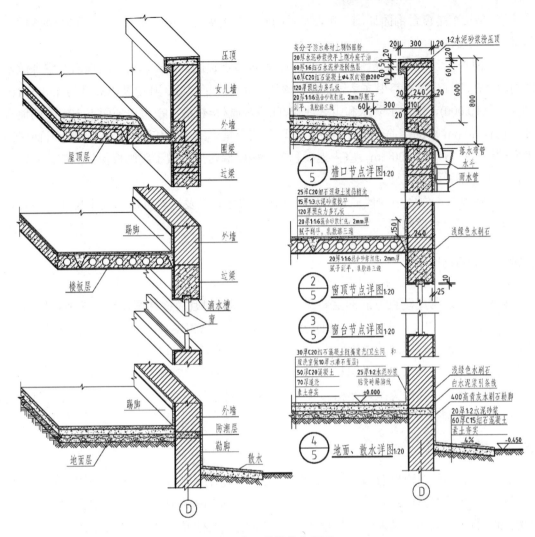

图 9-17　外墙节点详图

(2) 看图时应按照由上到下或从下到上的顺序，一个节点、一个节点地阅读，了解各部位的详细构造、尺寸和做法，并与材料做法表相对照，检查是否一致。

① 第一个是檐口节点详图，其表达了女儿墙外排水檐口的构造和屋面层的做法等。图中不但给出了有关尺寸，还对某些部位的多层构造用引出线做了文字说明。该楼房的屋面首先铺设的是 120mm 厚预应力钢筋混凝土多孔板和预制天沟板，为排水需要屋面按 3%的坡度铺设。屋面板上做有 40mm 厚细石混凝土(内放钢筋网)和 60mm 厚隔热层，在其上先用 20mm 厚水泥砂浆找平，然后上刷冷底子油结合层，最上面铺贴高分子防水卷材，上刷铝银粉作为保护层。

② 第二个是窗顶剖面详图，其主要表达窗顶过梁处的做法和楼面层的做法。在过梁外侧底面用水泥砂浆做出滴水槽，以防雨水流入窗内。楼面层的做法及其所用材料在引出线上用文字做了详细说明。

③ 第三个是窗台剖面详图,其表明了砌砖窗台的做法。由图可知,窗台面的外侧做一斜坡,以利排水。

④ 第四个位于外墙的最底部,为勒脚、散水节点详图。该详图对室内地面及室外散水的材料、做法与要求等都用文字做了详细说明,并标注了尺寸。其中勒脚高度为450mm(由 $-0.450$ 至 $\pm 0.000$),选用了防水和耐久性较好的粉刷材料粉刷;在室内地面下30mm的墙身处,设有60mm厚的钢筋混凝土防潮层,以隔离土壤中的水分和潮气沿基础墙上升而侵蚀上面的墙身;散水宽600mm,室内地面和各层楼面墙角处均做了踢脚板保护墙壁,并用文字注明了详细做法和尺寸。

(3) 外墙节点详图中一般应注出室内外地面的标高以及一些细部的大小尺寸,如女儿墙、天沟、窗台和散水等。

## 9.6.3 楼梯详图

楼梯是多层房屋垂直方向的主要交通设施,由楼梯段(简称梯段,包括踏步和斜梁)、平台(包括平台板和梁)、栏杆或(栏板)等组成。在一般建筑中,通常使用现浇或预制的钢筋混凝土楼梯。楼梯是建筑物中构造比较复杂的部分,通常单独画出其详图。

楼梯详图一般分为建筑详图和结构详图,并分别编入"建施"和"结施"中。建筑详图主要用来表达楼梯的类型、结构形式、各部位的尺寸及装修做法,一般包括平面图、剖面图和节点(如踏步、栏杆、扶手、防滑条等)详图。

### 1. 楼梯平面图

楼梯平面图是在距地面1m以上的位置,用一个假想的剖切平面,沿着水平方向剖开(尽量剖到楼梯间的门窗),然后向下所作的正投影图。主要用来表达楼梯平面的详细布置情况,如楼梯间的尺寸大小、墙厚、楼梯段的长度和宽度、上行或下行的方向、踏面(步)数和踏面宽度、平台和楼梯位置等。

在多层建筑中,楼梯平面图一般应分层绘制。如果中间各层的楼梯位置、构造形式、尺寸等均相同时,可只画出底层、中间层和顶层三个楼梯平面图即可,如图9-18~图9-20所示。

在楼梯平面图中,各层被剖切到的梯段,按国标规定,均在平面图中以一根倾斜45°的折断线表示(注意折断线一定要穿过扶手,并从踏步边缘画出)。在每一梯段处画有一长箭头,并注写"上"或"下"字和步级数,表明从该层楼(地)面往上或往下走多少步级可到达上(或下)一层的楼(地)面。在底层平面图中还应注明楼梯剖面图的剖切位置和投影方向。

阅读楼梯平面图时,要熟悉各层平面图的以下特点。

(1) 在底层平面图中,由于剖切平面是在该层往上走的第一梯段中间剖切,故只画了被剖切梯段及栏杆。注有"上23级"的箭头,即表示从底层往上走23级可达到第二层;"下3级"是指从底层往下走3级可到达储藏室门外的地面。

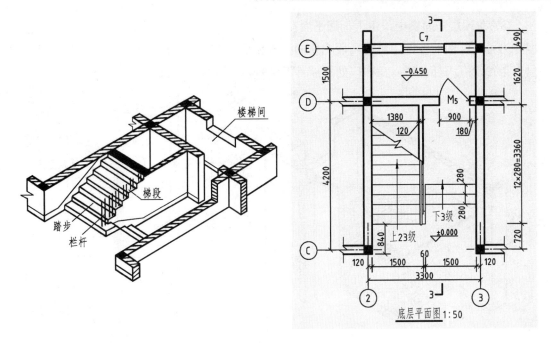

图 9-18　底层楼梯平面图

(2) 在中间(二、三)层平面图中，既要画出被剖切的往上走的部分梯段，还要画出该层往下走的完整的梯段、平台以及平台往下的部分梯段。这部分梯段与被剖切的梯段的投影重合，以 45°折断线分界。图中所注"上 20 级"箭头，表示从二层(或三层)上行 20 级即到达三层(或四层)；"下 23(20)级"箭头，表示从二层(或三层)下行 23 级或 20 级即到达底层(或二层)。

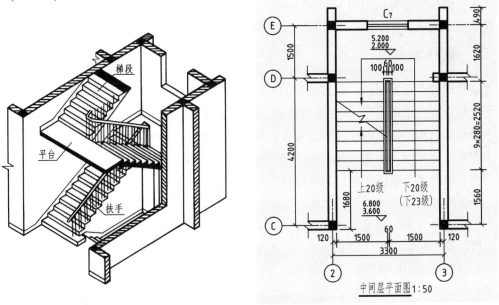

图 9-19　中间层楼梯平面图

(3) 在顶层平面图中,由于剖切平面在安全栏杆之上,故两个梯段及平台都未被切到,但均为可见,因而在图中画有两段完整的梯段和平台以及安全栏杆的位置。由于是顶层,只有上行没有下行,所以在梯口处只标有下楼的方向,即"下 20 级"的箭头。

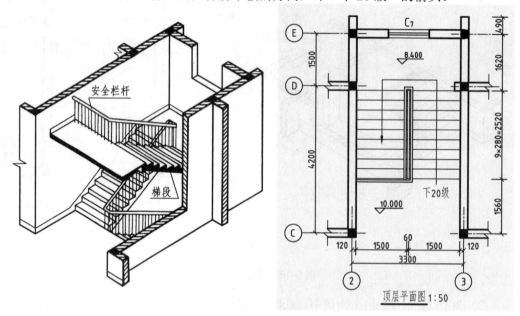

图 9-20　顶层楼梯平面图

楼梯平面图中除注有楼梯间的开间和进深尺寸、楼地面和平台的标高尺寸之外,还需注出各细部的尺寸。通常把楼梯段的长度尺寸和踏面(步)数、踏面宽度的尺寸合并写在一起,如底层楼梯平面图中的 12×280=3360,表示该梯段有 12 个踏面、每个踏面宽 280mm,梯段长为 3360mm。

## 2．楼梯剖面图

假想用一个铅垂平面,通过各层的一个梯段和楼梯间的门窗洞将楼梯剖开,向另一未剖到的梯段方向投影所作的正投影图,称为楼梯剖面图,如图 9-21 所示。楼梯剖面图主要表达楼梯的结构形式、各梯段的踏级数以及楼梯各部分的高度和相互关系等。

在多层建筑中,如果中间各层的楼梯构造相同,则剖面图可只画出底层、中间层和顶层剖面,中间用折断线断开;如果楼梯间顶部没有特殊之处,一般可省略不画。

阅读楼梯剖面图时,应与楼梯平面图对照起来一起看,要注意剖切平面的位置和投影方向。从图 9-21 可以看出,该楼梯的结构形式为现浇钢筋混凝土双跑式楼梯,每层楼有两个梯段,其上行的第二梯段被剖到,而上行的第一梯段未被剖到。

楼梯剖面图中所标注的尺寸有地面、楼面和平台面的标高以及梯段的高度等尺寸。其中梯段的高度尺寸与楼梯平面图中梯段的长度尺寸注法相同,但高度尺寸注的是步级数,而不是踏面(步)数(两者相差 1)。从图中可以看出,一层第一梯段的高度尺寸为

13×154=2000，表示该梯段的步级数为 13 级，每个踏步高为 154mm；第二梯段的高度尺寸为 10×160=1600，表示该梯段的步级数为 10 级，每个踏步高为 160mm。

从图中所标注的索引符号中可知，楼梯的栏杆、踏步及扶手都另有详图，且都画在本张图(即建施-7)上。

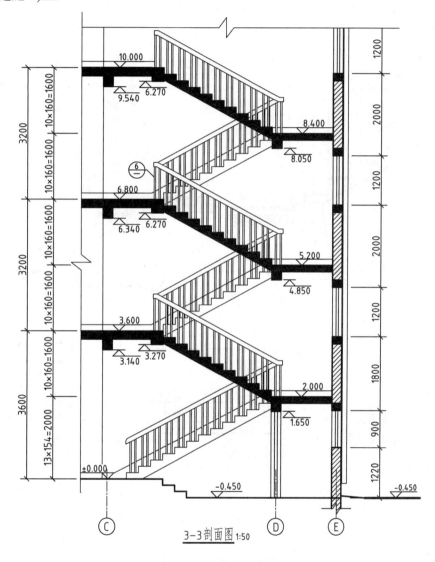

图 9-21 楼梯剖面图

## 3．楼梯节点详图

楼梯节点详图是根据图 9-7 底层平面图和图 9-21 楼梯剖面图中的索引部位绘制的，如图 9-22 所示。楼梯节点详图用较大的比例表达了索引部位的形状、大小、构造及材料情况。从图中可以看出，楼梯各节点的构造和尺寸都十分清楚，但对于某些局部如踏级、扶手等，在形式、构造及尺寸上仍显得不够清楚，此时可采用更大的比例作进一步的表达。

楼梯踏步由水平踏面和垂直踢面组成。踏步详图表明踏步截面形状及大小、材料与面层做法。踏面边沿磨损较大，易滑跌，常在踏步平面边沿部位设置一条或两条防滑条，如图 9-22 中的"踏步平面图"与"踏步剖面图"所示。

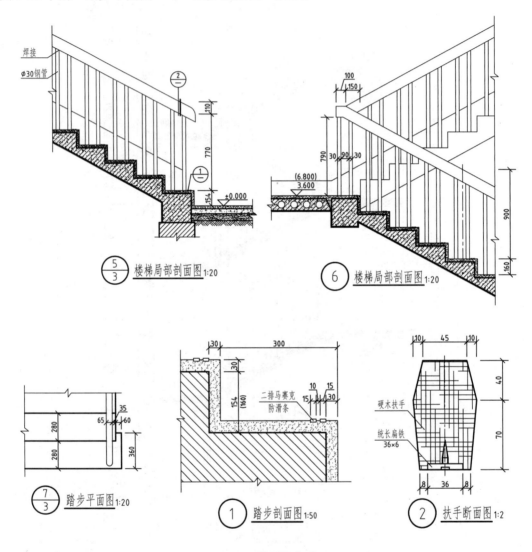

图 9-22　楼梯节点详图

楼梯栏杆与扶手是为上下行人安全所设，靠梯段和平台悬空一侧设置栏杆或栏板，上面做扶手，扶手形式与大小、所用材料要满足一般手握适度弯曲情况，如图 9-22 中的"楼梯局部剖面图"和"扶手断面图"所示。

# 第10章 结构施工图

**本章要点**

- 结构施工图的内容、分类、图示方法及有关规定。
- 钢筋混凝土构件的图示方法。
- 基础平面图、基础详图、楼层结构布置图的识读方法。

**本章难点**

- 钢筋混凝土结构图的识读。
- 基础平面图、基础详图、楼层结构布置图的识读。

## 10.1 概　　述

建筑施工图表达了房屋的外观形式、平面布置、建筑构造和内外装修等内容，对于房屋的结构部分(如基础、承重墙、柱、梁、板等)的结构布置、内部构造及其之间的连接情况没有详细表述。因此，在房屋设计中除了要进行建筑设计，画出建筑施工图外，还要进行结构设计，画出结构施工图。

结构施工图是指用来表达房屋承重构件的布置、形状、大小、材料以及连接情况的图样，简称"结施"。"结施"图是施工放线、挖基坑、支模板、绑扎钢筋、设置预埋件、浇捣混凝土、安装预制构件、编制预算和施工组织计划的重要依据。

### 10.1.1 结构施工图的内容

结构施工图通常由结构设计说明、结构平面布置图和构件详图组成。

#### 1. 结构设计说明

结构设计说明是对图纸的全局性的文字说明，包括选用材料的类型、规格、强度等级，地基情况，施工注意事项，选用标准图集等。

#### 2. 结构平面布置图

结构平面布置图是表示房屋中各承重构件总体平面布置的图样，主要包括基础平面图、楼层结构布置平面图和屋面结构平面图。

### 3. 构件详图

构件详图主要表示单个构件形状、尺寸、材料、构造及工艺，包括梁、柱、板及基础结构详图，楼梯结构详图，屋架结构详图及其他详图，如天窗、雨篷、过梁及工业建筑中的支撑详图等。

结构施工图按房屋结构所用的材料不同还可分为钢筋混凝土结构图、钢结构图、木结构图和砖石结构(也称混合结构)图等。

## 10.1.2 结构施工图的有关规定

在绘制结构施工图时，除应遵守《房屋建筑制图统一标准》(GB/T 50001—2010)的规定外，还应遵守《建筑结构制图标准》(GB/T 50105—2010)的规定。

### 1. 图线

结构施工图中各种图线的用法如表 10-1 所示。

表 10-1 结构施工图的图线用法

| 名称 | | 线型 | 线宽 | 用途 |
|---|---|---|---|---|
| 实线 | 粗 | —————— | $b$ | 螺栓、钢筋线，结构平面图中的单线结构构件线、钢木支撑及系杆线，图名下横线、剖切线 |
| | 中粗 | —————— | $0.7b$ | 结构平面图及详图中剖到或可见的墙身轮廓线、基础轮廓线，钢、木结构轮廓线，钢筋线 |
| | 中 | —————— | $0.5b$ | 结构平面图及详图中剖到或可见的墙身轮廓线、基础轮廓线，可见的钢筋混凝土构件轮廓线，钢筋线 |
| | 细 | —————— | $0.25b$ | 标注引出线，标高符号线、索引符号线、尺寸线 |
| 虚线 | 粗 | — — — — | $b$ | 不可见的钢筋线、螺栓线，结构平面图中的不可见的单线结构构件线及钢、木支撑线 |
| | 中粗 | — — — — | $0.7b$ | 结构平面图中的不可见构件、墙身轮廓线及不可见钢、木结构构件线，不可见的钢筋线 |
| | 中 | — — — — | $0.5b$ | 结构平面图中的不可见构件、墙身轮廓线及不可见钢、木结构构件线，不可见的钢筋线 |
| | 细 | — — — — | $0.25b$ | 基础平面图中的管沟轮廓线、不可见的钢筋混凝土构件轮廓线 |
| (单)点画线 | 粗 | — · — · — | $b$ | 柱间支撑、垂直支撑、设备基础轴线图中的中心线 |
| | 细 | — · — · — | $0.25b$ | 定位轴线、对称线、中心线、重心线 |
| 双点画线 | 粗 | — ·· — ·· — | $b$ | 预应力钢筋线 |
| | 细 | — ·· — ·· — | $0.25b$ | 原有结构轮廓线 |
| 折断线 | | ∼∕∖∼ | $0.25b$ | 断开界线 |
| 波浪线 | | ～～～ | $0.25b$ | 断开界线 |

## 2．比例

绘制结构施工图时应根据图样用途、被绘制物体的复杂程度而选用适当的比例，常用比例如表 10-2 所示。当构件的纵、横向断面尺寸相差悬殊时，可在同一详图中的纵、横向选用不同比例绘制。轴线尺寸和构建尺寸也可选用不同的比例绘制。

表 10-2　结构施工图常用比例

| 图　名 | 常用比例 | 可用比例 |
| --- | --- | --- |
| 结构平面图、基础平面图 | 1∶50、1∶100、1∶150 | 1∶60、1∶200 |
| 圈梁平面图、总图中管沟、地下设施等 | 1∶200、1∶500 | 1∶300 |
| 详图 | 1∶10、1∶20、1∶50 | 1∶5、1∶25、1∶30 |

## 3．构件代号

在结构施工图中，构件的名称可用代号来表示，代号后用阿拉伯数字标注该构件的型号或编号，也可为构件顺序号。构件的顺序号采用不带下角标的阿拉伯数字连续编排。常用的构件代号如表 10-3 所示。

表 10-3　常用构件代号

| 序号 | 名称 | 代号 | 序号 | 名称 | 代号 | 序号 | 名称 | 代号 |
| --- | --- | --- | --- | --- | --- | --- | --- | --- |
| 1 | 板 | B | 19 | 圈梁 | QL | 37 | 承台 | CT |
| 2 | 屋面板 | WB | 20 | 过梁 | GL | 38 | 设备基础 | SJ |
| 3 | 空心板 | KB | 21 | 连系梁 | LL | 39 | 桩 | ZH |
| 4 | 槽形板 | CB | 22 | 基础梁 | JL | 40 | 挡土墙 | DQ |
| 5 | 折板 | ZB | 23 | 楼梯梁 | TL | 41 | 地沟 | DG |
| 6 | 密肋板 | MB | 24 | 框架梁 | KL | 42 | 柱间支撑 | ZC |
| 7 | 楼梯板 | TB | 25 | 框支梁 | KZL | 43 | 垂直支撑 | CC |
| 8 | 盖板或沟盖板 | GB | 26 | 屋面框架梁 | WKL | 44 | 水平支撑 | SC |
| 9 | 挡雨板或檐口板 | YB | 27 | 檩条 | LT | 45 | 梯 | T |
| 10 | 吊车安全走道板 | DB | 28 | 屋架 | WJ | 46 | 雨篷 | YP |
| 11 | 墙板 | QB | 29 | 托架 | TJ | 47 | 阳台 | YT |
| 12 | 天沟板 | TGB | 30 | 天窗架 | CJ | 48 | 梁垫 | LD |
| 13 | 梁 | L | 31 | 框架 | KL | 49 | 预埋件 | M |
| 14 | 屋面梁 | WL | 32 | 刚架 | GJ | 50 | 天窗端壁 | TD |
| 15 | 吊车梁 | DL | 33 | 支架 | ZJ | 51 | 钢筋网 | W |
| 16 | 单轨吊车梁 | DDL | 34 | 柱 | Z | 52 | 钢筋骨架 | G |
| 17 | 轨道连接 | DGL | 35 | 框架柱 | KZ | 53 | 基础 | J |
| 18 | 车挡 | CD | 36 | 构造柱 | GZ | 54 | 暗柱 | AZ |

### 4．定位轴线

结构施工图中的定位轴线及编号应与建筑平面图或总平面图的一致。

### 5．尺寸标注

结构施工图上的尺寸应与建筑施工图相符。应注意的是结构施工图中所注尺寸应是结构构件的结构尺寸(即实际尺寸)，不包括结构表面装修层厚度。桁架式结构的单线图，其杆件的轴线长度尺寸应标注在构件的上方；在杆件布置和受力均对称的桁架单线图中，可在左半边标注杆件几何轴线尺寸，右半边标注杆件的内力值和反力值。

## 10.2 钢筋混凝土结构图

### 10.2.1 钢筋混凝土的基本知识

#### 1．钢筋混凝土的概念

混凝土是由水泥、砂子、石子和水按一定比例拌和，经浇筑、振捣、养护硬化后形成的一种人造材料。其抗压能力强而抗拉能力差，因而用混凝土制成的构件极易因受拉、受弯而断裂。为了提高构件的承载能力，往往在构件的受拉区域内配置一定数量的钢筋，使之与混凝土黏结成一个整体共同承受外力，这种配有钢筋的混凝土称为钢筋混凝土。由钢筋混凝土制成的构件(如梁、板、柱等)称为钢筋混凝土构件。

#### 2．混凝土强度等级和钢筋符号

混凝土按其立方体抗压强度标准值的高低分为 C15、C20、C25、C30、C35、C40、C45、C50、C55、C60、C65、C70、C75 和 C80 共 14 级，等级越高，表明其抗压强度越高。

根据钢筋品种等级的不同，结构施工图中用不同的直径符号来表示钢筋，如表 10-4 所示。

表 10-4 钢筋牌号与直径符号

| 序号 | 牌 号 | 符 号 | 公称直径 d/mm | 材料性能 |
|---|---|---|---|---|
| 1 | HPB300 级 | $\phi$ | 6～22 | 热轧光圆钢筋 |
| 2 | HPB335 级<br>HPBF335 级 | $\phi$<br>$\phi^F$ | 6～50 | 普通热轧带肋钢筋<br>细晶粒热轧带肋钢筋 |
| 3 | HPB400 级<br>HPBF400 级<br>RRB400 级 | $\phi$<br>$\phi^F$<br>$\phi^R$ | 6～50 | 普通热轧带肋钢筋<br>细晶粒热轧带肋钢筋<br>余热处理带肋钢筋 |
| 4 | HPB500 级<br>HPBF500 级 | $\phi$<br>$\phi^F$ | 6～50 | 普通热轧带肋钢筋<br>细晶粒热轧带肋钢筋 |

3．钢筋的种类及作用

根据钢筋在构件中所起的作用不同，钢筋可分为以下几种。

(1) 受力筋：承受构件内产生的拉力或压力，主要配置在梁、板、柱等各种混凝土构件中，如图 10-1(a)、图 10-1(b)所示。

(2) 箍筋：承受构件内产生的部分剪力和扭矩，并用以固定受力筋的位置，主要配置在梁、柱等构件中，如图 10-1(a)所示。

(3) 架立筋：用于和受力筋、箍筋一起构成钢筋的整体骨架，一般配置在梁的受压区外缘两侧，如图 10-1(a)所示。

(4) 分布筋：用于固定受力筋的正确位置，并有效地将荷载传递到受力钢筋上，同时可防止由于温度或混凝土收缩等原因引起的混凝土的开裂，一般配置于板中，如图 10-1(b)所示。

(5) 构造筋：因构件在构造上的要求或施工安装需要而配置的钢筋，如图 10-1(b)所示。

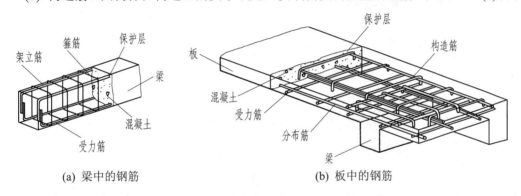

(a) 梁中的钢筋　　　　　　　　(b) 板中的钢筋

图 10-1　钢筋混凝土结构中的钢筋

4．钢筋的保护层和弯钩

为防止钢筋锈蚀，保证其与混凝土紧密黏结，构件都应具有足够的混凝土保护层。混凝土保护层是指钢筋外缘至构件表面的厚度。设计使用为 50 年的混凝土结构，最外层钢筋的保护层最小厚度应符合表 10-5 的规定。

表 10-5　混凝土构件保护层最小厚度

| 序　号 | 构件名称 | 保护层厚度/ mm |
| --- | --- | --- |
| 1 | 板、墙、壳 | 15 |
| 2 | 梁、柱、杆 | 20 |
| 3 | 基础 | 40 |

注：1. 混凝土强度等级大于 C25 时，表中保护层厚度数值应增加 5mm；

　　2. 钢筋混凝土基础宜设置混凝土垫层，基础中钢筋的混凝土保护层厚度应从垫层顶面算起，且不宜小于40mm。

为了使钢筋和混凝土之间具有良好的黏结力，提高钢筋的锚固效果，应将光圆钢筋的端部做成弯钩，几种常见的弯钩形式如图10-2所示。带肋钢筋与混凝土之间黏结力较强，其端部可不做弯钩。

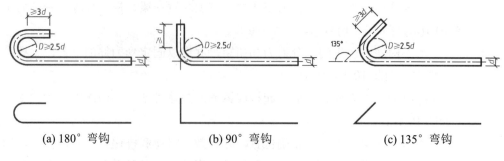

图 10-2　常见的弯钩形式

## 10.2.2　钢筋混凝土构件的图示方法

### 1. 图示内容及特点

钢筋混凝土结构图又可简称为配筋图或布筋图，主要用以表达构件内部钢筋的配置情况，包括钢筋的种类、数量、等级、直径、形状、尺寸和间距等。其图示特点是：假设混凝土为透明体，而构件的外形轮廓用细实线绘制，钢筋用粗实线(箍筋为中实线)绘制，钢筋的横截面用小黑圆点表示。钢筋的常用图例如表10-6所示。

表 10-6　钢筋常用图例

| 序　号 | 名　称 | 图　例 | 说　明 |
|---|---|---|---|
| 1 | 钢筋横断面 | • | — |
| 2 | 无弯钩的钢筋端部 |  | 下图表示长短钢筋投影重叠时，可在短钢筋的端部用45°短画线表示 |
| 3 | 带半圆形弯钩的钢筋端部 |  | — |
| 4 | 带直钩的钢筋端部 |  | — |
| 5 | 带丝扣的钢筋端部 |  | — |
| 6 | 无弯钩的钢筋搭接 |  | — |
| 7 | 带半圆弯钩的钢筋搭接 |  | — |
| 8 | 带直钩的钢筋搭接 |  | — |
| 9 | 花篮螺钉钢筋接头 |  | — |

钢筋混凝土结构图是现场支模、绑扎钢筋、浇筑混凝土制作构件的主要依据，一般包括平面图、立面图和断面图，有时还需要画出单根钢筋的详图并列出钢筋表。当构件形状复杂且有预埋件时，还需绘出构件外形图，即模板图。钢筋的常用画法如表10-7所示。

表10-7 钢筋常用画法

| 序 号 | 说 明 | 图 例 |
|---|---|---|
| 1 | 在结构楼板中配置双层钢筋时，底层钢筋弯钩应向上或向左，顶层钢筋则向下或向右 | 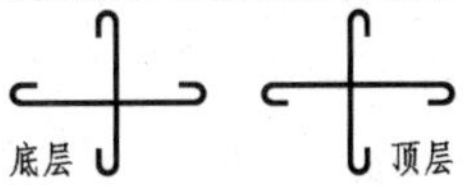 |
| 2 | 钢筋混凝土墙体配双层钢筋时，在配筋立面图中，远面钢筋的弯钩应向上或向左，而近面钢筋的弯钩则向下或向右(JM近面，YM远面) | 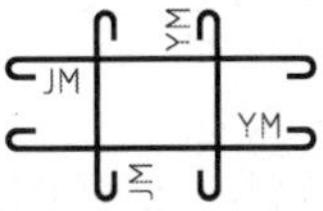 |
| 3 | 若在断面图中不能表达清楚的钢筋布置，应在断面图外面增加钢筋大样图 | 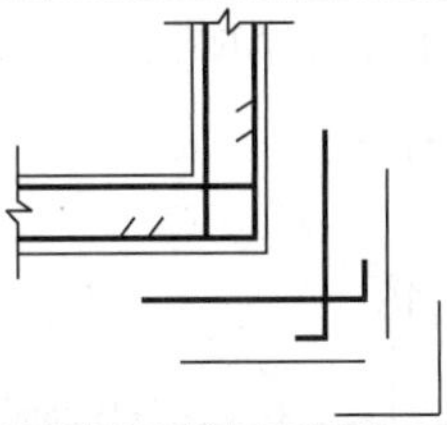 |
| 4 | 图中所表示的箍筋、环筋等若布置复杂时，应加画钢筋大样及说明 | 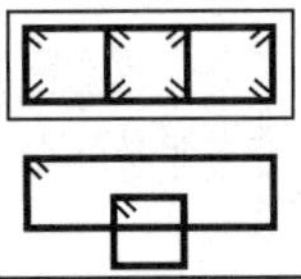 |
| 5 | 每组相同的钢筋、箍筋或环筋，可用一根粗实线表示，同时用一端带斜短画线的横穿细实线表示其钢筋及起止范围 |  |

**2．钢筋的编号及标注方法**

在钢筋混凝土结构图中，为了区分各种类型和不同直径的钢筋，要求对每种钢筋加以编号并在引出线上注明其规格和间距。

(1) 钢筋的编号。在钢筋混凝土构件中，由于钢筋数量较多，为了区别其规格、品种、形状、尺寸，不同的钢筋均应编号。

① 编号次序按钢筋的直径大小和钢筋的主次来分：直径大的编在前面，直径小的编在后面；受力钢筋编在前面，箍筋、架立筋、分布筋等编在后面。

② 钢筋的编号用1、2、3…顺序表示，数字写在直径为5～6 mm的细实线圆圈内，并用引出线引到相应的钢筋上，如图10-3(a)所示；另外也可以在钢筋的引出线上加注字母N，如图10-3(c)所示。

③ 若有几种类型的钢筋投影重合时，可以将几种钢筋的号码并列写出，如图10-3(b)所示。

④ 如果钢筋数量很多，又相当密集，可采用表格法。即在用细实线画的表格内注写钢筋的编号，以表明图中与之对应的钢筋，如图 10-3(d)所示。

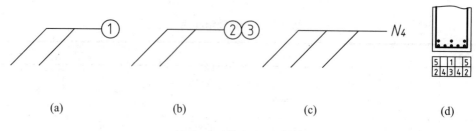

图 10-3　钢筋的编号注法

(2) 钢筋的标注。钢筋的标注方法有两种形式：一是标注内容有钢筋的数量、级别和直径，如图 10-4(a)所示；二是标注内容有级别、直径、等距符号和相邻钢筋的中心间距，如图 10-4(b)所示。

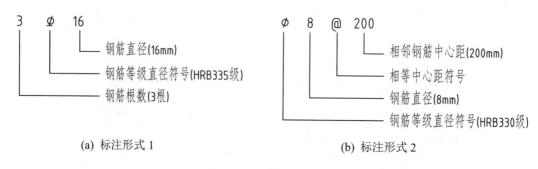

图 10-4　钢筋的标注方法

钢筋编号及标注示例如图 10-5 所示。

### 3. 钢筋成型图

在钢筋结构图中，为了能充分表明钢筋的形状以便于配料和施工，还必须画出每种钢筋加工成型图(钢筋详图)，图中应注明钢筋的符号、直径、根数、弯曲尺寸和下料长度等，如图 10-6 所示。有时为了节省图幅，可把钢筋成型图画成简略图放在钢筋数量表内。

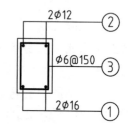

图 10-5　钢筋编号及标注示例

### 4. 钢筋表

在钢筋结构图中，一般还附有钢筋表，内容包括钢筋的编号、直径、每根长度、根数、总长及重量等，必要时可加画钢筋的简略图，如图 10-6 所示。

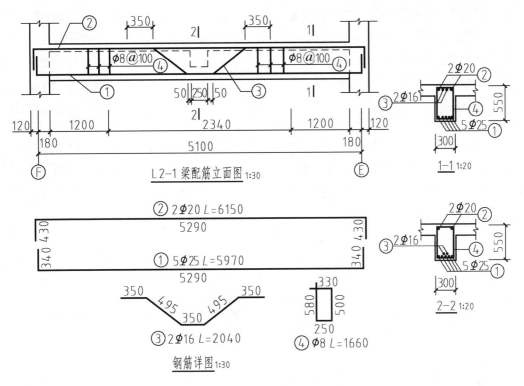

图 10-6 钢筋混凝土梁结构详图

## 10.2.3 识图举例

**1. 钢筋混凝土梁**

梁的结构详图一般包括立面图和断面图。立面图主要表达梁的轮廓尺寸、钢筋位置、编号及配筋情况;断面图则主要表达梁截面形状、尺寸,箍筋形式以及钢筋的位置和数量。断面图剖切位置应选择梁截面尺寸及配筋有变化处。

图 10-6 所示为一钢筋混凝土梁结构详图,内容包括梁配筋立面图、断面图,钢筋详图和钢筋表。立面图上主要表达了梁中所配置钢筋的直径、等级、编号及摆放位置等。1—1、2—2 断面图主要表达了各自断面中钢筋的摆放位置、梁截面尺寸等,如受力筋①号(5ϕ25)

配置在梁的下部，架立筋②号(2Φ20)配置在梁的上部，受力筋③号(2Φ16)是弯起钢筋，因而在1—1和2—2断面图中分别位于上部和下部；梁高为550mm，梁宽为300mm。钢筋详图主要表达了梁中钢筋的形状、长度尺寸等，如①号钢筋端部是直角弯钩，总长为5970mm。钢筋表中列出了各号钢筋的规格、根数等信息，如④号箍筋的直径为8mm，共50根。

### 2. 钢筋混凝土现浇板

钢筋混凝土现浇板结构详图一般可绘在建筑平面图上，主要表达板中钢筋的直径、间距、等级、摆放位置及板的截面高度等情况。如图10-7所示为一现浇钢筋混凝土板配筋详图，图中板的截面高度为90mm，板中受力筋及分布筋的直径、等级、间距、长度尺寸及摆放位置如图所示。

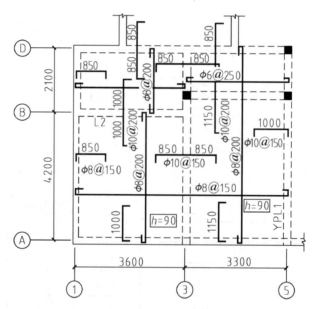

图 10-7 现浇钢筋混凝土板配筋详图

### 3. 钢筋混凝土柱

钢筋混凝土柱是房屋建筑结构中主要的承重构件，其结构详图一般包括立面图和断面图。立面图主要表达柱的高度尺寸、柱内钢筋配置及搭接情况；断面图则主要表达柱子截面尺寸、箍筋形式和受力筋的摆放位置及数量。断面图剖切位置应选择在柱的截面尺寸以及受力筋数量、位置有变化处。

图10-8所示为某住宅楼钢筋混凝土构造柱(GZ)的详图。立面图显示柱高为16.8m，柱截面尺寸为240mm×240mm，柱中配有4根Ⅱ级直径12mm的竖向钢筋，同时配有直径6mm的箍筋，箍筋间距在楼层以上850mm以内为100mm。

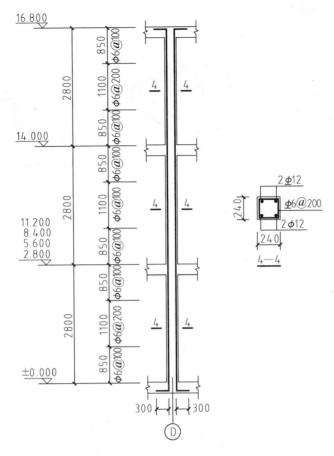

图 10-8 钢筋混凝土构造柱

## 10.3 基 础 图

基础是建筑物在室内地面以下的部分，承受上部荷载并将其传递给地基。

基础的形式取决于上部承重结构的形式和地基情况。在民用建筑中，常见的形式有条形基础(墙基础)和独立基础(柱基础)，如图 10-9 所示。

条形基础埋入地下的墙称为基础墙。当采用砖墙和砖基础时，在基础墙和垫层之间做成阶梯形的砌体，称为大放脚。基础底下天然的或经过加固的土层叫地基，基坑(基槽)是为基础施工而在地面上开挖的土坑，坑底就是基础的底面，基坑边线就是放线的灰线，防潮层是防止地下水对墙体侵蚀而铺设的一层防潮材料，如图 10-10 所示。

基础图是指基础及管沟图，是相对标高±0.000 以下的结构图。基础图是施工时放灰线、开挖基坑、砌筑基础及管沟的重要依据，一般包括基础平面图和基础详图。

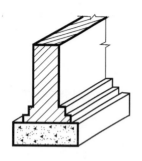 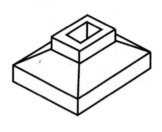 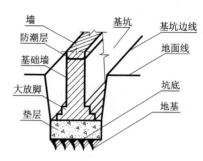

(a) 条形基础　　　　(b) 独立基础

图 10-9　房屋结构的基础形式　　　　图 10-10　大放脚的构造

## 10.3.1　基础平面图

基础平面图是假想用一水平面沿相对标高±0.000 以下与基础之间断开，移去上部结构和周边土层，向下投影所得的剖面图，如图 10-11 所示。基础平面图主要表达基础墙、垫层、留洞及柱、梁等构件布置的平面关系。

### 1．图示内容

基础平面图主要表达以下内容。

(1) 表明基础墙、柱的平面布置，基础底面形状、大小及其与轴线的关系。

(2) 标注基础编号、基础断面图的剖切位置线及其编号。

(3) 标明基础梁的位置、代号。

(4) 要有施工说明，即所用材料的强度等级、防潮层做法、设计依据以及施工注意事项等。

### 2．图示方法

(1) 比例。常用 1∶100、1∶150、1∶200 等比例绘制。

(2) 定位轴线。定位轴线(轴线编号、轴线间尺寸)应与建筑施工图中首层平面图保持一致。

(3) 图线。被剖切到的墙、柱轮廓线，用中粗实线表示；基础底部可见轮廓线用细实线表示；基础梁用粗点画线表示，对其他的细部如砖砌大放脚的轮廓线均省略不画。

(4) 图例。由于基础平面图常采用 1∶100 等比例绘制，被剖切到的基础墙身可不画材料图例，钢筋混凝土柱涂成黑色表示。

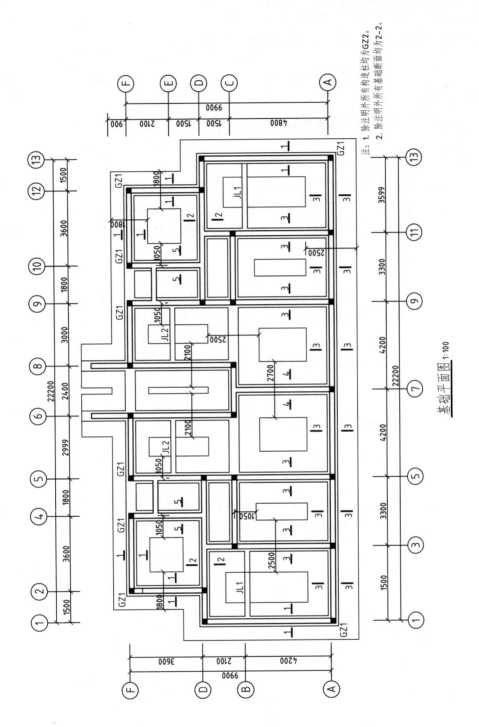

图 10-11 基础平面图

(5) 尺寸标注。根据结构复杂程度一般分两道标注：外面一道表示基础总长和总宽，里面一道表示基础墙轴线间尺寸。管沟部分应注写其细部尺寸。基础平面图中应标注基础剖切断面符号并注出编号。

## 10.3.2 基础详图

在基础平面图中仅表示了基础的平面布置，而基础的形状、大小、构造、材料及埋置深度等均未表示，所以需要画出基础详图作为砌筑基础的依据。

基础详图是用较大比例画出的基础局部构造图，如图 10-12 所示。

### 1. 图示内容

基础详图主要表达基础的尺寸、构造、材料、埋置深度及内部配筋的情况，不同的基础图示方法有所不同。对于条形基础，一般用垂直剖(截)面图表示；对于工业厂房中的独立基础，除了用垂直剖(截)面图表示外，通常还用平面详图表明有关平面尺寸等情况。

### 2. 图示方法

基础详图常用 1∶10、1∶20 的比例绘制，注写图名编号应与基础平面图相一致。基础详图中，与剖切平面相接触的基础轮廓线和钢筋应用粗实线绘制；其他可见轮廓线用中粗实线绘制。详图中应注写基础的轴线及编号，标注室外标高及基础底部标高。尺寸标注除应标注出基础细部尺寸外，还应标注基础总宽度。钢筋配置情况应详细标注，基础防潮层的做法及管沟的做法需用文字加以说明。基础墙及垫层应选择适当图例填充。

## 10.3.3 识图举例

### 1. 基础平面图

图 10-11 所示为某住宅楼的基础平面图，绘图比例为 1∶100，横向轴线为①～⑬，纵向轴线为Ⓐ～Ⓕ。被剖切到的墙体和柱均用粗实线进行绘制，墙身外侧的中粗线为基础墙身宽度，最外侧的中粗线为基础外轮廓线，基础断面剖切符号标注为 1—1、2—2 等，图上还标注了基础梁的布置及编号。

### 2. 基础详图

图 10-12 所示是某住宅楼的基础详图，由基础的 1—1～5—5 断面图可知，该基础为墙下条形基础，由基础圈梁和基础墙三部分组成。基础±0.000 以上为墙体，±0.000 以下布置有基础圈梁，基底标高为-1.900m，各基础外形尺寸及配筋情况如图 10-12 所示。由基础梁 1、2 的断面图可知，基础梁的底面标高亦为-1.900m，和基础同深，基础梁截面尺寸及配筋情况如图 10-12 所示。

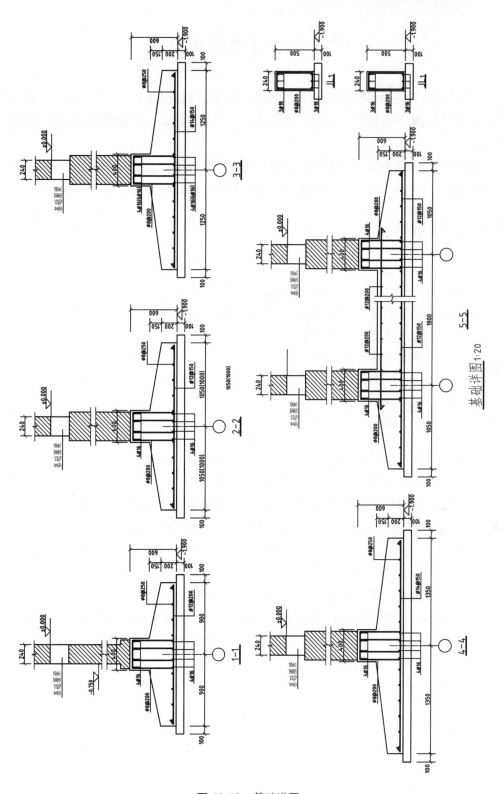

图 10-12 基础详图

## 10.4　楼层结构布置图

楼层结构布置图是用一假想水平面在所要表明的结构层面上部剖开,移去上部结构向下投影而得到的水平投影图,主要表达建筑物楼层结构的梁、板等构件的位置、数量及连接方法。

多层建筑如果有各自不同的楼面结构布置时,可合用一个结构平面图;若为不同的结构布置,则应有各自不同的结构平面图,如图10-13～图10-16所示。

### 10.4.1　图示内容

楼层结构布置图主要表达以下内容。
(1) 表明墙、柱、梁、板等构件的位置及代号和编号。
(2) 确定预制板的跨度方向、数量、型号或编号,以及预留洞的大小及位置。
(3) 标注轴线尺寸及构件的定位尺寸。
(4) 注明详图索引符号及剖切符号。
(5) 注写文字说明等。

### 10.4.2　图示方法

(1) 比例。楼层结构布置图常用1∶50、1∶100等比例绘制。
(2) 定位轴线。定位轴线及编号应与建筑平面图保持一致。
(3) 图线。在楼层结构平面布置图中,被剖切到的墙、柱等轮廓用粗实线绘制;被楼板挡住的墙、柱轮廓用中虚线表示;用细实线绘制楼板平面布置情况。
(4) 柱、梁、板的表达。被剖切到的钢筋混凝土柱断面涂黑表示,并注写其代号和编号;楼板下不可见的梁可画虚线并注写其代号,也可用粗点画线表示;板的布置通常是用对角线(细实线)来表示其位置的,并注写其代号及编号。
(5) 尺寸标注。楼层结构布置图尺寸应标注两道:外面一道标注楼板结构总长,内部一道标注轴线间尺寸。预制楼板应注写出分布区域及编号,而现浇楼板则应详细注写出钢筋配置情况,同时该布置图还应注写楼层标高。

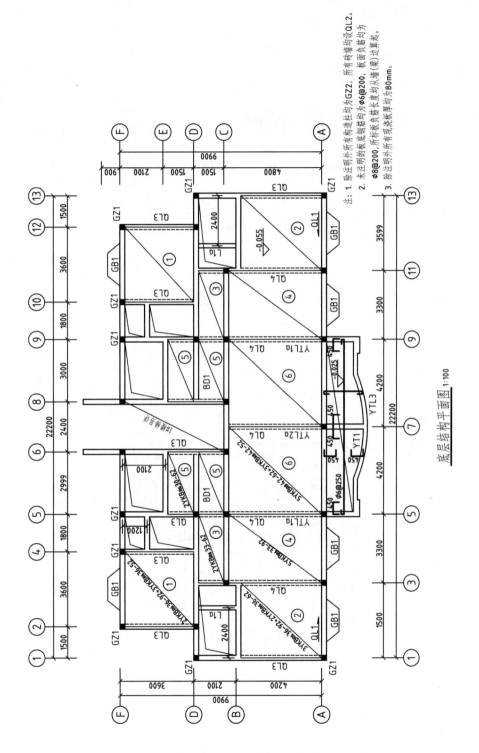

图 10-13 底层结构平面图

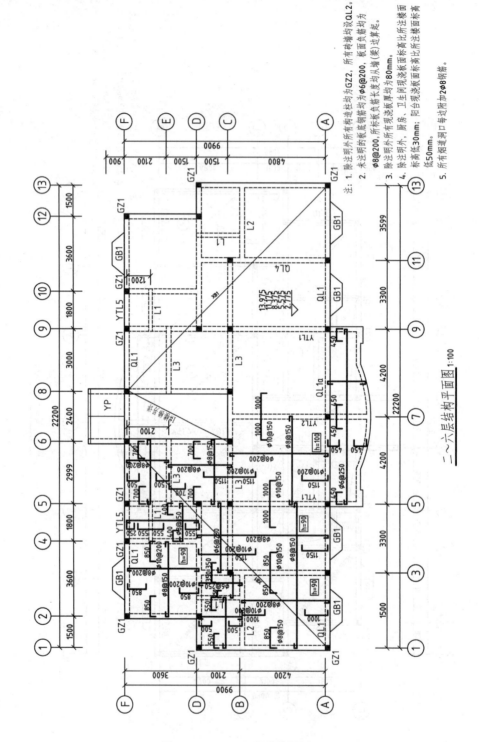

图 10-14 二～六层结构平面图

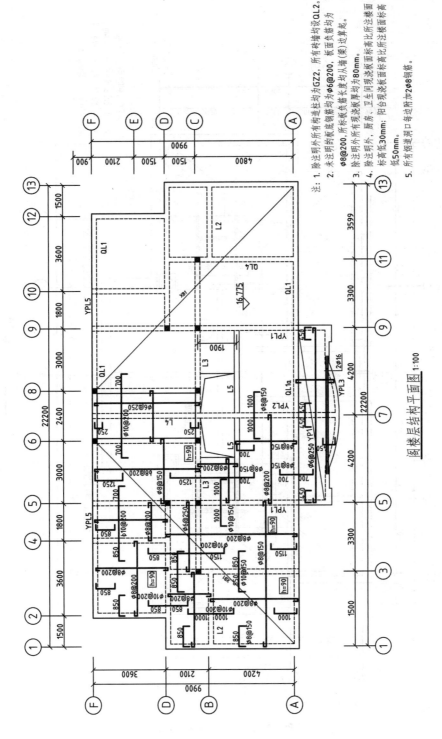

图 10-15 阁楼层结构平面图

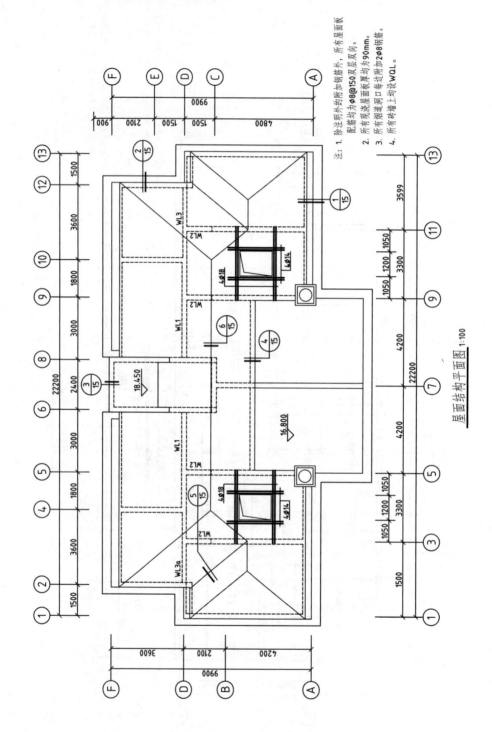

图 10-16 屋面结构平面图

## 10.4.3 识图举例

图 10-13 所示为某住宅楼的底层结构平面布置图,绘图比例为 1∶100。图上被剖切到的钢筋混凝土柱断面涂黑表示,并注写其代号,如 GZ1;楼板下不可见梁用虚线表示,如 QL4;预制空心板标注可简化,如③～⑤和Ⓐ～Ⓒ的楼板沿对角线注写成 $5YKB_R 6 33—92$ 并编号为④,表明该区域布置情况。局部现浇板可直接在布板位置画详图,如阳台部位;也可注写其代号另画详图,如 BD1。

图 10-14～图 10-15 所示为二～六层及阁楼层结构平面图,绘图比例均为 1∶100。与底层结构平面图不同的是,二层以上的每层楼板均为现浇钢筋混凝土板,因此其布置图上注出了板的厚度、配筋及板的布置方式。

除此之外,其他结构平面图还有屋面结构平面图。屋面结构平面图与楼层结构平面布置图基本相同,由于屋面排水的需要,屋面承重构件可根据需要按一定坡度布置。识读时,应注意屋顶上人孔及烟道的布置。

图 10-16 所示为屋面结构平面图,绘图比例为 1∶100。该屋面结构为现浇混凝土屋面板找坡的坡屋顶,屋顶开设天窗,周围的钢筋布置情况如图所示;另外该图还注明了屋面各部分的标高。屋面板的详细构造另见详图。

## 10.5 楼梯结构图

楼梯结构图是表达楼梯的类型、尺寸、配筋构造等情况的图样,包括楼梯结构平面图和楼梯结构剖面图,如图 10-17、图 10-18 所示。

### 10.5.1 图示内容及方法

**1. 楼梯结构平面图**

楼梯结构平面图常用 1∶50 的比例绘制,其中墙、柱轮廓线用中粗实线绘制;现浇板中配置的钢筋用粗实线绘制;遮住的梯梁用中虚线绘制,其他可见轮廓线用中实线绘制。楼梯结构平面图应标注出楼梯间的定位轴线的编号及尺寸,同时还应标注出楼梯休息平台的标高。图中的梁和板均应用相应代号表示(如 PTL 平台梁、TB 梯板等),另外应用剖切符号注出楼梯剖切位置并予以编号。

**2. 楼梯结构剖面图**

楼梯结构剖面图常用 1∶20、1∶30 等比例绘制。剖面图中只需画出被剖切的部分,其中与剖切面接触的梯段轮廓线用中粗实线绘制,内部配置的钢筋用粗实线绘制。标注时除应注出钢筋的配置情况,还应标出梯段的水平与竖直尺寸以及楼梯平台的标高。

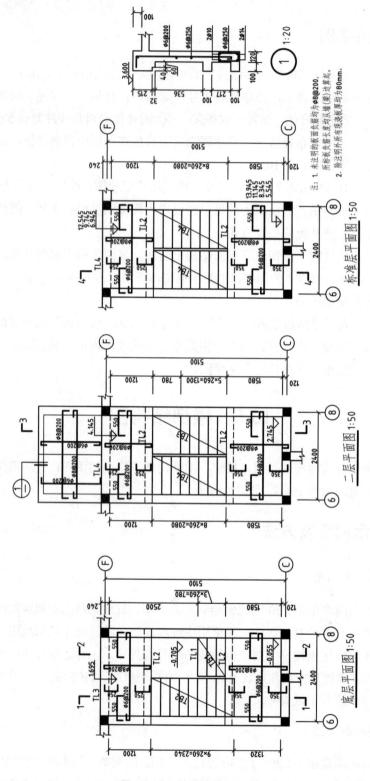

图 10-17 楼梯结构平面图

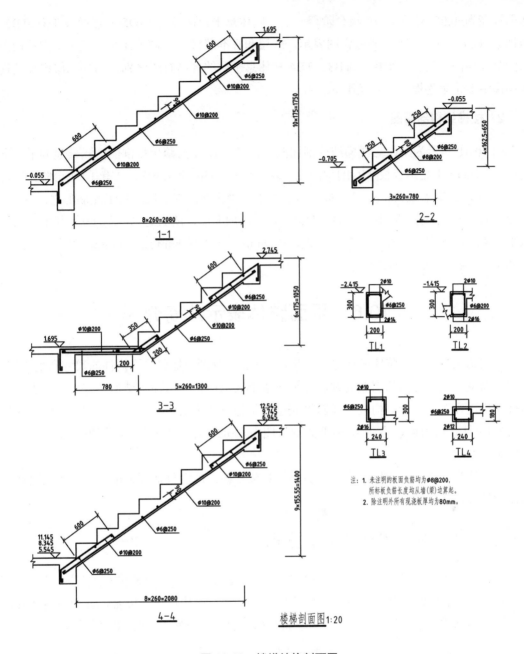

图 10-18 楼梯结构剖面图

## 10.5.2 识图举例

**1. 楼梯结构平面图**

图 10-17 所示为某住宅楼梯结构平面图,绘制比例为 1∶50。由楼梯底层平面图可以看出楼梯间位于⑥~⑧与ⓒ~ⓕ轴线间,由地面标高-0.705m 开始,经三个台阶至第一层楼

地面标高为-0.055m，再经10级台阶至一层中间休息平台标高为1.695m；楼梯段TB1、TB2，楼梯梁TL1、TL2、TL3另有详图表示。二层和标准层楼梯结构平面图与底层楼梯结构平面图基本相同，只有两个梯段TB3、TB4和休息平台的标高有所区别，另外二层楼梯结构平面图中多了雨篷板的尺寸及配筋。

### 2. 楼梯结构剖面图

图10-18所示为某住宅楼梯结构剖面图，1—1～4—4为踏步板剖面图，其他为平台梁剖面图。图1—1是踏步板$TB_2$的剖面图，表示从-0.055m至1.695m共有10个台阶，每阶高175mm，踏步宽260mm，踏步板和上、下平台梁相连，图中还注写了配筋形式；图2—2、3—3、4—4分别是踏步板TB3、TB4、TB1的剖面图，所表达内容与1—1基本相同。从平台梁剖面图中可以看出，平台梁梁宽240mm，梁高300mm或180mm，平台梁的配筋如图10-18中的TL1～TL4所示。

## 10.6 平面整体表示法简介

结构施工图的平面整体表达方法，简称"平法"制图，是把结构构件的尺寸和配筋等，按照平面整体表示方法的制图规则，整体直接地表示在各类构件的结构布置平面图上，再与标准构造详图相配合，构成一套新型完整的结构设计施工图。"平法"改变了传统的那种将构件(柱、剪力墙、梁)从结构平面设计图中索引出来，再逐个绘制模板详图和配筋详图的烦琐办法。

"平法"适用的结构构件为柱、剪力墙和梁三种。内容包括两大部分，即平面整体表示图和标准构造详图。

### 10.6.1 "平法"设计的注写方式

在平面布置图上表示各构件尺寸和配筋的方式，分为平面、列表和截面三种注写方式。

按平法设计绘制结构施工图时，应将所有柱、墙、梁构件进行编号，并用表格或其他方式注明各结构层楼(地)面标高、结构层高及相应的结构层号，如图10-19所示。

#### 1. 柱"平法"施工图的制图规则及示例

柱平面布置图可以采用列表注写方式或截面注写方式绘制柱的配筋图，它可以将柱的配筋情况直观地表达出来。这两种绘图方式均要对柱按其类型进行编号，编号由类型代号和序号组成，如表10-8所示。

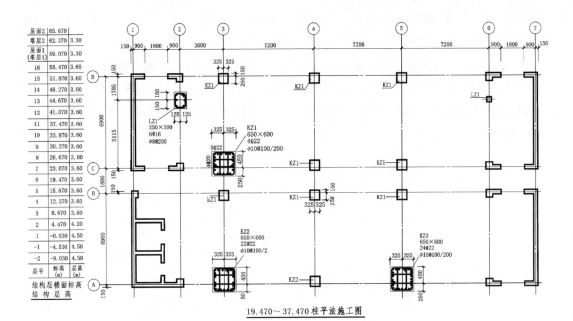

图 10-19 柱"平法"施工图的截面注写方式

表 10-8 "平法"施工图中的柱编号

| 柱类型 | 代号 | 序号 |
|---|---|---|
| 框架柱 | KZ | ×× |
| 框支柱 | KZZ | ×× |
| 梁上柱 | LZ | ×× |
| 剪力墙上柱 | QZ | ×× |

例如，KZ10 表示第 10 种框架柱，而 QZ03 表示第 3 种剪力墙上柱。

(1) 列表注写方式。在柱平面布置图上，分别在同一编号的柱中选择一个或几个界面标注几何参数代号(反映截面对轴线的偏心情况)，用简明的柱表注写柱号、柱段起止标高、几何尺寸(含截面对轴线的偏心情况)与配筋数值，并配以各种柱截面形状及箍筋类型图。柱表中自柱根部(基础顶面标高)往上以变截面位置或配筋改变处为界分段注写，具体注写方法详见《平法规则》。

(2) 截面注写方式。如图 10-19 所示，截面注写方式省去柱表，在分标准层绘制的柱平面布置图上，分别在同一编号的柱中选择一个截面，直接在截面边上标注截面尺寸和配筋的数值。柱的配筋平面图采用双比例绘制，并在图上列表注明各柱段的断面和配筋情况，各柱断面在柱所在的平面位置上放大了，以便表达其定位尺寸和标注配筋，如图 10-19 中的 KZ1、KZ2、KZ3。

**2. 梁"平法"施工图的制图规则及示例**

梁"平法"施工图是将梁按一定规律编写代号，并将各种代号梁的配筋直径、数量、位置和代号一起写在梁平面布置图上,直接在平面图中表达清楚,不再单独地画出梁的配筋剖面图。表达方法主要有平面注写方式和截面注写方式两种。

平面注写方式是在梁平面布置图上,分别在不同编号的梁中各选一根梁,在其上以注写截面尺寸和配筋具体数值的方式来表达梁平法施工图,包括集中标注和原位标注。

集中标注表达梁的通用数值,原位标注表达梁的特殊数值,原位标注取值优先,如图 10-20 所示。

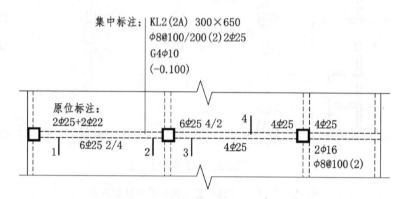

图 10-20　平面注写方式

图 10-21 所示为采用传统表示方法绘制的四个梁截面配筋图。

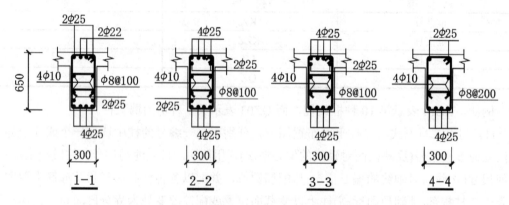

图 10-21　传统方法绘制的梁截面配筋图

集中标注有梁的编号、梁截面、梁箍筋、梁贯通筋或架立筋、梁顶面标高高差。而梁编号则是由梁类型、代号、序号、跨数及有无悬挑代号几项组成,应符合表 10-9 中的规定。

如果集中标注中有贯通筋时,则原位标注中的负筋数包含通长筋的数。原位标注概括地说分两种:标注在柱子附近处,且在梁上方,是承受负弯矩的箍筋直径和根数,其钢筋布置在梁的上部;标注在梁中间且下方的钢筋,是承受正弯矩的,其钢筋布置在梁的下部。

表 10-9　梁的编号

| 梁类型 | 代号 | 序号 | 跨数及是否带有悬挑 |
|---|---|---|---|
| 楼层框架梁 | KL | ×× | (××)、(××A)或(××B) |
| 屋面框架梁 | WKL | ×× | (××)、(××A)或(××B) |
| 框支架 | KZL | ×× | (××)、(××A)或(××B) |
| 非框架梁 | L | ×× | (××)、(××A)或(××B) |
| 悬挑梁 | XL | ×× | — |
| 井字梁 | JZL | ×× | (××)、(××A)或(××B) |

## 10.6.2　梁"平法"标注规则

**1. 梁集中标注规则**

梁集中标注的内容，有五项必注值及一项选注值，具体规定如下。

第一项：梁编号，如图 10-20 中的 KL2(2A)，2 号框架梁，2 跨一端有悬挑。

第二项：梁截面尺寸 $b \times h$ (宽×高)，如图 10-20 中的 300×650。

第三项：梁箍筋，包括钢筋级别、直径、加密区与非加密区间距及肢数，如图 10-20 中的 $\phi 8@100/200(2)$，一级钢筋 2 肢箍，加密区间距 100mm，非加密区间距 200mm。

第四项：梁上部贯通筋或架立筋，如图 10-20 中的 $2\phi 25$，2 根直径 $\phi 25$ 的一级构造钢筋。

第五项：梁侧面纵向构造钢筋或受扭钢筋，如图 10-20 中的 $G4\phi 10$，4 根 $\phi 10$ 侧面构造筋。

第六项：梁顶面标高高差，如图 10-20 中的-0.100 表示梁顶面的高差为负 0.1m。

**2. 梁原位标注方法规则**

(1) 梁支座上部纵筋。

① 当上部纵筋多于一排时，用斜线"/"将各排纵筋自上而下分开，如图 10-20 中 $6\phi 25$ 4/2。

② 当同排纵筋有两种直径时，用加号"+"将两种直径相连，注写时将角部纵筋写在前面，如图 10-20 中 $2\phi 25+2\phi 22$。

③ 当梁中间支座两边的上部纵筋不同时，须在支座两边分别标注。

(2) 附加箍筋或吊筋。附加箍筋和吊筋可直接画在平面图中的主梁上，用线引注总配筋值，如图 10-20 所示。当多数附加箍筋或吊筋相同时，可在梁平法施工图上统一注明，少数与统一注明值不同时，再原位引注。

注意：当在梁上集中标注的内容不适用于某跨或某悬挑部分时，则将其不同数值原位标注在该跨或该悬挑部位，施工时应按原位标注数值取用。

梁集中标注和原位标注的注写位置及内容如图10-22所示。

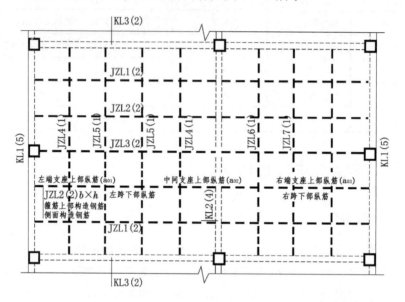

图 10-22  梁"平法"集中标注和原位标注位置

图10-23为梁"平法"施工图平面注写实例。

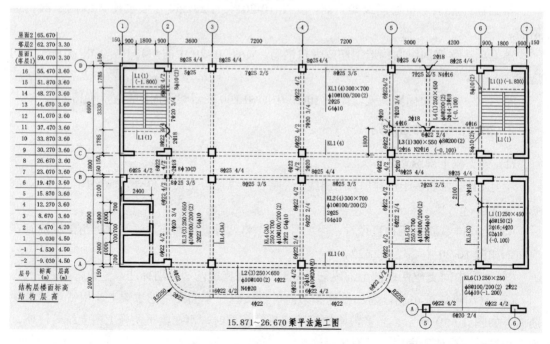

图 10-23  楼层梁"平法"施工图

# 第 11 章　给水排水施工图

**本章要点**

- 给水排水施工图的分类及一般规定。
- 给水排水施工图的图示内容、方法及识读。

**本章难点**

给水排水施工图的识读。

## 11.1　概　　述

给水排水工程是现代化城市及工矿建设中必要的市政基础工程，分为给水工程和排水工程。

给水工程是为满足城镇居民生活和工业生产等需要，从水源取水，将水净化处理后，经输配水系统送往用户，直至到达每一个用水点的一系列构筑物、设备、管道及其附件所组成的工程设施。给水工程可分为室外给水工程和室内给水工程。

排水工程是与给水工程相配套，用来汇集、输送、处理和排放生活污水、生产污水及雨、雪水的工程设施。排水工程也可分为室内排水工程和室外排水工程。

### 11.1.1　给水排水施工图的分类

给水排水施工图一般分为室内给水排水施工图和室外给水排水施工图。

**1．室内给水排水施工图**

室内给水排水施工图是表示一幢建筑物内部的卫生器具、给水排水管道及其附件的类型、大小与房屋的相对位置和安装方式的施工图，其内容包括室内给水排水平面图、系统轴测图、安装详图和施工说明等。

**2．室外给水排水施工图**

室外给水排水施工图表示的范围比较广，既可表示一幢建筑物外部的给水排水工程，也可表示一个厂区(建筑小区)或一个城市的给水排水工程。其具体内容如下。

(1) 室外给水排水管道施工图。室外给水排水管道施工图是指城市或村镇的居住区和工矿企业厂区的给水排水管道施工图，包括给水排水管道平面图、纵断面图和有关的安装详图。

(2) 水处理工艺设备图。水处理工艺设备图是指给水厂、污水处理厂的平面布置图，水处理设备图(如沉淀池、过滤池、曝气池、消化池等全套设计图)及流程图等。

## 11.1.2 给水排水施工图的有关规定

为保证制图质量，并符合设计、施工及存档等要求，绘制给水排水施工图应遵守《房屋建筑制图统一标准》(GB/T 50001—2010)和《建筑给水排水制图标准》(GB/T 50106—2010)的有关规定。

### 1. 图线

给水排水施工图中各种图线的用法如表11-1所示。

表11-1 给水排水施工图的图线用法

| 名 称 | 线 型 | 线 宽 | 用 途 |
|---|---|---|---|
| 粗实线 | ———— | $b$ | 新设计的各种排水和其他重力流管线 |
| 粗虚线 | — — — — | $b$ | 新设计的各种排水和其他重力管线的不可见轮廓线 |
| 中粗实线 | ———— | $0.7b$ | 新设计的各种给水和其他压力流管线原有的各种排水和其他重力流管线 |
| 中粗虚线 | — — — — | $0.5b$ | 新设计的各种给水和其他压力流管线及原有的各种排水和其他重力流管线的不可见轮廓线 |
| 中实线 | ———— | $0.5b$ | 给水排水设备、零(附)件的不可见轮廓线；总图中新建的建筑物和构筑物的可见轮廓线；原有的各种给水和其他压力流管线 |
| 中虚线 | — — — — | $0.25b$ | 给水排水设备、零(附)件的可见轮廓线；总图中新建的建筑物和构筑物的可见轮廓线；原有的各种给水和其他压力流管线 |
| 细实线 | ———— | $0.25b$ | 建筑的可见轮廓线；总图中原有的建筑物和构筑物的可见轮廓线；制图中的各种标注线 |
| 细虚线 | — — — — | $0.25b$ | 建筑的不可见轮廓线；总图中原有的建筑物和构筑物的不可见轮廓线 |
| (单)点画线 | —·—·— | $0.25b$ | 中心线、定位轴线 |
| 折断线 | —/\/\— | $0.25b$ | 断开界线 |
| 波浪线 | ～～～ | $0.25b$ | 平面图中水面线；局部构造层次范围线；保温范围示意线 |

## 2. 比例

给水排水施工图的比例应根据管道和卫生器具布置的复杂程度和画图需要进行选择，常用比例如表 11-2 所示。

表 11-2　给水排水施工图常用比例

| 名　称 | 比　例 | 备　注 |
| --- | --- | --- |
| 区域规划图、区域位置图 | 1∶50000、1∶25000、1∶10000、1∶5000、1∶2000 | 宜与总图专业一致 |
| 总平面图 | 1∶1000、1∶500、1∶300 | 宜与总图专业一致 |
| 管道纵断面图 | 竖向 1∶200、1∶100、1∶50<br>纵向 1∶1000、1∶500、1∶300 | — |
| 水处理厂(站)平面图 | 1∶500、1∶200、1∶100 | — |
| 水处理构筑物、设备间、卫生间、泵房平、剖面图 | 1∶100、1∶50、1∶40、1∶30 | — |
| 建筑给水排水平面图 | 1∶200、1∶150、1∶100 | 宜与建筑专业一致 |
| 建筑给水排水轴测图 | 1∶150、1∶100、1∶50 | 宜与相应图纸一致 |
| 详图 | 1∶50、1∶30、1∶20、1∶10、1∶5、1∶2、1∶1、2∶1 | — |

## 3. 标高

标高的标注方法应符合以下规定。

(1) 标高单位为 m，可注写到小数点后第二位。

(2) 标注位置。应在管道的起始点、变径(尺寸)点、变坡点、穿外墙及剪力墙等处标注标高。压力管道宜标注管中心标高；重力流管道和沟渠宜标注管(沟)内底标高。

(3) 标高种类。室内管道应标注相对标高；室外管道宜标注绝对标高，当无绝对标高资料时可标注相对标高，但应与总图专业一致。

(4) 标注方法。平面图、剖面图、轴测图中管道分别按如图 11-1 所示的方式标注。

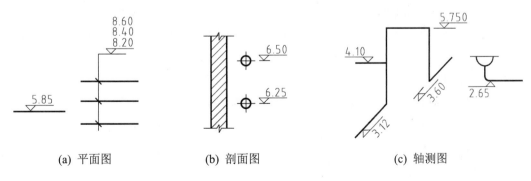

(a) 平面图　　(b) 剖面图　　(c) 轴测图

图 11-1　标高标注法

### 4. 管径

管径的表达方式应符合以下规定。

(1) 管径单位为 mm。

(2) 表达方法。水煤气输送钢管(镀锌或非镀锌)、铸铁管等管材，管径宜以公称直径 $DN$ 表示；无缝钢管、焊接钢管(直缝或螺旋缝)等管材，管径宜以外径 $D×$壁厚表示；铜管、薄壁不锈钢管等管材，管径宜以公称外径 $D_w$ 表示；建筑给水排水塑料管材，管径宜以公称外径 $d_n$ 表示；钢筋混凝土(或混凝土)管，管径宜以内径 $d$ 表示；复合管、结构壁塑料管等管材，管径应按产品标准的方法表示。

(3) 标注位置。管径在图纸上一般标注在管径变径处，水平管道标注在管道上方；斜管道标注在管道斜上方；立管道标注在管道左侧，如图11-2所示。当管径无法按上述位置标注时，可另找适当位置标注。多根管线的管径可用引出线进行标注，如图11-3所示。

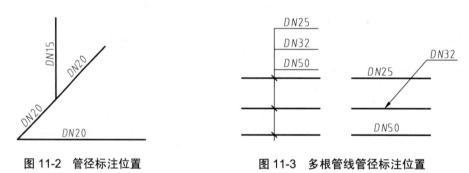

图 11-2　管径标注位置　　　　图 11-3　多根管线管径标注位置

### 5. 管道编号

应按以下规定对管道进行编号。

(1) 一般给水管道用字母 J 表示；污水管及排水管道用字母 W、P 表示；雨水管道用字母 Y 表示。

(2) 当建筑物的给水引入管或排水排出管的数量超过 1 根时，应进行编号，方法如下：在直径为 10～12mm 的圆圈内，过圆心画一水平线，线上标注管道种类，如给水系统写"给"或汉语拼音字母 J，线下标注编号，用阿拉伯数字书写，如图11-4所示。

(3) 建筑物内穿越楼层的立管，其数量超过 1 根时，也应用拼音字母和阿拉伯数字为管道进出口编号，如图11-5所示。"WL-1"为1号污水立管。

(4) 在总图中，当同种给水排水附属构筑物(如阀门井、检查井、水表井、化粪池等)的数量超过一个时，也应进行编号。给水阀构筑物的编号顺序宜从水源到干管，再从干管到支管，最后到用户；排水构筑物的编号顺序宜应从上游到下游，先干管后支管。

### 6. 管道连接方式

常用的管道连接方式有法兰连接、承插连接、螺纹连接和焊接等方式，其连接符号见

表 11-3。

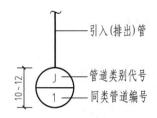

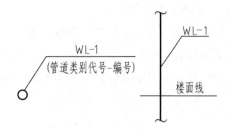

图 11-4 给水引入(污水排出)管编号方法　　图 11-5 立管编号方法

表 11-3 管道连接

| 序 号 | 名 称 | 图 例 | 说 明 |
|---|---|---|---|
| 1 | 法兰连接 |  | — |
| 2 | 承插连接 |  | — |
| 3 | 活接头 |  | — |
| 4 | 管堵 |  | — |
| 5 | 法兰堵盖 |  | — |

## 11.2 室内给水排水施工图

室内给水排水施工图是表示一幢建筑物内部的卫生器具、给水排水管道及其附件的类型、大小与房屋的相对位置和安装方式的施工图，其内容包括室内给水排水平面图、给水排水系统图、安装详图和施工说明等。

### 11.2.1 室内给水施工图

**1. 室内给水系统的组成与分类**

室内给水系统根据供水对象的不同，可分为生产、生活和消防三种给水系统。在一幢建筑物内并不一定单独设置三个独立的给水系统，而往往是设置生产与生活、生产与消防、生活与消防或三者并用的给水系统。

室内给水系统由以下几个基本部分构成(见图 11-6)。

(1) 引入管。穿过建筑物外墙或基础，自室外给水管将水引入室内给水管道的水平管。引入管应有不小于 0.003 的坡度，坡向室外管网。

(2) 水表节点。需要单独计算用水量的建筑物，应在引入管上装设水表，有时可根据需要在配水管上装设水表。水表一般设置在易于观察的室内或室外水表井内,水表井内设有闸阀、水表及泄水阀门等。

(3) 配水管网。由水平干管、立管、支管等组成的管道系统。

(4) 配水器具与附件。卫生器具配水龙头、用水设备、阀门、止回阀等。

(5) 升压设备。当室外管网压力不足时,所设置的水箱和水泵等设备。

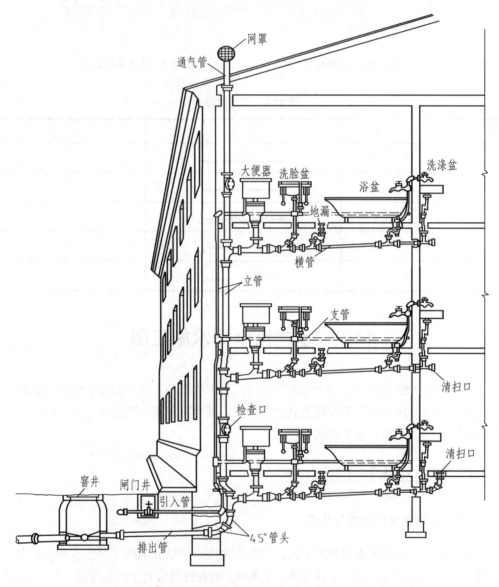

图 11-6 室内给水(排水)系统的组成

## 2. 室内给水系统平面图

(1) 图示内容。室内给水系统平面图主要表明建筑物内给水管道及用水设备的平面布置情况,主要包括以下内容。

① 室内用水设备的类型、数量及平面位置。
② 室内给水系统中各个干管、立管、支管的平面位置、走向、立管编号和管道的安装方式(明装或暗装)。
③ 管道器材设备如阀门、消火栓等的平面位置。
④ 给水引入管、水表节点的平面位置、走向及与室外给水管网的连接(底层平面图)。
⑤ 管道及设备安装预留洞的位置、预埋件、管沟等方面对土建的要求等。
(2) 图示方法。
① 比例。给水管道平面图的比例一般采用与建筑平面图相同的比例，常用 1：100，必要时也可采用 1：50、1：200、1：150 等。
② 数量。多层建筑物的给水系统平面图，原则上应分层绘制。对于管道系统和用水设备布置相同的楼层平面可以绘制一个平面图——标准层给水系统平面图，但底层给水系统平面图必须单独画出。当屋顶设有水箱及管道时，应画出屋顶平面图，如果管道布置不复杂时，可在标准层平面图中用双点画线画出水箱的位置。

底层给水系统平面布置图应画出整幢房屋的建筑平面图，其余各层可仅画出布置有管道的局部平面图。

③ 房屋平面图。在管道平面图中所画的房屋平面图，仅作为管道系统及用水设备各组成部分平面布置和定位的基准，因此表示房屋的墙、柱、门窗、楼梯等均用细实线绘制。
④ 用水设备。用水设备中的洗脸盆、大便器等都是工业产品，不必详细表示，可按规定图例画出；而现浇的用水设备，其详图由建筑专业绘制，在给水系统平面图中仅画出其主要轮廓即可。

常用的室内给水排水图例如表 11-4～表 11-6 所示。

表 11-4　管道与附件图例

| 序号 | 名称 | 图例 | 说明 |
| --- | --- | --- | --- |
| 1 | 单一管道 | ——————— | 一张图内只有一种管道 |
| 2 | 代号管道 | ——— J ———<br>——— P ———<br>——— Y ——— | 用汉语拼音字头表示管道类别 |
| 3 | 图例管道 | 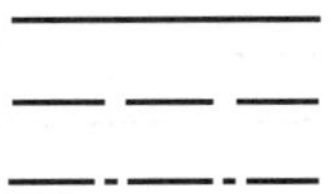 — — — —<br>—··—··— | 用不同线形区分管道类别 |
| 4 | 管道立管 | 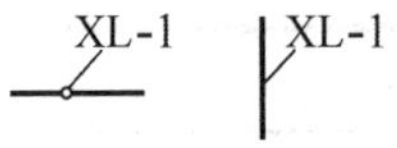 XL-1　XL-1 | 左为平面图，右为系统图<br>X 为管道类别代号，L 为立管代号，1 为编号 |
| 5 | 存水弯 | 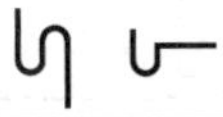  | 左为 S 弯，右为 P 弯 |

续表

| 序号 | 名称 | 图例 | 说明 |
|---|---|---|---|
| 6 | 立管检查口 | 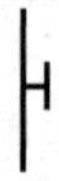 | — |
| 7 | 清扫口 |  | 左图为平面图，右图为系统图 |
| 8 | 通气帽 |  | 左为伞形帽，右为球网罩 |
| 9 | 图形地漏 | 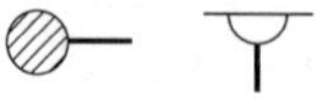 | 左为平面图，右为系统图<br>通用。无水封，地漏应加存水弯 |
| 10 | 自动冲洗水箱 | 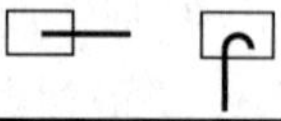 | 左为平面图，右为系统图 |

表 11-5　阀门图例

| 序号 | 名称 | 图例 | 说明 |
|---|---|---|---|
| 1 | 闸阀 |  | — |
| 2 | 角阀 | 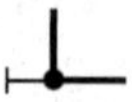 | — |
| 3 | 截止阀 | 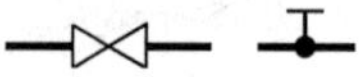 | 右图在系统图中用得较多 |
| 4 | 蝶阀 | 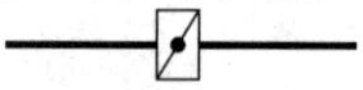 | — |
| 5 | 电动闸阀 | 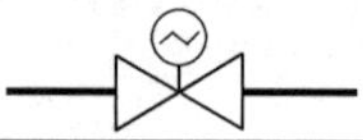 | — |
| 6 | 旋塞阀 | 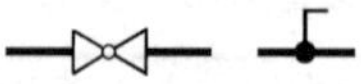 | 右图在系统图中用得较多 |
| 7 | 球阀 |  | — |
| 8 | 止回阀 | 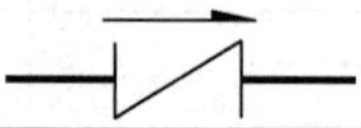 | 箭头表示水流方向 |
| 9 | 浮球阀 | 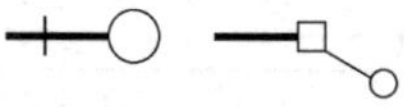 | — |
| 10 | 疏水器 |  | 左下向右上画 45°斜线 |

表 11-6　卫生器具等图例

| 序号 | 名称 | 图例 | 说明 |
|---|---|---|---|
| 1 | 洗脸盆 | 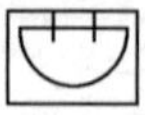 | — |
| 2 | 浴盆 | 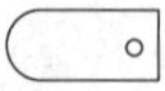 | — |

续表

| 序号 | 名称 | 图例 | 说明 |
|---|---|---|---|
| 3 | 盥洗盆 | 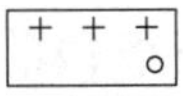  | — |
| 4 | 污水池 |   | — |
| 5 | 大便器 |   | 左图蹲式,右图坐式 |
| 6 | 小便槽 | 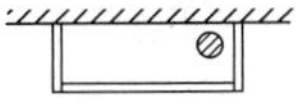  | — |
| 7 | 淋浴喷头 |   | 左为平面图,右为立体图或系统图 |
| 8 | 矩形化粪池 | 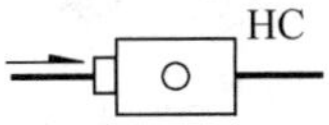  | HC 为化粪池代号 |
| 9 | 雨水口 |   | 左为单箅,右为双箅 |
| 10 | 阀门井、检查井 | 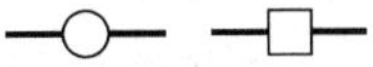  | 阀门井为圆形、检查井为方形 |

⑤ 管道。

a. 给水系统平面图是水平剖切房屋后的水平投影。各种管道不论在楼面(地面)之上或之下,都不考虑其可见性,即每层平面图中的管道均以连接该层用水设备的管路为准,而不是以楼层地面为分界。如属本层使用,但安装在下层空间的排水管道,均绘于本层平面图上。

b. 一般将给水系统和排水系统绘制于同一平面图上,这对于设计和施工以及识读都比较方便。

c. 由于管道连接一般均采用连接配件,往往另有安装详图。平面图中的管道连接均为简略表示,具有示意性。

⑥ 系统编号。在底层管道平面图中,各种管道均要按系统进行编号。系统的划分,一般给水管道以每一个引入管为一个给水系统,排水管道以每一个排出管为一个排水系统。系统的编号方法如图 11-4 所示。

⑦ 尺寸标注。

a. 在给水排水管道平面图中应标注墙或柱的轴线尺寸,以及室内外地面和各层楼面的标高。

b. 卫生器具和管道一般是沿墙或靠柱设置的,不必标注定位尺寸(一般在施工说明中写出),必要时,以墙面或柱面为基准标注尺寸。卫生器具的规格可标注在引出线上,或在施工说明中说明。

c. 管道的管径、坡度和标高均标注在管道的系统图中,在管道的平面图中不必标出。

d. 管道长度尺寸用比例尺从图中量出近似尺寸,在安装时则以实测尺寸为准,所以在管道平面图中也不标注管道的长度尺寸。

### 3. 室内给水管道系统图

(1) 图示内容。室内给水系统图是给水排水工程施工图中的主要图纸，表示给水管道系统在室内的具体走向，干管的敷设形式，各管段的管径及变化情况，引入管、干管、各支管的标高，以及各种附件在管道上的位置。

(2) 图示方法。

① 轴向选择。管道系统轴测图一般采用正面斜等轴测图绘制。$OX$ 轴处于水平方向，$OY$ 轴一般与水平线呈 45° 夹角(也可以呈 30° 或 60° 夹角)，$OZ$ 轴处于铅垂方向。三个轴向伸缩系数均为 1。

② 比例。管道系统图比例一般采用与管道平面图相同的比例，当管道系统比较复杂时，也可以放大比例；当采用与平面图相同的比例时，$OX$、$OY$ 轴向的尺寸可直接从平面图上量取，$OZ$ 轴向的尺寸可依层高和设备安装高度量取。

③ 系统图的数量。系统图的数量按给水引入管和污水排出管的数量而定，每一管道系统图的编号都应与管道平面图中的系统编号相一致。

④ 管道。管道的画法与平面图一样，给水管道用粗实线表示，给水管道上的附件(如闸阀、水龙头等)用图例表示，用水设备可不画；当空间交叉管道在图中相交时，在相交处将被挡在后面或下面的管线断开；当各层管道布置相同时，不必层层重复画出，只需在管道省略折断处标注"同某层"即可，各管道连接的画法具有示意性；当管道过于集中、无法表达清楚时，可将某些管段断开，移至别处画出，在断开处给以明确标记。

⑤ 墙和楼、地面的画法。在系统图中还应画出被管道穿过的墙、柱、地面、楼面和屋面的位置，一般用细实线画出即可，其表示方法如图 11-5 中所示。

⑥ 尺寸标注。

a. 管径。系统图中所有管段均需标注管径，当连续几段管段的管径相同时，可仅标注管段两端的管径，中间管段管径可省略。直径用公称直径 $DN$ 表示。

b. 标高。室内管道系统图中标注的标高是相对标高。给水管道系统图中标注的标高是管中心标高，一般要注出横管、阀门、水龙头和水箱各部位的标高。此外，还要标注室内地面、室外地面、各层楼面和屋面的标高。

c. 凡有坡度的横管都要标注出其坡度。一般室内给水横管没有坡度，室内排水横管有坡度。

⑦ 图例。平面图和系统图应列出统一的图例，其大小要与平面图中的图例大小相同。

## 11.2.2 室内排水施工图

### 1. 室内排水系统的组成与分类

室内排水系统，根据排水性质的不同可分为生活污水系统、工业废水系统和雨水管道系统。室内排水体制分为分流制和合流制：分流制是分别单独设置生活污水、工业废水和雨水管道系统；合流制是将其中任意两种或三种管道系统组合在一起。

室内排水系统一般由以下几个基本部分组成。

(1) 污(废)水收集器。各种卫生器具、排放生产废水的设备，如雨水斗及地漏等。

(2) 器具排水管。卫生器具和排水横管之间的短管，除坐式大便器外，一般都有 P 式或 S 式存水弯。

(3) 排水横支管。连接器具排水管和立管之间的水平管段。横支管应有一定的坡度，坡向排水立管。

(4) 排水立管。接受各横支管排放的污水，然后送往排出管。排水立管通常在墙角明装，一般靠近杂质最多、最脏及排水量最大的排水点处；有特殊要求时，也可以在管槽或管井中暗装。

(5) 排出管。室内排水立管与室外检查井之间的连接管段。通常为埋地敷设，有一定的坡度，坡向室外检查井。

(6) 通气管。排水立管上端延伸出屋面的一段立管；对于排水横管上连接的卫生设备较多、卫生条件要求较高的建筑及高层建筑，应设辅助通气管。

(7) 清扫设备。为疏通排水管道而设置的检查口和清扫口。检查口在立管上应每隔两层设置，设置高度距地面 1.0m；清扫口设置在具有两个及两个以上大便器或三个及三个以上卫生器具的排水横管上。

### 2．室内排水管道平面图

(1) 图示内容。同室内给水平面图相同，室内排水管道平面图也是主要表明建筑物内排水管道及卫生器具的平面布置情况，主要内容如下。

① 室内卫生设备的类型、数量及平面位置。

② 室内排水系统中各个干管、立管、支管的平面位置、走向、立管编号和管道的安装方式(明装或暗装)。

③ 管道器材设备如地漏、清扫口等的平面位置。

④ 污水排出管、化粪池的平面位置、走向及与室外排水管网的连接(底层平面图)。

⑤ 管道及设备安装预留洞的位置、预埋件、管沟等方面对土建的要求等。

(2) 图示方法。排水管道平面图的图示方法与给水管道平面图的图示方法相同，这里不再详述。区别只是在绘制排水管道时用粗虚线表示。

### 3．室内排水管道系统图

(1) 图示内容。室内排水系统图也是给水排水工程施工图中的主要图纸，表示排水管道系统在室内的具体走向，管路的分支情况、管径尺寸与横管坡度、管道各部标高、存水弯形式、清扫设备设置情况等。

(2) 图示方法。排水管道系统图的图示方法与给水管道系统图的图示方法相同，这里不再详述。只是在标注标高时，排水管道系统图中，横管的标高一般由卫生器具的安装高度和管件尺寸所决定,因此不必标注。必要时,室内架空排水管道可标注管中心标高,但图中应加以说明。对于检查口和排出管起点(管内底)的标高,则均须标出。

### 11.2.3 室内给水排水详图

在以上所介绍的室内给水排水管道平面图、系统图中,都只是显示了管道系统的布置情况,至于卫生器具的安装、管道连接等,需要绘制能提供施工的安装详图。详图要求详尽、具体、明确、视图完整、尺寸齐全、材料规格注写清楚,并附必要说明。

一般常用的卫生器具及设备安装详图,可直接套用给水排水国家标准图集或有关详图图集,无须自行绘制;选用标准图时只需在图例或说明中注明所采用图集编号即可。现对大便器做简单的介绍,其余卫生器具的安装详图可查阅《给水排水标准图集》(S342)。

图 11-7 是低水箱坐式大便器的安装详图,图中标明了安装尺寸的要求,如水箱的高度是 910mm,坐便器与地面的高度是 390mm 等。

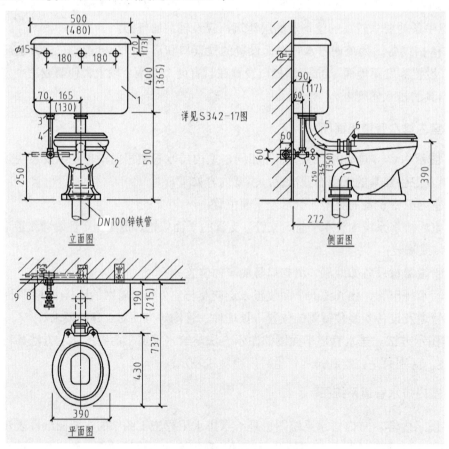

**图 11-7 坐式大便器安装详图**

1—低水箱;2—14号坐式大便器;3—DN15浮球阀配件;4—水箱进水管(DN15);
5—DN50冲洗管及配件;6—胶皮弯;7—DN15角式截止阀;8—三通;9—给水管

## 11.2.4 识读要点

识读室内给水排水施工图时应注意以下要点。

(1) 熟悉图纸目录，了解设计说明，在此基础上将平面图与系统图联系起来对照阅读。

(2) 应按给水系统和排水系统分别识读；在同系统中应按编号依次识读。

① 给水系统。识读室内给水系统时根据给水管道系统的编号，从给水引入管开始，按照水流方向顺序进行。即从给水引入管经水表节点、水平干管、立管、横支管直至用水设备。

② 排水系统。识读室内排水系统是根据排水管道系统的编号，从卫生器具开始，按照水流方向顺序进行。即从卫生器具开始经存水弯、水平横支管、立管、排出管直至检查井。

(3) 在施工图中，对于某些常见的管道器材、设备等细部的位置、尺寸和构造要求，往往是不加说明的，而是遵循专业设计规范、施工操作规程等标准进行施工，读图时欲了解其详细做法，需参照有关标准图和安装详图。

## 11.2.5 识图举例

室内给水排水施工图中的管道平面图和管道系统图相辅相成、互相补充，共同表达屋内各种卫生器具和各种管道以及管道上各种附件的空间位置。在读图时要按照给水和排水的各个系统把这两种图纸联系起来互相对照、反复阅读，才能看懂图纸所表达的内容。

图 11-8 和图 11-9 所示分别是某住宅底层和楼层给水排水管道平面图；图 11-10 和图 11-11 所示分别为给水和排水管道系统图。下面介绍识读室内给水排水施工图的一般方法。

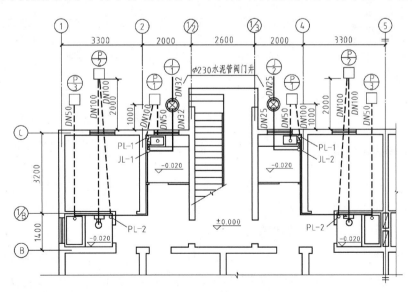

图 11-8 底层给水排水平面图

## 1. 识读各层平面图

(1) 搞清楚各层平面图中哪些房间布置有卫生器具、布置的具体位置及地面和各层楼面的标高。各种卫生设备通常是用图例画出来的，只能说明设备的类型，而不能具体表示各部分尺寸及构造。因此识读时必须结合详图或技术资料，弄清这些设备的构造、接管方式和尺寸。

在图 11-8 所示的底层给水排水管道平面图中，各户厨房内有水池且设在墙的转角处，厕所内有浴缸和坐式大便池。所有卫生器具均有给水管道和排水管道与之相连。各层厨房和厕所地面的标高均比同层楼地面的标高低 0.020m。

(2) 弄清有几个给水系统和几个排水系统。根据图 11-8 底层平面图中的管道系统编号，对照图 11-10，发现给水系统有 ①、②；对照图 11-11，发现排水系统有 P₁、P₂、P₃。

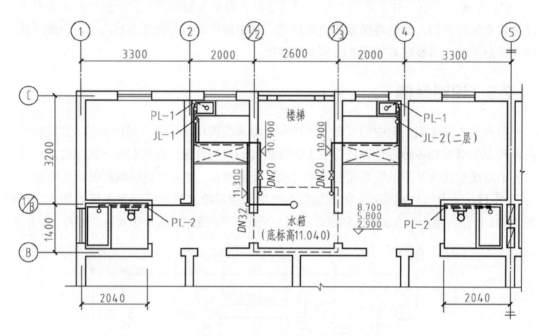

图 11-9 楼层给水排水平面图

## 2. 识读管道系统图

识读管道系统图时，首先在底层管道平面图中，按所标注的管道系统编号找到相应的管道系统图，对照各层管道平面图找到该系统的立管和与之相连的横管和卫生器具以及管道上的附件，再进一步识读各管段的公称直径和标高等。

现以给水系统 ① 为例，介绍识读给水系统图的一般方法。先从底层平面图(见图 11-8)中找到 ①，再找到 ① 管道系统图(见图 11-10)，对照两图可知：给水引入管 DN32，管中心的标高为-0.650，其上装有阀门，穿过 C 轴线墙进入室内后，在水池前升高至标高-0.300处用 90°弯头接横管至②轴线墙，沿墙穿出地面向上直通屋顶水箱的立管即 JL-1，其管径为 DN32。再对照图 11-10，在底层和二层厨房地面以上 900 处先用三通接横直管 DN15，再接分户球阀和水表。之后用 DN15 的横直管连接厨房水池的放水龙头，以及厕所浴缸的放水龙头和坐式大便器的水箱。楼梯间两侧三、四层共四户均由屋顶水箱供水，各户室内的供水情况与一、二层相同。楼梯间另一侧一、二层用户由 ②/JL 给水系统供水，读者可以照以上方法自行识读。

对于排水系统，现以 ②/PL 为例，先从底层平面图中找出 ①/PL 及 ②/PL 的排水系统图，再与图 11-9 相对照，可见 ②/PL 为住宅各层厕所的排水系统。各层厕所均设有浴缸和坐式大便器，其排水管道均在各层的楼、地面以下。大便器的排水管管径均为 DN100，浴缸的排水管管径为 DN50。二、三、四层浴缸大便器下面均用相应的 P 型存水弯与 DN100 的横支管连接，各层的横支管与 DN100 的立管 PL-2 连接，在标高-0.650 处与 DN100 的派出管连接后排入 ②/PL 检查井。在底层、三层和四层的立管 PL-2 上均装有检查口，在立管 PL-2 出屋面后的顶部装有通气帽。在底层大便器单设 DN100 的排出管排入 ②/PL 检查井。底层浴缸单设 ③/PL 排出管排入检查井。

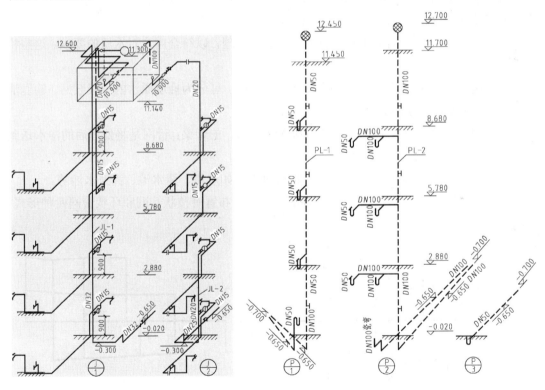

图 11-10 给水系统图　　图 11-11 排水系统图

## 11.3 室外给水排水施工图

室外给水排水施工图主要表示室外管道的平面及高程的布置情况,包括室外给水管道和室外排水管道。

### 11.3.1 系统的组成与分类

**1. 室外给水系统的组成与分类**

(1) 室外给水系统的组成。室外给水系统由相互联系的一系列构筑物和输配水管网组成,其任务是从水源处取水、按用户对水质的要求进行处理,然后通过输配水管网将水送到用水区,并向用户配水。

室外给水系统常由下列工程设施组成。

① 取水构筑物。用以从选定的水源地取水。

② 水处理构筑物。将取水构筑物的来水进行处理,以符合用户对水质的要求。这些构筑物集中在水厂范围内。

③ 泵站。用以将所需的水量提升到要求的高度。可分为抽取原水的一级泵站、输送清水的二级泵站和增压泵站等。

④ 输水管渠和管网。输水管渠是将原水送到水厂的管渠;管网是将处理后的净水送到各个用水区的全部管道。

⑤ 调节构筑物。包括各种类型的储水构筑物,如水塔、清水池、高低水池等。

(2) 室外给水管网的布置形式。室外给水管网的布置有枝状管网和环状管网两种形式,如图 11-12 所示。

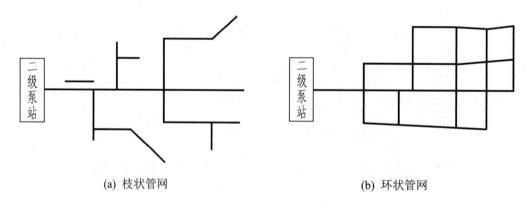

(a) 枝状管网　　　　　　　　　　　　(b) 环状管网

图 11-12　室外给水管网布置形式

枝状管网是指给水管网像树枝一样从干管到支管,如果管网中有一处损坏,将影响其以后管线的用水;环状管网是将管网连接成环,如有部分管线损坏,断水范围比较小。

## 2. 室外排水系统的组成和分类

(1) 室外排水系统的组成。室外排水系统可分为污水排除系统和雨水排除系统。污水排除系统是指排除生活污水和工业废水的系统，主要由排水管网、检查井、污水泵站、处理构筑物及出水口等组成。雨水排除系统由房屋雨水排除管道、厂区或庭院雨水管道、街道雨水管及出水口组成。

排水系统的组成如图 11-13 所示。

(2) 室外排水系统的分类。室外排水系统有分流制和合流制两种。分流制是指生活污水、工业废水和雨水分别用两个或两个以上的排水系统进行排除的体制；而合流制是指污水和雨水用同一管道系统排除的体制。

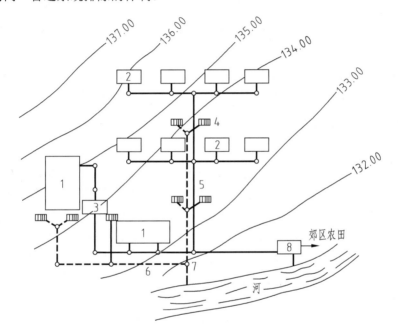

图 11-13 排水系统的组成

1—生产车间；2—住宅；3—局部污水处理构筑物；4—雨水口；
5—污水管道；6—雨水管道；7—出水管渠；8—污水处理厂

## 11.3.2 图示内容与方法

室外给水排水施工图主要表示室外地下管道的平面及高程布置情况，包括给水排水管道平面图、纵断面图和有关的安装详图。

### 1. 室外给水排水平面图

(1) 图示内容。室外给水排水平面图是以建筑总平面的主要内容为基础，表明城区或厂区、街坊内的给水排水管道平面布置情况的图纸，一般包括以下内容。

① 建筑总平面图的内容。建筑总平面图应表明城区的地形状况，以及建筑物、道路、

绿化等的平面布置及标高状况等。

② 管线及其附属设施包含的内容。要表明给水排水管道的平面布置、规格、数量、坡度、流向等；在室外给水管道上要表示阀门井、消火栓等的平面布置位置及数量；在室外排水管道上要表明检查井、雨水口、污水出水口等附属构筑物的平面布置位置及数量。它们一般都用图例表示。

(2) 图示方法。

① 建筑物的外轮廓线用中实线画，其余的地物、地貌、道路等均用细实线画。

② 一般情况下，在室外平面图上，给水管道用粗实线表示，排水管道用粗虚线表示，雨水管道用粗点画线表示。也可用管道代号(汉语拼音字母)：给水管道 J、污水管道 W、雨水管道 Y 等表示。

③ 管道(指单线)即是管道的中心线，管道在平面图上的定位即是指到管道中心的距离。

④ 标注尺寸。

a. 标高一般为绝对标高，并精确到小数点后两位数。

b. 管道的直径、长度和节点编号。节点编号的顺序是从干管到支管再到用户。

c. 检查井的编号(或桩号)及管道的直径、长度、坡度、流向和与检查井相连的各管道的管内底标高。排水检查井的编号顺序是从上游到下游，先支管后干管。检查井的桩号是指检查井至排水管道某一起点的水平距离，它表示检查井之间的距离和室外排水管道的长度。工程上排水检查井桩号的表示方式为×+×××.××。"+"前的数字代表千米数，"+"后的数字为米数(至小数点后两位数)，如 1+200.00 表示检查井到管道某起点的距离为 1200m 处。

与某一检查井相连的各管道管内底标高标注及排水管管径、坡度检查井桩号的标注如图 11-14 所示。

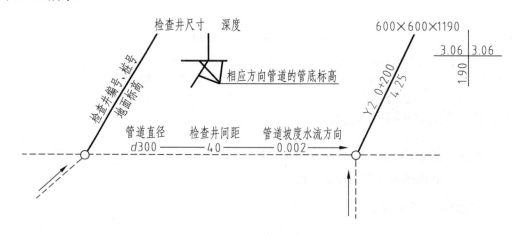

图 11-14　排水管管径、检查井桩号标注

## 2. 室外给水排水纵断面图

(1) 图示内容。由于地下管道种类繁多，布置复杂，因此在工程中要按管道的种类分别绘制每一条街道的管道平面图和纵断面图，以显示路面的起伏、管道的埋深、坡度、交接情况等。

管道的纵断面图是沿管道长度方向、经过管道的轴线铅垂剖开后的断面图，由图样和资料两部分组成。

(2) 图示方法。

① 图样部分。

a. 给水管道由于是压力管道，标注的是管中心标高，因此在纵断面图上给水管道用单线表示管道轴线的位置；而排水管线是重力流，要标注管内底标高，因此在纵断面图上排水管线绘制成双线以表示排水管道直径、管内底标高及检查井内上下游水位连接的方式。

接入检查井的支管，按管径及其管内底标高画出其横断面并标注其管内底标高。

b. 图样中水平方向表示管道的长度，垂直方向表示管道的直径。由于管道长度方向比直径方向大得多，因此绘制纵断面图时，纵横向可采用不同的比例。城市(或居住区)的横向比例为 1∶5000 或 1∶1000，街道庭院为 1∶1000 或 1∶2000；纵向比例为 1∶100 或 1∶200。

c. 图样中原有的地面线用不规则的细实线表示，设计地面线用比较规则的中粗实线表示，管道用粗实线表示。

d. 在排水管道纵断面图中，应画出检查井。一般用两根竖线表示检查井，竖线上连地面，下接管顶。给水管道中的阀门井不必画出。

e. 与管道交叉的其他管道，按管径、管内底标高以及与其相近检查井的平面距离画出其横断面，注写出管道类型、管内底标高和平面距离。

② 资料部分。

管道纵断面图的资料标在图样的下方，并与图样对应，具体内容如下。

a. 编号。在编号栏内，对于排水管道，对正图形部分的检查井位置填写检查井编号；对于给水管道，对正图形部分的节点位置填写节点编号。

b. 平面距离。相邻检查井或节点的中心距离。

c. 管径及坡度。填写排水两检查井或给水两节点之间的管径和坡度，当若干个检查井或节点之间的管道直径和坡度相同时，可以合并。

d. 设计管内底标高。排水管道的设计管内底标高是指检查井进、出口处管道的内底标高。如两者相同，只需填写一个标高；否则，应在该栏纵线两侧分别填写进、出口处管道的内底标高。

e. 设计路面标高。设计路面标高是指检查井井盖处的地面标高。

## 11.3.3 识读要点

**1. 室外给水排水平面图的识读**

识读室外给水排水平面图时应掌握以下主要内容。

(1) 查明给水排水管道的平面布置与走向。通常给水管道用粗实线表示,排水管道用粗虚线表示,排水检查井用直径 2～3mm 的小圆圈表示。给水管道的走向是从大管径到小管径通向建筑物的;排水管道的走向则是从建筑物出来到检查井,各检查井之间从高标高到低标高,管径从小到大。

(2) 室外给水管道要标明消火栓、管道节点、阀门井的具体位置。当管路上有泵站、水塔以及其他构筑物时,要查明这些构筑物的位置、管道进出的方向,以及各构筑物上管道、阀门及附件的设置情况。

(3) 对室外排水管道识读时,要特别注意检查井进出管的标高。当没有标注标高时,可用坡度计算出管道的相对标高。当排水管道有局部污水处理构筑物时,还要查明这些构筑物的位置,以及进出管的管径距离、坡度等,必要时应查看有关的详图,进一步搞清构筑物的构造以及构筑物上的管配情况。

(4) 要了解给水排水管道的埋深及管径。管道标高标注的一般是绝对标高,识读时要搞清地面的自然标高,以便计算管道的埋设深度。

**2. 室外给水排水纵断面图的识读**

对于室外给水排水纵断面图,应将图样部分和资料部分结合起来识读,并与管道平面图相对照。识读时应掌握以下主要内容。

(1) 查明管道、检查井的纵断面情况。有关数据均列在图样下面的表格中,据此可查明管道的埋深、直径、内底标高、坡度及地面标高等数据。

(2) 了解与其他管道的交叉情况及相对位置。

**3. 室外给水排水详图**

室外给水排水管道的详图有两类:一类为节点详图,表示室外给水管道相交点、转弯点等管配件的连接情况,节点详图可不按比例绘制,但节点平面的位置应与室外管道平面图相对应;另一类是设施图,如阀门井、检查井、雨水口等,有关的设施详图有统一的标准,无须另绘。室外给水排水详图的识读方法与室内给水排水详图的识读方法相同,故不再介绍。

## 11.3.4 识图举例

图 11-15 所示为室外给水排水平面图。

室外给水管道布置在办公楼的北面距外墙约 2m 处(用比例尺量)，平行外墙埋地敷设，直径为 $DN80$，由三处进入大楼，其管径分别为 $DN32$、$DN50$、$DN32$。室外给水管道在大楼西北角转向南，接水表后与市政自来水管道连接。

室外排水管道有两个系统：一个是生活污水系统；另一个是雨水系统。生活污水系统经过化粪池后与雨水管道汇总排至市政排水管道。

大楼生活污水管道由三处排出，平行于办公楼北外墙敷设，管径 150mm，管路上设有 5 个检查井(编号分别为 13~17 号)，大楼生活污水汇集到 17 号检查井后，排入 4 号化粪池，化粪池的出水管接至 11 号检查井，与雨水管汇合。

室外排水管收集大楼屋面雨水，大楼南面设有四根立管、四个检查井(编号分别为 1~4)，北面设有四根立管、四个检查井(编号分别为 6~9)，大楼西北设一个检查井(编号为 5)。南北两条雨水管径均为 230mm，雨水总管自 4 号检查井至 11 号检查井管径为 380mm，污水雨水汇合后管径仍为 380mm，雨水管起点检查井的标高为：1 号检查井 3.200m，5 号检查井 3.300m，总管出口 12 号检查井管底标高为 2.550m，其余各检查井管底标高可查看平面图或纵断面图(见图 11-16)。

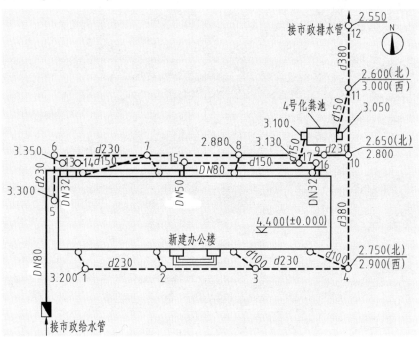

图 11-15 室外给水排水平面图

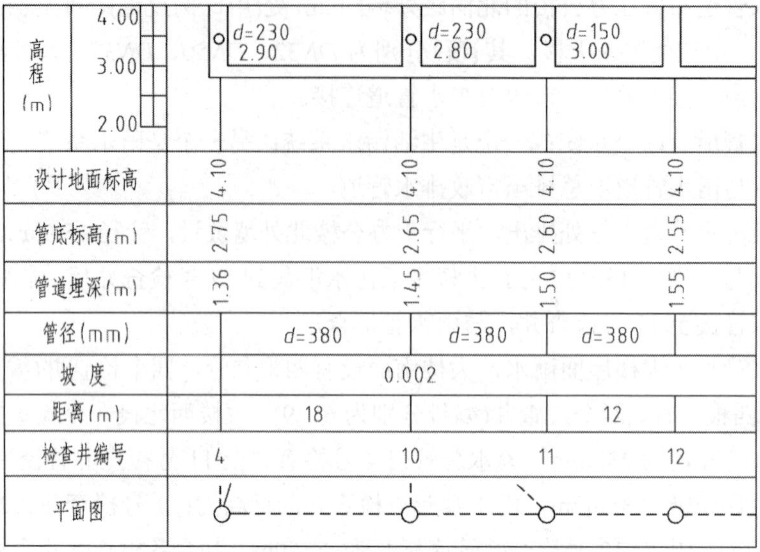

| 高程(m) | 4.00 3.00 2.00 | $d=230$ 2.90 | | $d=230$ 2.80 | | $d=150$ 3.00 | |
|---|---|---|---|---|---|---|---|
| 设计地面标高 | | 4.10 | | 4.10 | | 4.10 | 4.10 |
| 管底标高(m) | | 2.75 | | 2.65 | | 2.60 | 2.55 |
| 管道埋深(m) | | 1.36 | | 1.45 | | 1.50 | 1.55 |
| 管径(mm) | | | $d=380$ | | $d=380$ | | $d=380$ |
| 坡 度 | | | | 0.002 | | | |
| 距离(m) | | | 18 | | | 12 | |
| 检查井编号 | | 4 | | 10 | | 11 | 12 |
| 平面图 | | | | | | | |

图 11-16 室外排水管道纵断面图

# 第 12 章　建筑装饰施工图

**本章要点**

- 装饰施工图的特点及有关规定。
- 装饰施工图的图示内容与识读。

**本章难点**

装饰施工图的图示内容与识读。

## 12.1　概　　述

随着社会的不断发展以及人民生活水平的不断提高，人们对环境质量的要求也越来越高，建筑装饰工程就是在原有建筑的基础上，根据功能的需要，对其内部空间进行装饰和布置，以提供更为舒适的活动空间和场所。

建筑装饰施工图是以透视效果图为主要依据，采用正投影的方法反映建筑物内(外)表面的装饰装修情况，主要用于表达建筑装饰工程的总体布局、立面造型、内部布置、细部构造和施工要求等。

### 12.1.1　装饰施工图的内容和特点

根据建筑空间使用性质的不同，建筑装饰工程一般分为居住空间和公共空间两大类型，即通常所说的"家装"和"工装"；而针对同一空间不同的装修部位，又可分为地面工程、抹灰工程、门窗工程、吊顶工程、轻质隔墙工程、饰面板工程、玻璃幕墙工程、涂饰工程、裱糊与软包工程和细部工程等。

建筑装饰施工图则是针对上述装饰内容，在建筑施工图的基础上，结合环境艺术设计的要求，更详细地表达建筑空间的装饰装修做法及整体效果。其内容主要包括图纸目录、施工设计说明、平面布置图、顶棚(天花)图、立面图、剖面图和节点详图等。

建筑装饰施工图在作图、尺寸标注及识读方法等方面与建筑施工图基本相同，因此，其制图与表达也应遵守国家技术制图及建筑制图标准等相关规定。而作为建筑施工的延续工程，由于装饰工程主要是针对原有建筑空间进行表面的二次装饰，具有材质种类、装修形式多，施工工艺复杂等特点，因而反映在施工制图中也有一些自身的要求，具体如下。

(1) 图例表达形式多样，具有不统一性。作为一个新兴的行业，其施工制图的相关标准和规范还不完善,在绘图过程中,有很多的图示标准还不完全统一,需要在图纸中进行特别注明;同时由于和建筑、园林等诸多行业有着千丝万缕的联系,因而在其图例中也综合了各方面的内容。

(2) 图纸内容复杂,具有不确定性。装饰工程中还包含诸多相配合的专业,如水、电、暖、空调、绿化等,而各个工程中装修的程度不同,图纸内容也各有不同。

### 12.1.2 装饰施工图的有关规定

绘制和阅读建筑装饰施工图,应依据正投影原理,并遵循国家标准《技术制图》与《房屋建筑制图统一标准》(GB/T 50001—2010)、《建筑制图标准》(GB/T 50104—2010)等有关规定。现将目前装饰施工图中常用的一些基本规定进行简要介绍。

#### 1. 图线

建筑装饰制图中常用图线的用法见表 12-1。

表 12-1 装饰施工图的图线用法

| 名　称 | | 线　型 | 线　宽 | 一般用途 |
| --- | --- | --- | --- | --- |
| 实线 | 粗 | —————— | $b$ | (1) 平面图、天花图、详图中被剖切的主要构造(包括构配件)的轮廓线;<br>(2) 室内立面图的外轮廓线 |
| | 中粗 | —————— | $0.7b$ | (1) 平面图、天花图、详图中被剖切的次要构造(包括构配件)的轮廓线;<br>(2) 室内立面图中主要构件的轮廓线 |
| | 中 | —————— | $0.5b$ | 小于 $0.7b$ 的图形线、尺寸线、尺寸界线、索引符号、标高符号、详图材料做法引出线、粉刷线、保温层线等 |
| | 细 | —————— | $0.25b$ | 图例填充线、家具线、纹样线等 |
| 虚线 | 中粗 | − − − − − | $0.7b$ | 不可见轮廓线 |
| | 中 | − − − − − | $0.5b$ | 小于 $0.7b$ 的不可见轮廓线 |
| | 细 | − − − − − | $0.25b$ | 图例填充线、家具线等 |
| (单)点画线 | 细 | —·—·—·— | $0.25b$ | 中心线、对称线、定位轴线 |
| 折断线 | | ∼∼ | $0.25b$ | 部分省略表示时的断开界线 |
| 波浪线 | | ～～ | $0.25b$ | 部分省略表示时的断开界线 |

#### 2. 比例

绘制建筑装饰施工图时,应根据图样用途、被绘制物体的复杂程度,从表 12-2 所列比例中选用。

表 12-2　装饰施工图常用比例

| 图　名 | 比　例 |
|---|---|
| 平面图、天花图 | 1∶50、1∶100、1∶200 |
| 立面图 | 1∶25、1∶30、1∶40、1∶50、1∶100 |
| 详图(包括局部放大的平面图、天花图、立面图) | 1∶10、1∶20、1∶25、1∶30、1∶40、1∶50 |
| 节点图、大样图 | 1∶1、1∶2、1∶5、1∶10 |

### 3．内视符号

为了表明室内各立面图的投影方向和投影面的编号，在装饰平面图中应用内视符号注明视点位置、方向及立面编号。

内视(投影)符号中的圆用细实线绘制，直径以 8～12mm 为宜，三角形尖端所指为该立面的投影方向。圆内字母为该投影面的编号，一般用大写拉丁字母或阿拉伯数字表示，其中 A、B、C、D 四个方向应按照顺时针方向间隔 90°排列。图 12-1(a)～图 12-1 (e)所示为室内 1～4 个方向需要画立面图时所标注的内视符号。

(a) 单面　　(b) 双面　　(c) 四面　　(d) 单面带索引　(e) 四面带索引

图 12-1　各类内视符号

另外，在相应的立面图下方，应注明房间名称并标注上代表立面投影的 A、B、C、D 四个方向作为图名，如客厅 A 向立面图、厨房 D 向立面图等，如图 12-6 所示。

### 4．标高

建筑装饰工程中使用的标高是相对标高，一般以房间主要地面作为标高的零点，比零点高的标高为"正"，比零点低的标高为"负"，这里指的地面为装修完成面。标高符号应以直角等腰三角形表示，用细实线绘制，标注方式及画法与建筑施工图相同。

### 5．引出线

在建筑装饰施工图中，常常需要用文字进行说明。如在立面图中，对材料的规格和工艺需要等内容，这时就需要用到引出线。引出线用细实线绘制，采用水平线或与水平方向成 30°、45°、60°、90°的直线引出再折为水平线；多层构造或不同位置使用同一引出线时，引出线应通过被引出的各层或各个部位，并在线上用圆点表明位置；文字说明应注写在水平线的上方或端部，说明的顺序由上至下，并应与被说明的层次相一致，如图 12-2 所示。

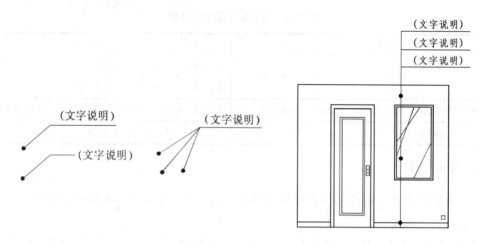

图 12-2 引出线和文字说明

### 6. 常用图例

由于装饰施工图所用比例较小,因而许多物体只能用图例表示。而且因建筑装饰工程涉及内容广泛,所以需将常用图例简单分类,如材料类、家具类、设备(洁具、电器等)类、植物类等,如表 12-3 所示。

表 12-3 装饰施工图常用图例

| 类别 | 名称 | 图例(平面/断面) | 类别 | 名称 | 图例(平面/侧立面) |
|---|---|---|---|---|---|
| 材料类 | 木方 | | 家具类 | 办公椅 | |
| | 细木工板 | | | 圈椅 | |
| | 三夹板 | | | 餐椅 | |
| | 木地板 | | | 吧凳 | |
| | 大理石 | | | 单人沙发 | |
| | 花岗石 | | | 双人沙发 | |
| | 文化石 | | | 三人沙发 | |
| | 剁斧石 | | | 双人床 | |
| | 砂岩 | | | | |

续表

| 类别 | 名称 | 图例(平面/断面) | 类别 | 名称 | 图例(平面/侧立面) |
|---|---|---|---|---|---|
| 材料类 | 镜面玻璃 | 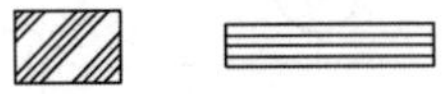 | 设备类 | 洗手盆 |  |
| | 钢化玻璃 | 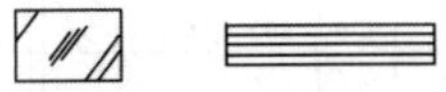 | | 坐便器 |  |
| | 磨砂玻璃 | 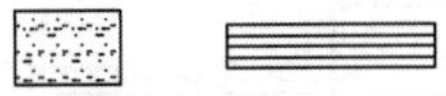 | | 浴缸 | 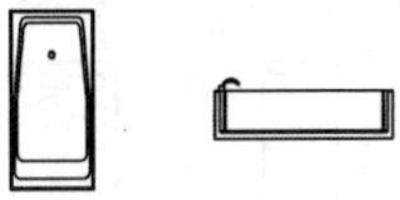 |
| | 艺术玻璃 | 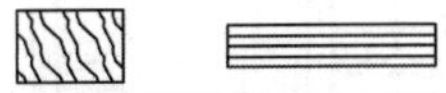 | | |  |
| | 地毯 | | | 吊灯 | |
| | 软包 |  | | | |
| | 清水砖 | | | 壁灯 | |
| | 马赛克 | | | 台灯 | |
| | 玻化砖 | | | 筒灯 | |
| 植物类 | 盆栽 | | | 射灯 | |
| | 灌木 | | | 格栅灯 | |
| | 针叶树种 |  | | 电风扇 | |
| | 阔叶树种 |  | | 排气扇 | |

## 12.2 装饰施工平面图

装饰施工平面图是装饰施工图的首要图纸，其他图纸均是以平面图为依据而设计绘制的，其包括平面布置图、地面铺装图与顶棚平面图。

### 12.2.1 图示内容与方法

**1．平面布置图与地面铺装图**

平面布置图与地面铺装(地坪)图是假想用一水平剖切平面，沿着需要装修房间的门窗洞口处作水平全剖切，移去上面的部分，对剩下的部分所作的水平正投影图。

平面布置图主要用于表达装饰结构的平面布置、具体形状及尺寸，表明饰面的材料和工艺要求等；而地面铺装图则主要用于表达拼花、造型、块材等楼地面的装修情况。其与建筑平面图的形成及表达的结构体内容基本相同，所不同的是增加了装饰装修和陈设的内容。图 12-3 和图 12-4 所示分别为某居室的平面布置图与地面铺装图。

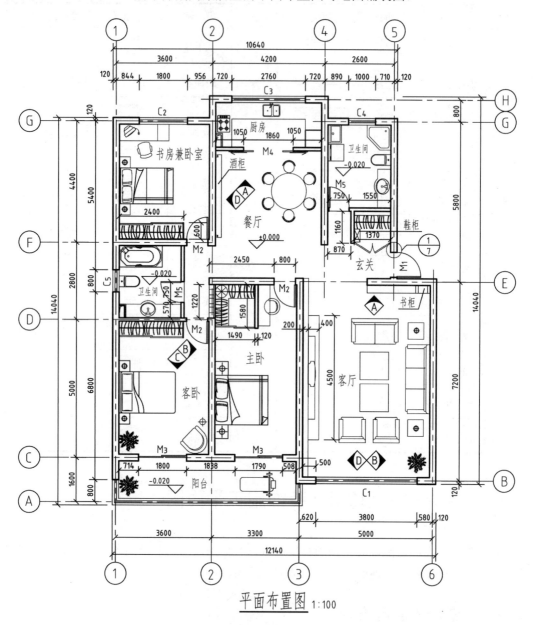

图 12-3 平面布置图

(1) 图示内容。在装饰施工平面图中，如果平面图所包含的内容复杂，如家具或构件、陈设较多，则地面铺装图可独立绘出；否则可在平面布置图纸中一并表示。

平面布置图与地面铺装图所表达的主要内容如下。

① 建筑主体结构(如墙、柱、台阶、楼梯、门窗等)的平面布置、具体形状以及各种房间的位置和功能等。

② 室内家具陈设、设施(如电器设备、卫生设备等)织物、绿化的摆放位置及说明。

③ 尺寸标注。图上的尺寸主要有三种：一是建筑结构体的尺寸；二是装饰布局和装饰结构的尺寸；三是家具、设备等的尺寸。

④ 表明门窗的开启方式及尺寸。有关门窗的造型、做法，不在平面装修布置图中反映，而是由详图表达。

⑤ 地面饰面材料的名称、规格以及拼花形状等。

⑥ 详图索引及各面墙的立面投影符号(内视符号)或剖切符号等。

⑦ 文字说明。饰面材料的铺设工艺要求等。

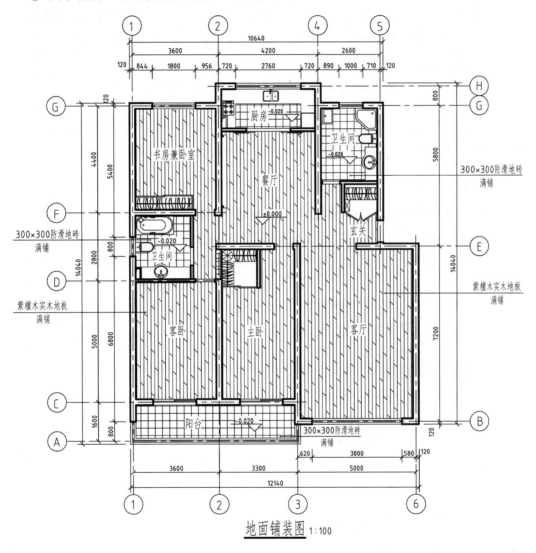

图 12-4　地面铺装图

(2) 图示方法。

① 常用比例为 1∶50～1∶100。若有台阶、造型、架空、沟坑等可增加剖面详图，常用的比例为 1∶10～1∶30。

② 剖切到的承重构件用粗实线绘制其轮廓；剖切到的次要构件或家具等用中粗或中实线表示；剖切到的钢筋混凝土柱子或墙体用涂黑的方式；剖切面以上的梁、高窗等用中虚线表示，而其他内容如家具的细部、绿化、陈设和表示地面材质的图例等用细实线表示。

地面若有起伏或材料不同，则应绘制出分界线，其中如果界面不同用中实线，并注明标高；材料不同则用细实线。

③ 建筑构配件及室内家具陈设和设施用相应的图例表示，而若已知品牌和规格的，则要在首页图中注明，或在平面图中用文字说明的方式注明。

一般来说，建筑装饰工程的平面图和建筑施工图一致，要在底层平面上标出指北针，指北针的绘制方法参照建筑平面图；绘出内视符号，以便于装饰立面图的绘制与识读；需要用剖面详图表达的，则还需绘制剖切符号和详图索引符号。

④ 装饰施工平面图中的尺寸分为外部尺寸和内部尺寸。外部尺寸主要有三道：最里一道为门窗洞口或结构构件的细部尺寸；第二道是轴线间尺寸，即开间和进深尺寸；第三道为建筑物外墙面的总尺寸。内部尺寸标注在室内，如具体的内部装修构件或造型的尺寸、家具尺寸或设备距离墙面的距离等。

**2．顶棚平面图**

顶棚平面图，也称为天花图或顶面图，是用一个假想的水平剖切平面，沿着需要装修房间的门窗洞口处作水平全剖切，移去下面部分，对剩余的上面部分所作的镜像投影。其主要用于反映房间顶面的形状、装饰做法以及所属设备的位置、尺寸等内容，除了起装饰造型的作用外，还兼有照明、空调、防火等功能，是装饰处理的重要部分。装饰顶面施工图有顶棚平面图、节点详图、特殊装饰件详图等。

(1) 图示内容。顶棚平面图所表达的主要内容如下。

① 主体结构：墙体(门窗洞一般可不表示)的形状及位置。

② 灯具灯饰类型、规格说明、定位尺寸。

③ 各种设施(空调风口及消防报警等设备)外露件的规格、定位尺寸。

④ 藻井、叠级(凸出或凹进)、装饰线等造型的定形、定位尺寸。

⑤ 节点详图标注，如剖面符号、详图索引等。

⑥ 文字说明，如饰面涂料的名称、做法等。

(2) 图示方法。

① 常用比例为1∶50～1∶100；其节点详图一般为剖面详图，用来表达一些较为复杂、特殊的部位(如藻井、灯槽等)，比例一般为1∶10～1∶20。

② 顶面中重要界面的交接处或复杂的构造要使用详图的索引符号、剖面符号等引出详图和大样节点图，并说明其详细的装修构造做法，也可以使用简单文字说明。

③ 标注标高时，应采用当前楼层地坪的±0.000进行相对标注。如果建筑装修空间较小，可以省略建筑轴线和符号。

图12-5所示为某居室的顶棚平面图。

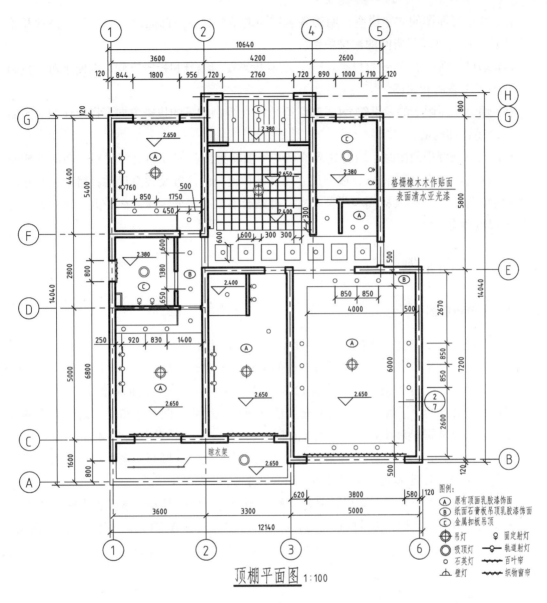

图 12-5 顶棚平面图

## 12.2.2 识读要点

装饰施工平面图是装饰施工图中的主要图样,识读装饰施工图与识读建筑施工图一样,首先要看装饰施工平面图,其识读要点如下。

(1) 先看标题栏,认定为何种平面图,进而了解整个装饰装修空间各房间的功能、面积及门窗走道等主要位置尺寸。

(2) 熟悉图例,明确为满足各房间功能要求所设置的家具与设施的种类、数量、大小及位置尺寸。

(3) 通过平面图的文字说明，明确各装饰面的结构材料及饰面材料的种类、品牌和色彩要求；了解装饰面材料间的衔接关系。

(4) 通过平面图上的内视(投影)符号，明确投影图的编号和投影方向，以便于对各投影方向立面图的查阅和识读。

(5) 通过平面图上的索引符号(或剖切符号)，明确剖切后的投影方向，找出详图对照阅读，弄清楚详细构造。

(6) 识读顶棚平面图时，应首先弄清其与平面布置图各部分的对应关系。明确顶棚面各部位的功能、装饰面的特点、造型尺寸以及各种设施的位置及关系尺寸。对于某些有选级变化的顶棚，要分清其标高和线型尺寸，并结合造型平面分区线，在平面上建立起三维空间的尺度概念。

### 12.2.3 识图举例

#### 1．平面布置图

图 12-3 所示为一居住空间平面图，读图方法与步骤如下。

(1) 看轴线尺寸和空间结构，了解工程的面积以及空间分割情况。由图可知，该建筑为三室两厅两卫，客厅为南向，总长为 12.14m，总宽为 14.04 m，总面积约 170m$^2$。

(2) 由玄关开始，了解各个空间的布局情况和详细尺寸。以餐厅和厨房为例，由图可知，餐厅和厨房由隔墙和推拉门进行分割(推拉门为双扇推拉)，其开间是 4.2m，总进深为 4.4+0.8=5.2m；厨房橱柜为 U 形布置；餐厅餐桌居中，为六人圆桌，酒柜沿墙布置，背面有反光灯槽装饰。以此为例，对照说明，识读其余空间。

(3) 看标高、内视符号和索引符号，了解各个空间的地面落差，掌握各个空间的立面图分布情况。以客厅为例，通过内视符号，可知客厅空间共有 A、B、D 三个方向的立面图，可以查阅对应图纸识读(见图 12-6)。户门处有一索引符号 $\frac{1}{7}$，可通过此查找 "1" 号详图进行识读(见图 12-7)。

#### 2．地面铺装图

如图 12-4 所示，地面铺装图作为平面图的一部分，主要是表现地面铺装所用材料的名称、规格、加工工艺、表面色彩等内容。相比之下，铺装图的内容比较简单，识读比较容易，可以按照从外到内的顺序，从建筑的外部围合面到内部空间进行识读。

(1) 与平面图一样，先了解建筑的结构情况。

(2) 对照文字说明和图例，识读每个空间地面材料的使用情况。从图中可以看出，客厅和餐厅以及卧室都采用的是紫檀木实木地板，卫生间、厨房和阳台采用的是 300mm×300mm 的防滑地砖。

(3) 参照标高符号，了解卫生间和厨房的地面标高比临近的地面低 20mm。

#### 3. 顶棚平面图

图 12-5 所示是与平面图同一空间的顶棚平面图，识读的方法与步骤如下。

(1) 图名、比例。该图为天花图，比例是 1∶100；工程的结构情况同平面布置图。

(2) 顶面的天花造型。结合图例可知：顶面天花装修分为建筑原顶面、石膏板吊顶以及金属扣板三种；以客厅为例，沿墙周边是吊顶，使用的材料是纸面石膏板基层乳胶漆面，中间为建筑原顶，乳胶漆饰面。

(3) 灯具布置。结合图例可知：灯具有吊灯、吸顶灯、石英灯、固定射灯和轨道射灯等；以客厅天花为例，吊顶周边安装的是石英灯，中间是吊灯。

(4) 尺寸标注和符号。了解顶面天花装修的尺度，如客厅的吊顶离墙距离是 500mm，建筑原顶长×宽是 6000mm×4000mm 等；建筑原顶的标高表示顶面离地面的距离是 2.65m，对照立面图可知，地面距离吊顶面是 2.40m。

(5) 其他内容。了解天花的设施情况，如窗帘的布置、阳台有晾衣架等。

## 12.3 装饰施工立面图

装饰施工立面图是将建筑物装饰的外观墙面或内部墙面向铅直的投影面所作的正投影图，主要用来表达墙面的立面装饰造型、材料、工艺要求，门窗的位置和形式，以及附属的家具、陈设、植物等必要的尺寸和位置，部分天花剖面等。除了墙柱面装修立面图外，通常还需要剖面详图。

### 12.3.1 图示内容与方法

#### 1. 图示内容

装饰立面图是立面施工的重要依据，其主要表达的内容如下。

(1) 建筑主体结构以及门窗、墙裙、踢脚线、窗帘盒、窗帘、壁挂饰物、壁灯、装饰线等的主要轮廓及材料图例。

(2) 墙柱面造型的样式及饰面材料的名称、规格、做法等。

(3) 轴号、尺寸标注。主体结构的主要轴线、轴号(一般只注两端的轴线、轴号)，立面造型尺寸，顶棚面距地面的标高及其叠级(凸出或凹进)造型的相关尺寸，各种饰物(如壁灯、壁柱等)及其他设备的定位尺寸等。

(4) 门窗的位置、形式。

(5) 墙面与顶棚面相交处的收边做法。

(6) 固定家具在墙面中的位置、立面形式和主要尺寸。

(7) 详图索引、剖切符号及文字说明等。

图 12-6 所示为某居室客厅 A 向、B 向和 D 向立面图。

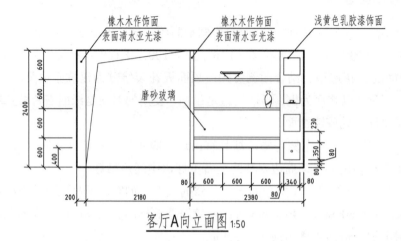

客厅A向立面图 1:50

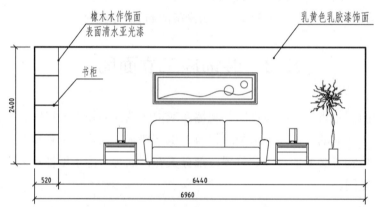

客厅B向立面图 1:50

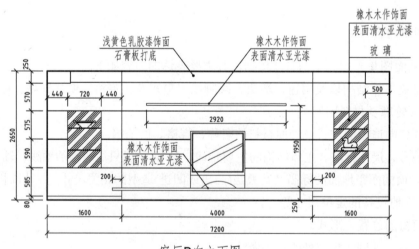

客厅D向立面图 1:50

图 12-6 客厅立面图

### 2．图示方法

(1) 常用比例为1：30～1：60；图名通常按照平面图中的空间名称和内视符号的编号来命名，如客厅A向立面图等。

(2) 平面形状不规则的墙体在绘制立面图时可以展开绘制，或采用带角度的内视符号注明，并单独绘制；圆形或多边形的建筑空间，可分段展开绘制立面图，但需要在图名中注明；对于平面尺寸较长而装修内容重复的墙面，可采用折断画法仅表现其中一部分。

(3) 立面施工比较复杂，通常按墙面装饰所用材料分为抹灰类墙面、贴面类墙面、裱糊类墙面等不同的施工方法，因而在绘制的过程中要注意分清墙面的材料和构造。

(4) 立面图中对于吊顶，通常表现其剖面形式，但如果吊顶形式比较复杂，则立面图的顶面轮廓线通常只是表现到墙面和顶面的交界处；立面图中应表明吊顶的高度及其墙面造型的结构构造和材料尺寸。

(5) 立面图墙面的装饰造型构造方式和材料，用引出线引出进行文字说明。

## 12.3.2　识读要点

识读装饰立面图时应注意以下要点。

(1) 读图时，先看装饰施工平面图，了解室内装饰设施及家具的平面布置位置，由投影符号查看立面图。

(2) 明确地面标高、楼面标高、楼梯平台等与装饰工程有关的标高尺寸。

(3) 弄清每个立面有几种不同的装饰面，以及这些装饰面所选用的材料及施工要求。

(4) 立面上各装饰面之间的衔接收口较多，应注意收口的方式、工艺和所用材料。收口的方法，一般由索引符号去查找节点详图阅读。

(5) 装饰结构与建筑结构的连接方式和固定方法应搞清楚。

(6) 要注意有关装饰设施在墙体上的安装位置，如电源开关、插座的安装位置、安装方式，如需留位者，应明确所留位置和尺寸。

(7) 根据装饰工程规模大小，一项工程往往需要多张立面图才可满足施工要求，这些立面图的投影符号已在装饰装修平面图上标出。因此，识读装饰立面图时，须结合平面图查对，细心地进行相应的分析研究，再结合其他图纸逐项审核，掌握装饰装修立面图的具体施工要求。

## 12.3.3　识图举例

图12-6所示为客厅空间A、B、D三个墙面的立面图，读图方法与步骤如下。

(1) 图名和比例。客厅空间A向、B向和D向立面图的绘图比例为1：50。

(2) 立面墙面装修形式。从A向立面图中可以看出，沿墙布置有一个书柜，书柜的背板是磨砂玻璃，隔板使用的是橡木面层清水亚光漆饰面，边缘作凹入式壁龛，乳胶漆饰面；

D向立面图反映了客厅D立面影视墙的基本情况，墙面采用了橡木面层清水亚光漆的面层，两边是凹入式壁龛，背板和隔板都是镜面玻璃，电视柜也是木制，长度是4.4m，高0.25m；B向立面图是电视背景墙，使用的是乳胶漆饰面，墙面挂画。

(3) 标高和尺寸。从图中可以了解到客厅的墙面尺寸，墙面周边吊顶高度在2400mm，中间原建筑顶面在2650mm，空间尺度适宜，比例恰当。

(4) 详图索引符号。如果立面图中有需要着重表现的地方，应该标注剖面符号或详图索引符号，以便查找。

## 12.4 装饰施工剖面图与节点详图

由于装饰施工的工艺要求较细、较精，节点和装饰构件详图是不可缺少的图样。虽然在标准图集中也有较常用的装饰做法详图可以套用，但由于装饰材料及工艺做法等的不断更新，尤其是若设计者有新的构思和设想，则更需要用详图来表现。详图的表达形式有剖面图、断面图和局部放大图等。

装饰剖面图是假想将装饰面或装饰体整体或局部剖开后，得到的反映内部装饰结构与饰面材料之间关系的正投影图；而节点详图是前面所述各种图样中未明之处，用较大的比例画出的用于施工的图样。

### 12.4.1 图示内容与方法

#### 1. 图示内容

装饰剖面图与节点详图所需表达的主要内容如下。

(1) 顶棚、墙柱面、地面、门面、橱窗等造型较为复杂部位的形状尺寸、材料名称、材料规格、工艺做法等。

(2) 现场制作的家具、装饰构件等。

(3) 特殊的工艺处理方式(收口做法)。

(4) 详细的尺寸标注。

(5) 其他文字说明等。

#### 2. 图示方法

(1) 剖面图一般采用1∶10～1∶50的比例，其图名应该与平面、立图或顶面图的剖切符号编号一致；而节点详图则一般采用1∶1～1∶10等比例，因而也称为大样图。

(2) 剖面图主要表现被剖切面的构造和尺寸，因而应该采用粗实线或中实线绘制；而没有剖到的构件轮廓线，则用细实线绘制。

(3) 剖面图中仍然表达不清的地方，需要使用索引符号引出详图。详图符号应该与被索引图样上的索引符号一一对应。

图12-7所示为装饰剖面图与节点详图。

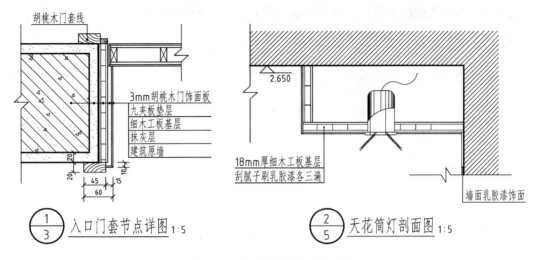

图12-7 装饰剖面图与节点详图

## 12.4.2 识读要点

识读装饰剖面图与节点详图时应注意以下要点。

(1) 结合装饰施工平面图和立面图,了解装饰装修详图源自何处部位的剖切,找出与之相对应的剖切符号或索引符号。

(2) 熟悉装饰施工详图所示的内容、尺寸和工艺要求,进一步明确装饰工程各组成部分或其他图纸难以表明的关键细部做法。

(3) 由于装饰工程的工程特点和施工特点,表示其细部做法的图纸往往比较复杂,不能像土建和安装工程图纸那样广泛运用国标、省标及市标等标准图册,所以读图时要反复查阅图纸,特别注意剖面详图和节点图中各种材料的组合方式以及工艺要求等。

## 12.4.3 识图举例

图12-7所示为入口门套的节点详图和天花筒灯的剖面图,读图方法与步骤如下。

(1) 读图名和比例。对应平面图和顶面图,了解该图在平面和顶面中所处的位置,将图名和索引符号一一进行对应;该节点详图和剖面图都采用了1:5的比例。

(2) 读门套详图表达的内容,了解其构造形式。在原建筑混凝土墙面抹灰后,用细木工板做基层、九夹板做垫层,表面面层采用黑胡桃饰面;门套线采用45mm的黑胡桃木线,门扇则采用细木工板基层的黑胡桃饰面。

筒灯的剖面图构造比较简单,直接采用细木工板在墙面和天花上钉成箱形,并直接在其上刮腻子刷乳胶漆各三遍,然后开洞安装筒灯。

(3) 读标高和尺寸，了解各部分的内部构造和装配关系。如门套详图中对木线规格、饰面板和基层以及垫层的尺寸都交代得比较清楚。读图时还要注意联系被索引图样，将该图尺寸与其他相关图样中的尺寸对应起来。只有这样，才能抓住尺寸、详细做法和工艺要求这三个读图要点，顺利地读懂施工详图。

# 第 13 章　计算机绘图基础

**本章要点**

- 计算机绘图的基本知识。
- AutoCAD 基本绘图和编辑方法与技巧。
- 文本注释与尺寸标注方法。

**本章难点**

AutoCAD 精确绘图方法与技巧。

## 13.1　概　　述

计算机绘图是利用计算机进行数据处理，提供图形信息，控制图形输出，使绘图自动化成为可能。与传统的手工绘图相比，其具有速度快、精度高、图样规范化且便于修改等优点，因此已在航空航天、建筑、机械、气象、地质、电子、化工、轻纺、美工等很多领域得到广泛应用。

### 13.1.1　计算机绘图系统

计算机绘图系统主要由硬件和软件两大部分组成，除了具备计算能力以外，其还有生成图形的能力。

#### 1．硬件

硬件一般是指计算机及其他外部设备，包括图形输入和输出设备，是组成计算机绘图系统的所有机械及电、磁装置。它主要由以下几部分构成。

(1) 微型计算机。微型计算机一般包括主机、显示器、键盘、鼠标、外存储器(软、硬盘驱动器)等设备。

(2) 图形输入设备。除键盘、鼠标外，常见的图形输入设备有数字化仪、扫描仪、图形输入板等。

(3) 图形输出设备。除微型计算机显示器外，常见的图形输出设备有打印机、绘图仪等。

2. 软件

软件是预先设计好的一系列程序，用以控制计算机绘图系统各硬件设备的工作，并保证按操作者的意图绘制图样。

(1) 操作系统软件。操作系统软件是管理计算机硬件和其他软件资源的一种系统软件。微型计算机图形系统使用最多的操作系统是 Windows、Linux、Mac OS 等。

(2) 通用和专用软件。该类软件一般是指能直接提供给用户使用，或以此为基础进一步开发的应用软件。

① 通用软件是具有某种特定绘图功能，能对图形进行加工编辑等操作的软件。这种软件可满足各种用户绘图的需要，适用面广，通用性强。能直接提供给用户使用，也能以此为基础进一步开发。当今使用最为广泛的通用绘图软件有美国 Autodesk 公司的 AutoCAD、德国西门子公司的 Sigraph-Design 等。

② 专用软件是用户根据专业或产品的需要，自行开发或以通用软件为基础进一步开发的应用软件。这类软件的专业针对性较强，如国内拥有自主版权的绘图软件有：PKPM 系列软件、广厦结构等；在国外软件的基础上二次开发的绘图软件有：天正系列建筑软件、探索者结构设计 TSSD、智能机械绘图设计系统 TH-MCAD 等。

通用软件的适用面广，如其中的 AutoCAD 已在我国广泛使用，而且我国自行开发的一些应用软件如天正建筑 TArch 等是以 AutoCAD 为绘图平台二次开发的，因此本章将选用 AutoCAD 2008 作为计算机绘图的教学软件，以使读者能很快进入计算机绘图这一新技术领域，获得必要的基础训练。

## 13.1.2　计算机绘图过程

利用计算机系统绘制图样可分为以下三个过程。

1. 图形输入

图形输入就是用户将所要绘制的图形输入微型计算机。输入图形的方法及所使用的设备，应根据所使用的绘图软件和经济条件合理选用。

2. 图形信息处理

在绘图软件的控制下，微型计算机将输入的数据或图形处理成为输出设备能够接受的信息。同时，用户也可以对输入的图形进行实时的修改和存储等。

3. 图形输出

图形输出设备将微型计算机传出的信息转化为相应的视频信号或机械运动，从而显示或绘制出所需的图形。

## 13.2　AutoCAD 的基本操作

### 13.2.1　AutoCAD 简介

AutoCAD 是美国 Autodesk 公司研发的一种计算机绘图和辅助设计软件包。1982 年 11 月首次推出 AutoCAD 1.0 版本，经过多年的不断更新和完善，现已成为国际上广为流行的通用绘图工具。

AutoCAD 具有良好的用户界面，通过其交互式菜单可以进行各种操作。使用 AutoCAD 可以绘制任意的二维和基本的三维图形，且具有高效、快捷、精确、简单易用等特点，是工程设计人员首选的绘图软件之一。

### 13.2.2　AutoCAD 的启动

启动 AutoCAD 2008 应用程序的方式主要有以下三种。
(1)　双击桌面上的 AutoCAD 2008 快捷图标。
(2)　选择【开始】|【所有程序】| Autodesk | AutoCAD2008 命令。
(3)　通过打开的 AutoCAD 图形文件(*.dwg)启动。

### 13.2.3　AutoCAD 的工作界面

启动 AutoCAD 2008 应用程序后，屏幕上会出现该程序默认的工作界面"二维草图与注释"，而习惯于 AutoCAD 传统界面的老用户，通常会通过"工作空间"选项板选择方便实用的"AutoCAD 经典"工作界面，如图 13-1 所示。

1．标题栏

位于 AutoCAD 2008 工作界面的最上方。在标题栏中会显示 AutoCAD 2008 的程序图标以及当前打开的文档名称。

2．菜单栏

位于标题栏下方。在菜单栏(下拉菜单栏)中列出了所有菜单名称，打开某个菜单可以选择该菜单中的各个菜单命令。

快捷菜单(上下文关联菜单)可通过右击弹出，以便在不启动菜单栏的情况下快捷、高效地完成某些操作。

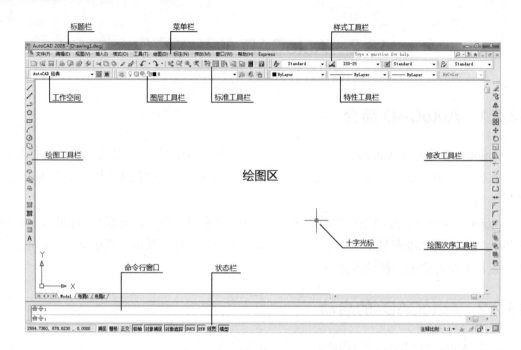

图 13-1　AutoCAD 2008 "经典工作界面"

### 3．工作空间

工作空间是经过分组和组织的菜单、工具栏、选项板和面板的集合，使用户可以在自定义的、面向任务的绘图环境中工作。图 13-2 所示为【工作空间】选项板。

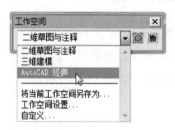

图 13-2　【工作空间】选项板

根据绘图的侧重点不同，AutoCAD2008 提供了三种基本的工作空间模式。

(1) 二维草图与注释。创建二维图形时使用该工作空间，此时系统只会显示与二维绘图相关的菜单、工具栏和选项板，从而形成面向二维绘图任务的集成工作环境。

(2) 三维建模。创建三维模型时使用该工作空间。

(3) AutoCAD 经典。习惯于 AutoCAD 传统工作界面的用户，可以使用该工作空间，以保持工作界面与旧版本一致。

### 4．工具栏

工具栏是执行 AutoCAD 命令的一种快捷方式。AutoCAD 提供了 37 个工具栏，其上的每一个图标都形象地表示一个命令，用户只需单击某个图标即可执行该命令。所有的工具栏都采用浮动的方式放置，即用户可根据需要将其放置在窗口的任意位置或关闭隐藏。

(1) 标准工具栏。位于菜单栏的下方，其中排列着常用工具按钮，利用它们可以方便、快捷地完成某些常用功能，如新建、打开、复制、存盘等。

(2) 图层、样式和特性工具栏。位于标准工具栏的下方和右侧，在此可以设置图层、线型、颜色、线宽以及文本注释、尺寸标注、表格和多重引线等样式。

(3) 绘图工具栏。位于工作界面的最左侧，它提供的是一些最常用的绘图命令。

(4) 修改工具栏。位于工作界面的最右侧，同样其上列出的是一些最常用的编辑修改命令。

(5) 绘图次序工具栏。位于修改工具栏的下方，它可以控制将重叠对象中的哪一个对象显示在前端。

> **提示**：将鼠标放在任一工具栏上单击右键，在弹出的快捷菜单中可调出所需的工具栏或将显示的工具栏隐藏。

### 5．绘图区

工作界面中部的绘图区(作图窗口)是用户利用 AutoCAD 进行绘图的区域。其背景可以通过选择【工具】|【选项】|【颜色】菜单命令来设置。在绘图区中，除了显示当前的绘图结果外，还显示当前使用的坐标系类型(世界坐标系为 WCS)以及坐标轴的方向。

### 6．十字光标

当光标移至绘图区域时，光标显示状态为两条十字相交的直线，称为十字光标。十字光标的交点表示当前点的位置。十字光标的大小及靶框的大小可以通过选择【工具】|【选项】|【显示】菜单命令来自定义。

### 7．命令行窗口

命令行窗口又称命令提示区，位于绘图区的底部，用于接受用户通过键盘输入的命令，并显示 AutoCAD 提示的各种反馈信息。用户应密切关注此处出现的信息，并按信息提示进行相应的操作。

> **提示**：初学者尤其应随时注意命令行窗口给出的提示，要根据提示逐步进行后面的操作，而不应按自己的"主观愿望"在绘图区盲目单击；当使用一个不熟悉的命令时，尤其要注意这一点。

### 8．状态栏

状态栏位于工作界面的最下方，显示当前应用程序的操作状态、光标所在位置的坐标等信息，并提供某些功能按钮，如【栅格】、【捕捉】、【正交】、【对象捕捉】等。

利用上述功能按钮可以起到辅助定位、精确绘图的作用。以"正交"为例，如果只绘水平线或竖直线，只要打开【正交】模式，不论光标在绘图区如何移动，只能画出水平或竖直方向的线条。

> 提示：单击状态栏上的【正交】按钮或使用 F8 键便可以打开或关闭【正交】模式。

#### 9. 工具选项板

启用 AutoCAD 2008 "经典工作界面"后，在屏幕右侧会弹出工具选项板，它能方便多种专业图样的图案填充，但不是经常被用到，可以先将其关闭。需要时可单击标准工具栏上的【工具选项板】按钮，或执行【工具】|【选项板】|【工具选项板】命令将其打开，如图 13-3 所示。

### 13.2.4 AutoCAD 的命令操作

AutoCAD 系统的所有功能都是通过命令的执行来完成的，选择合理的命令调用方式可以提高绘图效率。

图 13-3 工具选项板

#### 1. 命令的输入与终止

使用 AutoCAD 2008，可通过如下的输入设备进行命令的输入、终止和结束。

- 输入设备：键盘、鼠标(十字线或箭头)及数字化仪。
- 输入命令：下拉菜单、工具栏、命令行或右键菜单。
- 结束命令：按 Enter 键、空格键或在右键菜单中选择【确认】命令。
- 终止命令：按 Esc 键或在右键菜单中选择【退出】命令(退出正在执行的命令)。

#### 2. 命令的重复调用

若需重复调用刚执行完的命令，有以下几种方式。

- 按 Enter 键。
- 按空格键。
- 按 Ctrl+M 组合键。
- 在绘图区域中右击，并在弹出的快捷菜单中选择命令。
- 在命令行窗口右击，可重复执行最近使用的六个命令中的一个。

#### 3. 取消已经执行的命令

在绘图过程中，当出现错误需要修正时，可通过以下方式取消已有的操作。

- 单击【标准】工具栏中的 按钮。
- 选择【编辑】|【放弃】菜单命令。
- 按 Ctrl+Z 组合键。
- 右击，在弹出的快捷菜单中选择【放弃】命令。
- 在命令行中输入"UNDO"或"U"。

4．恢复已取消的命令

若要恢复已经取消的操作，可通过以下几种方式。
- 使用【标准】工具栏中的 按钮。
- 选择【编辑】|【重做】菜单命令。
- 按 Ctrl+Y 组合键。
- 右击，在弹出的快捷菜单中选择【重做】命令。
- 在命令行中输入"REDO"。

## 13.2.5 图形文件管理

AutoCAD 中常用的文件管理命令有新建、打开、保存和关闭图形文件等，具体操作如下。

### 1．新建图形文件

- 单击【标准】工具栏中的 按钮。
- 选择【文件】|【新建】菜单命令。
- 在命令行中输入"New"。

### 2．打开图形文件

- 单击【标准】工具栏中的 按钮。
- 选择【文件】|【打开】菜单命令。
- 在命令行中输入"Open"。

### 3．保存图形文件

- 单击【标准】工具栏中的 按钮。
- 选择【文件】|【保存】菜单命令。
- 在命令行中输入"Qsave"或"Saveas"。

### 4．退出 AutoCAD

- 单击【标题栏】中的 按钮。
- 选择【文件】|【退出】菜单命令。

- 在命令行中输入"Quit"。

### 13.2.6 图形显示控制

为了观察和操作方便，绘图时常常需要改变图纸在屏幕上的显示位置和大小。控制图形显示并不会改变图形的实际尺寸和相对位置，常用的执行形式有以下几种。

#### 1. 显示缩放

显示缩放是显示控制中最常用的手段，可以缩小整个图纸，也可以放大显示屏幕上某一图形的局部，【视图】菜单中列出了缩放的所有类型(见图 13-4)。

- 单击【标准】工具栏中的【显示控制工具】按钮。
- 选择【视图】|【缩放】菜单中的相关命令。
- 在命令行中输入"ZOOM"。

#### 2. 实时平移

实时平移为在不改变缩放系数的情况下，观察当前窗口中图形的不同部位(相当于移动图纸)。

- 单击【标准】工具栏中的 按钮。
- 选择【视图】|【平移】|【实时】菜单命令。
- 在命令行中输入"Pan"。

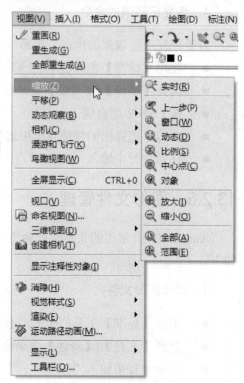

图 13-4 视图菜单

#### 3. 显示精度

曲线图形在屏幕上是用一定数量的直线逼近的。对于一条给定的曲线，逼近的直线数量越多，曲线会显得越光滑，则称该曲线具有较好的分辨率或精度。

- 选择【工具】|【选项】|【显示】|【显示精度】菜单命令。
- 在命令行中输入"Viewres"。

#### 4. 视图重显与重生

在绘图过程中，有时会在屏幕上留下一些"痕迹"。为了消除这些"痕迹"或使曲线显得更光滑一些，则需要用到以下几种方式。

(1) 重画——重新显示当前窗口中的图形。

- 选择【视图】|【重画】菜单命令。
- 在命令行中输入"Redraw"。

(2) 重生成——重新生成图形(计算图形数据)并刷新显示当前窗口中的图形。
- 选择【视图】|【重生成】菜单命令。
- 在命令行中输入"Regen"。

(3) 全部重生成——重新生成图形并刷新显示所有窗口中的图形。
- 选择【视图】|【全部重生成】菜单命令。
- 在命令行中输入"Regenall"。

## 13.2.7 坐标输入方法

AutoCAD 确定某点的位置采用的是坐标定位系统，而进入 AutoCAD 后默认的坐标系统是世界坐标系(WCS)。

### 1. 点坐标的表示法

(1) 绝对坐标。绝对坐标是以原点(0,0)为基点定位所有的点。其表示法为：直角坐标 ($x,y$)、极坐标($l<\alpha$)，如图 13-5(a)所示的点 $A$(10,20)、图 13-5(b)所示的点 $C$(30<60)。由于从图样所给尺寸中很难知道图中某个点与原点的距离，因此在实际使用中绝对坐标并不常用。

(2) 相对坐标。相对坐标是相对于前一点的偏移值，在实际使用中要比绝对坐标方便，因而是常用的一种坐标输入法。输入时应在该点坐标前加"@"符号，如图 13-5 所示的直线 $AB$ 和 $CD$ 中，$B$ 点相对于 $A$ 点的直角坐标为(@20,30)；$D$ 点相对于 $C$ 点的极坐标为(@30<60)。

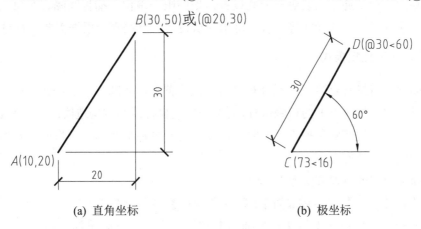

(a) 直角坐标　　　　　　　　　(b) 极坐标

图 13-5　利用输入坐标绘制直线

> 注意：输入极坐标就是输入距离和角度，用尖括号(<)隔开。在默认情况下，角度按逆时针方向增大而按顺时针方向减小(若要向顺时针方向转动，应输入负的角度值)。

### 2. 点坐标的输入法

(1) 在绘图区合适的位置单击直接定点。

(2) 捕捉屏幕上已有图形的特殊点，如端点、圆心、交点、中点等。

(3) 用键盘直接输入点的坐标(绝对坐标或相对坐标)。如图 13-5(a)所示，若要画一条起点为(10,20)，终点为(30,50)的直线 AB，可用以下两种方法操作，注意两者在坐标输入上的区别。

① 命令: line。

指定第一点：10,20
指定下一点或 [放弃(U)]：30,50 （用"绝对坐标"输入）
指定下一点或 [放弃(U)]：//按 Enter 键退出

② 命令: line。

指定第一点：10,20(可在绘图区随意指定位置)
指定下一点或 [放弃(U)]：@20,30 （用"相对坐标"输入）
指定下一点或 [放弃(U)]：//按 Enter 键退出

同样，在画如图 13-5(b)所示直线 CD 时，可以用相对极坐标确定 D 点的位置，即 @30<60。

(4) 在指定方向上通过给定距离定点。在绘图区确定了一点之后，将光标移至要移到的方向，然后直接输入两点相对距离的数值即可画出下一点(这是一种快捷的方法)。

### 13.2.8　绘图前的设置工作

在绘制图形前，通常需要进行一些设置，如图限、单位、捕捉间隔、对象捕捉模式、图层以及文字样式、尺寸样式等。有些可用默认设置，有些则应根据需要另行设置。

**1．设置对象捕捉模式**

对象捕捉是将指定点限制在现有对象的确切位置上，如圆心、中点或交点等。使用对象捕捉可以迅速定位对象上的精确位置，而不必知道坐标或绘制构造线。只要 AutoCAD 提示输入点，就可以进行对象捕捉，此时光标将变为对象捕捉靶框，且将捕捉到离靶框中心最近的符合条件的捕捉点。

对象捕捉模式的设置方法如下。

- 选择【工具】|【草图设置】|【对象捕捉】菜单命令。
- 鼠标指针放在状态栏【对象捕捉】按钮上右击，在弹出的快捷菜单中选择【设置】命令。

在弹出的【草图设置】对话框中，可以将常用的捕捉点设上，如圆心、端点、中点、交点、垂足等(见图 13-6)。

**提示：** 单击状态栏上的【对象捕捉】按钮或使用 F3 键可以打开或关闭【对象捕捉】模式。

第 13 章 计算机绘图基础

图 13-6 【草图设置】对话框

**2．设置图层**

图层相当于多层"透明纸"重叠而成。使用图层分层进行绘图，可以使图形更便于管理，修改更加方便，组合更加自如。

(1) 图层的创建。

选择【格式】|【图层】菜单命令，或单击对象特性工具栏中的【图层】按钮，在弹出的【图层特性管理器】对话框中，可以新建图层、重新命名图层、设置所选层的状态与颜色、线型和线宽等，如图 13-7 所示。

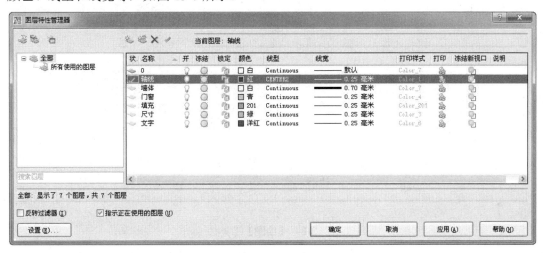

图 13-7 【图层特性管理器】对话框

247

(2) 控制图层状态。

① 打开/关闭。关闭图层后，该层上的实体不能在屏幕上显示，也不能打印输出。重新生成图形时，图层上的实体仍将参与重新生成运算。

② 冻结/解冻。冻结图层后，该层上的实体不能在屏幕上显示，也不能打印输出。重新生成图形时，图层上的实体不参与重新生成运算。

③ 锁定/解锁。图层上锁后，该层上的实体能在屏幕上显示，可以打印输出，但不能对其进行编辑和修改。

**3．设置文本与尺寸标注样式**

关于文本与尺寸标注样式的设置，请参见13.5"文本注释与尺寸标注"。

## 13.3 几何图形的绘制

任何图形，无论如何复杂，都是由一些点、直线、曲线组成的。AutoCAD 2008 为此提供了丰富的绘图命令和强大的图形编辑功能。

### 13.3.1 绘图命令的调用

在 AutoCAD 中，绘图命令大多可以通过以下三种方式调用。

- 单击【绘图】工具栏中的相应按钮(见图 13-8)。
- 选择【绘图】下拉菜单中相应的菜单项。
- 在命令行中输入相应的命令(英文)。

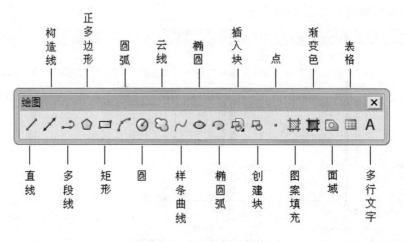

图 13-8　【绘图】工具栏

## 13.3.2　二维图形的绘制

### 1．绘制直线

(1) 命令调用方式。

- 单击【绘图】工具栏中的 / 按钮。
- 选择【绘图】|【直线】菜单命令。
- 在命令行中输入"Line"。

命令被激活后，可按照命令行中的提示指定起点和端点，以此可绘制出任意直线。

(2) 绘制直线的操作步骤。

① 执行【直线】命令。
② 指定起点。可以使用鼠标，也可以在命令行中输入坐标。
③ 指定端点以完成第一条线段。
④ 要在使用 Line 命令时放弃前面绘制的线段，请输入"u"或者从工具栏中选择放弃。
⑤ 指定其他线段的端点。
⑥ 按 Enter 键结束或按 C 键关闭一系列线段。

要以最近绘制的直线的端点为起点绘制新的直线，请再次启动 Line 命令，然后在"指定起点"提示下按 Enter 键。

### 2．绘制构造线

(1) 命令调用方式。

- 单击【绘图】工具栏中的 / 按钮。
- 选择【绘图】|【构造线】菜单命令。
- 在命令行中输入"Construction Line"。

构造线命令用以绘制两个方向无限延伸的直线，通常也称为参照线。这类线通常作为绘制图形过程中的辅助线。用户可通过一个指定点绘出此线。

(2) 指定两点创建构造线的操作步骤。

① 执行【构造线】命令。
② 指定一个点以定义构造线的根。
③ 指定第二个点，即构造线要经过的点。
④ 根据需要继续指定构造线，所有后续参照线都经过第一个指定点。
⑤ 按 Enter 键结束命令。

### 3．绘制正多边形

(1) 命令调用方式。

- 单击【绘图】工具栏中的 ⬡ 按钮。

- 选择【绘图】|【正多边形】菜单命令。
- 在命令行中输入"Polygon"。

命令被激活后,可按照命令行中的提示选择所画多边形的边数并指定多边形的中心点或边,以此可绘制出任意大小和形状的正多边形,如图13-9所示。

(2) 绘制正多边形的操作步骤。

① 执行【正多边形】命令。

② 在命令行中输入边数。

③ 指定正多边形的中心点(点"1")。

④ 输入"c"以指定与圆外切的正多边形。

⑤ 输入半径长度(或指定点"2"的不确定半径长度)。

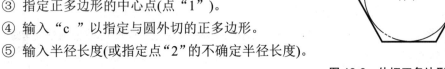

图13-9 外切正多边形绘图示例

4．绘制矩形

(1) 命令调用方式。

- 单击【绘图】工具栏中的 按钮。
- 选择【绘图】|【矩形】菜单命令。
- 在命令行中输入"Rectang"或"Rectangle"。

用户绘制矩形时,需提供两个对角坐标,其他选项可根据需要选择。如图13-10所示,利用矩形命令可以绘制带圆角、倒角及线宽的各种类型的矩形。

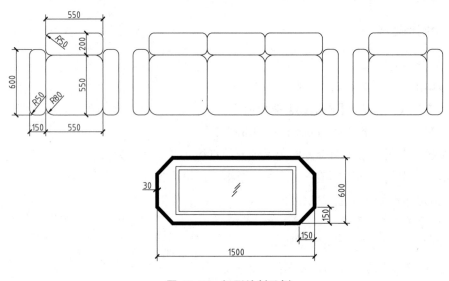

图13-10 矩形绘制示例

(2) 绘制矩形的操作步骤。

① 执行【矩形】命令。

② 指定矩形第一个角点的位置。

③ 指定矩形另一角点的位置。

## 5. 绘制圆弧

(1) 命令调用方式。

- 单击【绘图】工具栏中的 按钮。
- 选择【绘图】|【圆弧】菜单命令。
- 在命令行中输入"Arc"。

【圆弧】命令的所有提示选项提供了十种画圆弧的方法。默认画圆弧的方式是【三点】法(利用圆弧上的三点画圆弧)，如图 13-11 所示。

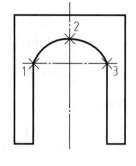

图 13-11　圆弧绘制示例

(2) 通过指定三点绘制圆弧的操作步骤。

① 执行【圆弧】命令。

② 指定起点。

③ 在圆弧上指定点。

④ 指定端点。

## 6. 绘制圆

(1) 命令调用方式。

- 单击【绘图】工具栏中的 按钮。
- 选择【绘图】|【圆】菜单命令。
- 在命令行中输入"Circle"。

【圆】命令的所有提示选项提供了六种画圆的方法,以此可绘制任意大小的圆。图 13-12 所示为画圆的几种常用绘制方法示例。

 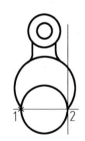 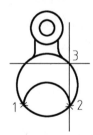 

(a) 圆心、半径　　　(b) 两点定义直径　　　(c) 三点定义圆周　　　(d) 相切、相切、半径

图 13-12　圆的几种绘制方法示例

(2) 画圆的六种方法。

① "圆心、半径"法。利用圆心和半径画圆，这是默认的画圆方式。

② "圆心、直径"法。利用圆心和直径画圆。

③ "三点"法。利用三个点画圆，要求输入圆周上任意 3 个点的位置。

④ "两点"法。利用两个点画圆，要求输入圆直径方向的两个点，即画出的圆以两点

连线为直径。

⑤ "相切、相切、半径"法。利用与两个已知对象的相切关系和圆的半径画圆。

⑥ "相切、相切、相切"法。利用与三个已知对象的相切关系画圆。

**7．绘制椭圆或椭圆弧**

(1) 命令调用方式。

- 单击【绘图】工具栏中的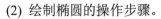按钮。
- 选择【绘图】|【椭圆和椭圆弧】菜单命令。
- 在命令行中输入"Ellipse"。

命令被激活后，可按照命令行中的提示定出所需的点及长度等，即可画出任意大小的椭圆或椭圆弧。图 13-13 所示为椭圆的绘制示例。

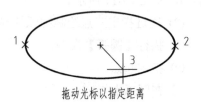

图 13-13　椭圆绘制示例

(2) 绘制椭圆的操作步骤。

① 执行【椭圆】命令。

② 指定第一条轴的第一个端点(点"1")。

③ 指定第一条轴的第二个端点(点"2")。

④ 从中点拖动光标，然后单击以指定第二条轴 1/2 长度的距离(点"3")。

**8．绘制圆环**

(1) 命令调用方式。

- 选择【绘图】|【圆环】菜单命令。
- 在命令行中输入"Donut"。

用户可通过指定圆环的内径和外径，绘制填充的圆环或圆。图 13-14 所示为圆环的绘制示例。

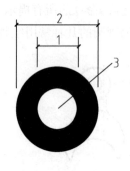

(2) 绘制圆环的操作步骤。

① 执行【圆环】命令。

② 指定内直径(长度"1")。

③ 指定外直径(长度"2")。

④ 指定圆环的圆心(长度"3")。

图 13-14　圆环绘制示例

⑤ 指定另一个圆环的中心点，或者按 Enter 键结束。

**9．绘制多段线**

(1) 命令调用方式。

- 单击【绘图】工具栏中的按钮。
- 选择【绘图】|【多段线】菜单命令。
- 在命令行中输入"Pline"。

多段线是由多段直线或圆弧组成的一个单一的图形对象，每段线的宽度和线型可以通过不同的设置来实现。多段线应用示例如图 13-15 所示。

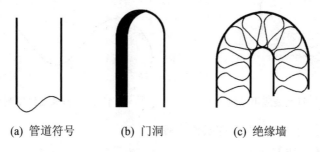

(a) 管道符号　　　　　(b) 门洞　　　　　(c) 绝缘墙

图 13-15　多段线应用示例

(2) 绘制直线和圆弧组合的多段线的操作步骤。

① 执行【多段线】命令。

② 指定多段线线段的起点。

③ 指定多段线线段的端点。

a. 在命令行上输入"a"(圆弧)，切换到【圆弧】模式。

b. 输入"L"(直线)，返回到【直线】模式。

④ 根据需要指定其他多段线线段。

⑤ 按 Enter 键结束或按 C 键闭合多段线。

10．绘制云状体

命令调用方式如下。

- 单击【绘图】工具栏中的 按钮。
- 选择【绘图】|【修订云线】菜单命令。
- 在命令行中输入"Revcloud"。

修订云线是由连续圆弧组成的多段线。用于在检查阶段提醒用户注意图形的某个部分，其应用示例如图 13-16 所示。

11．绘制样条曲线

(1) 命令调用方式

- 单击【绘图】工具栏中的 按钮。
- 选择【绘图】|【样条曲线】菜单命令。
- 在命令行中输入"Spline"。

【样条曲线】命令用于生成拟合光滑曲线，它可以通过起点、控制点、终点及偏差变量来控制曲线。绘制示例如图 13-17 所示。

图 13-16 修订云线应用示例

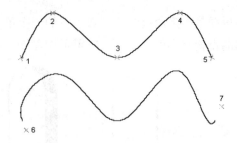
图 13-17 样条曲线绘制示例

(2) 通过指定点绘制样条曲线的操作步骤。
① 执行【样条曲线】命令。
② 指定样条曲线的起点"1"。
③ 指定点("2"～"5")创建样条曲线，然后按 Enter 键。
④ 指定起点切线和端点切线("6"和"7")。

12. 绘制点

(1) 命令调用方式。
- 单击【绘图】工具栏中的 按钮。
- 选择【绘图】|【点】菜单命令。
- 在命令行中输入"Point"。

通过执行菜单中的【定数等分】和【定距等分】命令，可以按分数和距离等分直线、多边形、矩形以及圆和圆弧等各种图形对象，如图 13-18(a)所示。

(2) 点样式设置。

在默认情况下，点对象以一个小圆点的形式出现，不便于识别。通过设置点的样式，便能清楚地在屏幕上看到点的直观形状，设置方法如下。

- 选择【格式】|【点样式】菜单命令。
- 在命令行中输入"Ddptype"。

在弹出的【点样式】对话框中，可以设置点的样式及大小，如图 13-18(b)所示。

(a) 【绘图】菜单中的点命令

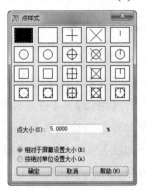
(b) 【点样式】对话框

图 13-18 绘制及设置点样式

## 13.3.3 图案填充

在图形中，常要绘制剖面线或表现所用材料、材质、纹理等，为此 AutoCAD2008 提供了图案填充功能。

**1．命令调用方式**

- 单击【绘图】工具栏中的 按钮。
- 选择【绘图】|【图案填充】菜单命令。
- 在命令行中输入"Bhatch"。

在弹出的【图案填充和渐变色】对话框(见图 13-19)中，可以选择所需图案的类型、比例等内容，然后拾取点或选择对象，最后完成填充。

**2．图案填充的操作步骤**

(1) 执行【图案填充】命令。

(2) 在【图案填充和渐变色】对话框中，选中【拾取点】或【选择对象】图标。

(3) 在图形中，在要填充的每个区域内指定一点(拾取内部点)或选择区域的边界并按 Enter 键。

(4) 切换到【图案填充和渐变色】对话框的【图案填充】选项卡，在【样例】框内验证该样例图案是否是要使用的图案。若要更改图案，可从【图案】下拉列表框中选择另一个图案。

图 13-19 【图案填充和渐变色】对话框

要查看填充图案的外观,可单击【图案】下拉列表框旁边的 按钮,则会弹出【填充图案选项板】对话框(见图 13-20)。完成预览后,选择需要的图案,单击【确定】按钮返回【图案填充和渐变色】对话框,继续单击【确定】按钮,则可完成图案的填充。

例如,若要填充"钢筋混凝土"材料图例,可先选择【其他预定义】选项卡第 2 排、第 4 列的"混凝土"图案[见图 13-20(a)],然后选择 ANSI 选项卡左上角的图案作为"钢筋"[见图 13-20(b)],将两种图案填充在同一区域中,即可实现"钢筋混凝土"图例的填充。

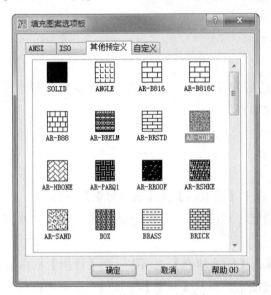

(a) "其他预定义"选项卡　　　　　　　(b) ANSI 选项卡

图 13-20 【填充图案选项板】对话框

图 13-21 所示为独立式基础剖面图中"钢筋混凝土"材料图例的填充示例。

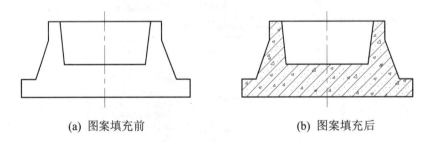

(a) 图案填充前　　　　　　　(b) 图案填充后

图 13-21 图案填充示例

## 13.4 二维图形的编辑

AutoCAD 提供了两种编辑方法:一种是先输入编辑命令,后选择被编辑对象;另一种是先选择被编辑对象,再进行编辑。无论用哪一种方法,都需要对图形进行选择。AutoCAD

提示选择对象时，绘图区中的十字光标"✚"就会变成拾取框"☐"。

## 13.4.1 选择对象的方法

对图形对象的选择常用以下三种方法。

**1．点选**

将拾取框对准被选择的对象并单击就能选中对象。

**2．窗口选择**

当出现选择对象提示时，可以同时选择多个对象。例如，可以指定一个矩形区域以选择其中的所有对象，此种选择方式称为"窗口选择"(见图13-22)。

(1) 包容窗口：从左向右选择，边界为实线。整个图形都在窗口之内的对象才能被选中，如图13-22(a)所示，只能选中一条圆弧。

(2) 交叉窗口：从右向左选择，边界为虚线。凡整个图形和部分图形落在窗口内的对象均被选中，如图13-22(b)所示，能选中所有图线。

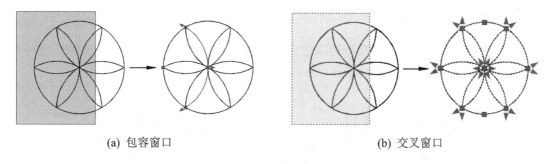

(a) 包容窗口　　　　　　　　　　　(b) 交叉窗口

图13-22　"窗口选择"示例

**3．全部选择**

使用 Ctrl+A 组合键，可选择除冻结以外的所有图形对象。

提示：通过按 Shift 键并再次选择对象，可以从当前选择集中删除对象。

## 13.4.2 编辑命令的调用

二维图形编辑命令也可以通过以下三种方式来调用。
- 单击【修改】工具栏中的相应按钮(见图13-23)。
- 选择【修改】下拉菜单中相应的菜单项。
- 在命令行中输入相应的命令(英文)。

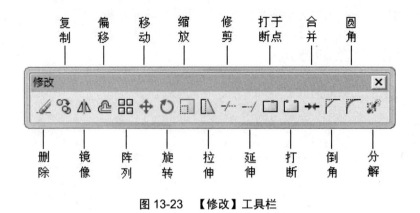

图 13-23 【修改】工具栏

### 13.4.3 编辑命令的操作

1．删除

用【删除】命令或 Delete 键可以从图形中删除选中的对象。

2．图形复制

(1) 复制。用【复制】命令可以生成与所选图形相同的图形。可单个复制，也可多个复制，复制示例如图 13-24 所示。

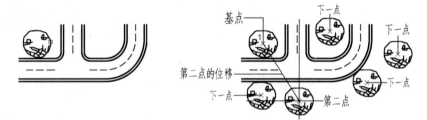

(a) 选定对象　　　　　　(b) 指定基点和位移之后复制对象

图 13-24 复制示例

复制多个对象的操作步骤如下。

① 选择【修改】|【复制】菜单命令。

② 选择要复制的对象。

③ 指定基点或位移：指定基点"1"。

④ 指定第二个点(位移)复制对象。

⑤ 继续指定第二个点进行多重复制，或按 Enter 键结束。

说明：在 AutoCAD 中，"偏移""镜像""阵列"均属于复制的不同类型。

(2) 镜像。用【镜像】命令可以生成所选图形沿一条指定轴线的对称图形。对称轴线可以是任意方向的，原图形可以删去也可以保留，镜像示例如图 13-25 所示。

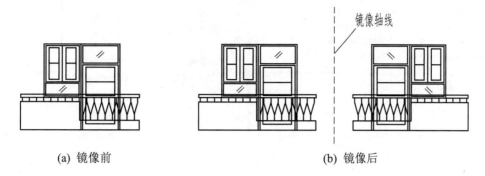

图 13-25 镜像示例

镜像对象的操作步骤如下。
① 选择【修改】|【镜像】菜单命令。
② 选择要镜像的对象。
③ 指定镜像直线的第一点。
④ 指定第二点。
⑤ 按 Enter 键保留原始对象，或者按 Y 键将其删除。

(3) 偏移。用【偏移】命令可以将所选图形朝一个方向偏移一定的距离，并在新的位置生成形状相似的图，偏移示例如图 13-26 所示。

以指定的距离偏移对象的操作步骤如下。
① 选择【修改】|【偏移】菜单命令。
② 指定偏移距离，可以输入值(如 10)或使用鼠标捕捉确定距离。
③ 选择要偏移的对象。
④ 指定要放置新对象一侧上的一点。
⑤ 选择另一个要偏移的对象，或按 Enter 键结束命令。

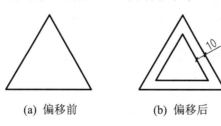

图 13-26 偏移示例

(4) 阵列。用【阵列】命令可以将选定的对象生成矩形或环形的多个复制，图 13-27 所示为【阵列】对话框，在此可以选中【矩形阵列】或【环形阵列】单选按钮，并进行相应参数的设置。

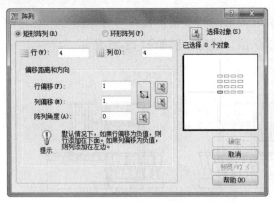 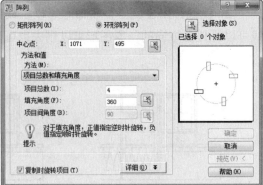

(a) 矩形阵列　　　　　　　　　　(b) 环形阵列

图 13-27　【阵列】对话框

创建矩形阵列的操作步骤如下。

① 选择【修改】|【阵列】菜单命令。

② 在【阵列】对话框中选中【矩形阵列】单选按钮。

③ 单击【选择对象】按钮。【阵列】对话框关闭，AutoCAD 提示选择对象。

④ 选择要创建阵列的对象并按 Enter 键确认。

⑤ 在【行】和【列】文本框中，输入阵列中的行数和列数。

⑥ 使用以下方法之一指定对象间水平和垂直间距(偏移)。

a. 在【行偏移】和【列偏移】文本框中，输入行间距和列间距。添加加号(+)或减号(-)确定方向。

b. 单击【拾取行列偏移】按钮，使用光标指定阵列中某个单元的相对角点。此单元决定行和列的水平和垂直间距。

c. 单击【拾取行偏移】或【拾取列偏移】按钮，使用光标指定水平和垂直间距。样例框显示结果。

⑦ 要修改阵列的旋转角度，在【阵列角度】文本框中输入新角度。

⑧ 单击【确定】按钮以创建阵列。阵列示例如图 13-28(a)、图 13-28(b)所示。

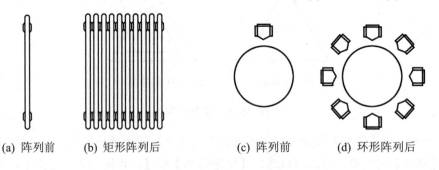

(a) 阵列前　　(b) 矩形阵列后　　　　(c) 阵列前　　(d) 环形阵列后

图 13-28　矩形与环形阵列示例

3．图形变换

(1) 移动。用【移动】✥命令可以移动对象而不改变其方向和大小。通过使用坐标和【对象捕捉】，可以精确地移动对象，移动示例如图 13-29 所示。

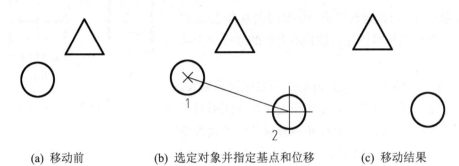

(a) 移动前　　　(b) 选定对象并指定基点和位移　　　(c) 移动结果

图 13-29　移动示例

移动对象的操作步骤如下。

① 选择【修改】|【移动】菜单命令。
② 选择对象：使用对象选择方法并在完成选择时按 Enter 键。
③ 指定基点或位移：指定基点"1"。
④ 指定位移的第二点或 <使用第一点作为位移>：指定点"2"或按 Enter 键。

(2) 旋转。用【旋转】⟳命令可以将图形绕基点旋转一定角度，旋转示例如图 13-30 所示。

旋转对象的操作步骤如下。

① 选择对象：使用对象选择方法并在完成选择时按 Enter 键。
② 指定基点：指定基点"1"。
③ 指定旋转角度或[参照(R)]：指定角度、指定点或输入。

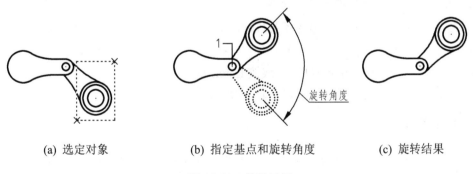

(a) 选定对象　　　(b) 指定基点和旋转角度　　　(c) 旋转结果

图 13-30　旋转示例

(3) 比例缩放。用【缩放】▭命令可以改变所选图形的大小，缩放示例如图 13-31 所示。

按比例缩放对象的操作步骤如下。

① 选择【修改】|【缩放】菜单命令。

② 选择对象：使用对象选择方法并在完成选择时按 Enter 键。

③ 指定基点。指定基点是指缩放时的基准点(缩放中心点)。拖动光标时图像将按移动光标的幅度放大或缩小。

④ 指定比例因子或 [参照(R)]：指定比例或输入。

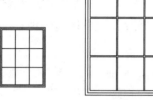

(a) 缩放前　　　　(b) 缩放后

图 13-31　缩放示例

(4) 拉伸。【拉伸】命令用于通过拉伸图形对象来改变所选对象的形状，而且并不影响其他不做改变部分的图形。一个最简单的例子是将正方形拉伸为矩形，改变长度而不改变宽度。拉伸示例如图 13-32 所示。

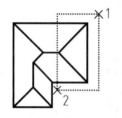 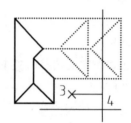 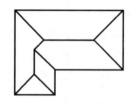

(a) 通过交叉窗口选定对象　　　(b) 指定拉伸点　　　(c) 拉伸结果

图 13-32　拉伸示例

使用【拉伸】命令时，要用交叉窗口选取对象，与选取窗口相交的对象会被拉伸，完全在选取窗口外的对象不会有任何变化，而完全在选取窗口内的对象将发生移动。

拉伸对象的操作步骤如下。

① 选择【修改】|【拉伸】菜单命令。

② 用交叉窗口或交叉多边形选择要拉伸的对象。选定点"1"和点"2"，并在完成选择时按 Enter 键。

③ 指定基点或位移：指定点"3"或按 Enter 键。

④ 指定位移的第二个点：指定点"4"或按 Enter 键。

**4．图形修改**

(1) 修剪。【修剪】命令用于去掉对象的一部分。其操作涉及两类对象：一类是修剪对象，它作为修剪时的切割边界；另一类是被修剪对象。使用时，首先选择切割边界，然后选择要修剪的图形对象，修剪示例如图 13-33 所示。

修剪对象的操作步骤如下。

① 选择【修改】|【修剪】菜单命令。

② 选择作为剪切边的对象。选择一个或多个对象并按 Enter 键。
③ 选择要修剪的对象，或按住 Shift 键选择要延伸的对象，或输入选项。

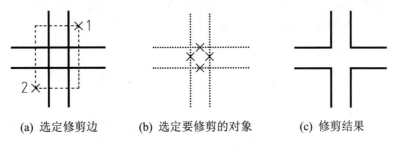

(a) 选定修剪边　　　　(b) 选定要修剪的对象　　　　(c) 修剪结果

图 13-33　修剪示例

(2) 延伸。【延伸】命令用于将所选图形对象延长到指定的边界。其操作也涉及两类对象：一类是延伸边界；另一类是被延伸的对象。延伸示例如图 13-34 所示。

(a) 选定边界　　　　(b) 选择要延伸的对象　　　　(c) 延伸结果

图 13-34　延伸示例

延伸对象的操作步骤如下。
① 选择【修改】|【延伸】菜单命令。
② 选择作为边界边的对象。选择一个或多个对象并按 Enter 键。
③ 选择要延伸的对象，或按住 Shift 键选择要修剪的对象，或输入选项。

(3) 打断或打断于点。【打断】或【打断于点】命令用于删除图形对象上指定两点间的部分，或将一个对象分成具有同一端点的两个对象。打断示例如图 13-35 所示。

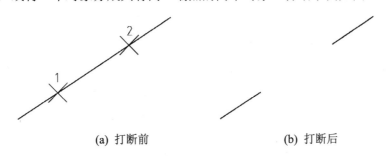

(a) 打断前　　　　　　　　　　(b) 打断后

图 13-35　打断示例

打断对象的操作步骤如下。
① 选择【修改】|【打断】菜单命令。

② 选择要打断的对象。使用对象选择方法或指定对象上的第一个打断点 1。

③ 指定第二个打断点。指定第二个打断点 2。

(4) 倒角。【倒角】命令用于在两条相交直线间加一倒角，即裁减掉两条线段相交所形成的角，而在两条线间按指定角度连一条直线。倒角可由每条线段的距离和角度来确定。图 13-36 所示为倒角示例。

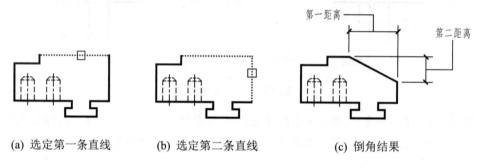

(a) 选定第一条直线　　(b) 选定第二条直线　　(c) 倒角结果

图 13-36　倒角示例

倒角对象的操作步骤如下。

① 选择【修改】|【倒角】菜单命令。

② 输入"d"(距离)。

③ 输入第一个倒角距离。

④ 输入第二个倒角距离。

⑤ 选定第一条直线，再选定第二条直线，即可完成倒角的创建。

(5) 圆角(圆弧过渡)。【圆角】命令是用指定半径的圆弧将两条线光滑连接。如果两个图形不相交，该命令可用来连接两个对象；如果将过渡圆弧半径设为 0，该命令将不产生圆弧，而是将两个图形对象拉伸至相交。图 13-37 所示为圆角示例。

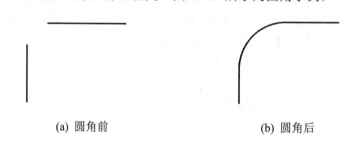

(a) 圆角前　　　　　　　　　　　　(b) 圆角后

图 13-37　圆角示例

两条直线段间倒圆角的操作步骤如下。

① 选择【修改】|【圆角】菜单命令。

② 输入"r"(半径)。

③ 输入圆角半径。

④ 选定第一条直线，再选定第二条直线，即可完成圆角的创建。

### 5．分解

【分解】命令可以分解多段线、标注、图案填充或块参照等合成对象，将其转换为单个元素。例如，分解多段线将其分为简单的线段和圆弧。

分解对象的操作步骤如下。

(1) 选择【修改】|【分解】菜单命令。

(2) 选择要分解的对象。

对于大多数对象，分解的效果是看不见的。

### 6．夹点编辑

在 AutoCAD 中，每个图形对象上都有一些可以控制对象位置、大小的关键点或者说是控制点，这些点称为夹点。如图 13-38 所示，在不执行任何命令的情况下选中图形对象，就会显示其夹点，如一条线段的两个端点和中间点，圆的四个象限点和圆心点，矩形的四个顶点等。单击这些夹点，可以实现快速拉伸、移动、旋转、缩放或镜像等操作，这种编辑方式称为夹点编辑。

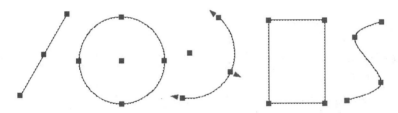

图 13-38　图形对象的夹点

> 提示：当选定一个夹点后，若反复按 Enter 键或空格键，则能得到不同的编辑命令(默认是拉伸)；所选中的夹点位置不同，能实现的编辑效果也不同，读者可自行尝试。

## 13.5　文本注释与尺寸标注

### 13.5.1　文本注释

文本是描述图形的重要内容，如技术要求、标题栏的内容、尺寸数值等。

在 AutoCAD 2008 中，我们可以先根据需要设置图形中将要用到的文字，到文本标注的时候，可以直接调用设定的文字样式，而不必每次都从下拉列表的字体中去选择。

#### 1．创建文字样式

● 单击【样式】工具栏中的 按钮。

● 选择【格式】|【文字样式】菜单命令。

● 在命令行中输入"Style"。

在弹出的【文字样式】对话框中，可以新建或修改已有的文字样式，如图13-39所示。

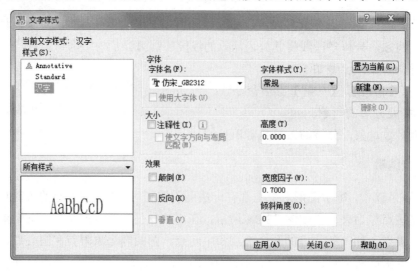

图13-39　【文字样式】对话框

2．注写文字

设置好文字样式后，就可以使用单行或多行文字标注各种样式的文本了。由于多行文字操作直观，易于控制，所以常被采用。

命令的调用方式如下。

- 单击【绘图】工具栏中的 A 按钮。
- 选择【绘图】|【多行文字】菜单命令。
- 在命令行中输入"Mtext"。

在执行【多行文字】命令，并指定边框的对角以确定多行文字对象的宽度之后，将显示【文字格式】编辑器，在此可以输入所需文字，如图13-40所示。

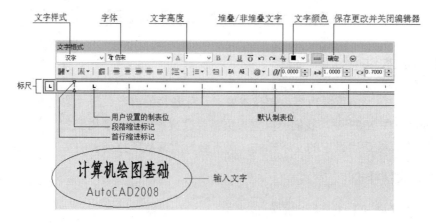

图13-40　【文字格式】编辑器

如果需要使用的文字样式不是默认值，单击样式工具栏中的【文字格式】按钮旁边的箭头，然后选择一个样式，之后就可以按设置的文字样式输入所需的文字。文本注释示例如图13-41所示。

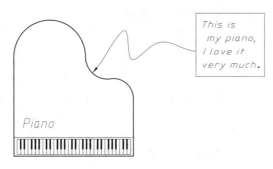

图13-41 文本注释示例

**3．编辑文字**

若想要修改文字内容，可采用以下几种方式。

- 双击所注释的文字。
- 选择【修改】|【对象】|【文字】菜单命令。
- 在命令行中输入"DDedit"或"ED"。

此时会重现【文字格式】编辑器，在此可以修改文字内容。

**4．特殊符号的输入**

在绘图过程中，经常会用到一些特殊符号，如直径、正负公差、度符号等，对于这些特殊符号，AutoCAD提供了相应的控制符(码)来实现其输出功能，如表13-1所示。

表13-1 常用控制符

| 序号 | 控制符(码) | 功能 |
| --- | --- | --- |
| 1 | %%O | 打开或关闭文字上画线 |
| 2 | %%U | 打开或关闭文字下画线 |
| 3 | %%D | 度符号(°) |
| 4 | %%P | 正负号(±) |
| 5 | %%C | 直径符号($\phi$) |

## 13.5.2 尺寸标注

图形只能反映形体的结构形状，其大小要用尺寸来表达，因此尺寸是图样上的重要组成部分。AutoCAD提供了非常丰富的尺寸标注命令，使得在绘制尺寸线、尺寸界线、尺寸起止符号和填写尺寸数字方面非常智能，它还可以自动测量直线段的长度、圆和圆弧的半径或直径、两交线之间的夹角等，尺寸数字能自动填写到要求位置。

1. 创建标注样式

尺寸的外观形式称为尺寸样式。在进行尺寸标注前，一般应先根据需要设置尺寸标注样式。与设置文字样式一样，AutoCAD 2008 提供了一个专门的命令用来设置尺寸的样式。

- 单击【样式】工具栏中的 按钮。
- 选择【格式】|【标注样式】菜单命令。
- 在命令行中输入"Dimstyle"。

在弹出的【标注样式管理器】对话框中，用户既可以设置一个新样式，也可以修改已存在的样式，以满足不同的要求，如图 13-42 所示。

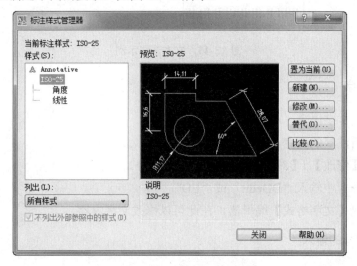

图 13-42 【标注样式管理器】对话框

提示：修改标注样式后，所有按该样式标注的尺寸(包括已标注和将要标注的尺寸)均按新设置样式自动更新。

当个别尺寸与已有的标注样式相近但又不完全相同时，若修改相近的标注样式，则所有应用该样式的尺寸都将改变，而创建新样式又很烦琐。为此，AutoCAD 提供了尺寸标注样式的替代功能，即设置一个临时的标注样式来替代相近的标注样式。

2. 标注尺寸

与前面介绍的文字样式相同，有了多个尺寸样式以后，用户可以根据需要，选择其中的任一样式作为当前样式，在【标注】菜单或【标注】工具栏中选择各种标注命令，用来标注线性、半径和直径、角度等尺寸。

3. 编辑尺寸标注

编辑尺寸标注即是对尺寸标注进行修改。AutoCAD 提供的编辑尺寸标注功能，可以对标注的尺寸进行全方位的修改，如尺寸文字位置、尺寸文字内容等。常用以下两种命令来编辑所标注的尺寸。

(1) 编辑标注。如图 13-43 所示的【编辑标注】命令，可以用来修改尺寸数字、旋转尺寸数字、倾斜尺寸界线、使移动或旋转尺寸数字返回默认状态。

图 13-43　【编辑标注】命令

(2) 编辑标注文字。如图 13-44 所示的【编辑标注文字】命令，可以用来延长或缩短尺寸界线，将尺寸数字移动到尺寸线的任意位置，还可以将尺寸数字移动到尺寸界线的外面。这一功能，在尺寸较多、需要改变尺寸布局时非常有效。

图 13-44　【编辑标注文字】命令

## 13.6　输 出 图 形

图形绘制完成后，可以使用多种方式输出。AutoCAD 可以将图形打印在图纸上，也可以采用电子打印的方式供用户在 Web 或 Internet 上访问，还可以将图形输出到文件以供其他应用程序使用。

在模型空间和图纸空间都可以输出打印出图，所不同的是在图纸空间环境中，用户可以根据自己的需要将原来的视口划分为多个任意布置的视口，因而可以实现在同一张纸上获得多视点、多部位的图形显示(或打印)效果。

### 13.6.1　配置打印设备

不论用哪种方式出图，都需要配置打印设备，可以是 Windows 系统打印机或是 AutoCAD 中安装的打印机。

打印的具体操作如下。

(1) 单击【绘图】工具栏中的 按钮。

(2) 选择【文件】|【打印】菜单命令。

(3) 在命令行中输入"Plot"。

执行该命令后,在弹出的打印对话框中可设置打印设备、图纸尺寸、打印范围、打印比例、图形方向等多项内容,如图 13-45 所示。

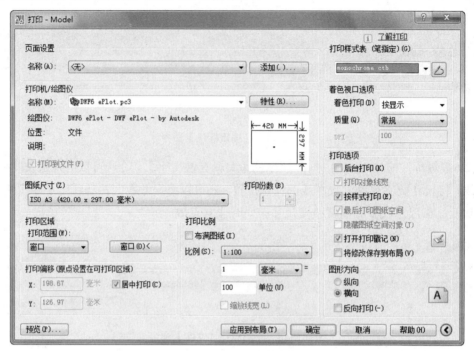

图 13-45 打印对话框

(1) 在【打印机/绘图仪】选项组中的【名称】下拉列表框中选择打印机的类型。

> 提示:如果选择的打印设备为"DWF6 ePlot.pc3",则可以进行"电子打印",即将图形打印成一个 DWF 文件。任何人都可以使用 DWF 浏览器打开、查看和打印 DWF 文件,也可以使用这种格式在 Web 或 Internet 上发布图形。在浏览器中看到的文件和真实打印的效果是一样的。

(2) 可在【打印样式表(笔指定)】选项组中的下拉列表框中选择打印样式。

> 提示:如果使用 monochrome.ctb 或 monochrome.stb 打印样式表,则可以实现纯粹黑白工程图的打印。

(3) 如果在【打印选项】选项组选中【打开打印戳记】复选框,则"打印戳记"会在打印时出现,但并不与图形一起保存。

## 13.6.2 打印图形

在配置好打印设备、选择完打印样式之后,可再设置图纸尺寸、打印区域和打印比例等内容,如图 13-45 所示。

(1) 在【图纸尺寸】下拉列表框中选择图纸尺寸大小,如 ISO A3(420×297)。

(2) 在【图形方向】选项组中选择一种方向,如横向。

(3) 在【打印区域】选项组中选择打印范围,如窗口。

(4) 在【打印比例】选项组中选择缩放比例,如 1∶100。

(5) 在【打印偏移(原点设置在可打印区域)】选项组中设置偏移值或"居中打印"。

设置结束后,单击【确定】按钮,即可打印图形。

# 参 考 文 献

[1] 周鹏翔，刘振魁. 工程制图[M]. 2版. 北京：高等教育出版社，2000.
[2] 顾世权. 建筑装饰制图[M]. 北京：中国建筑工业出版社，2000.
[3] 刘秀岑. 工程制图[M]. 2版. 北京：中国铁道出版社，2001.
[4] 刘志麟. 建筑制图[M]. 北京：机械工业出版社，2001.
[5] 何铭新，郎宝敏，陈星铭. 建筑工程制图[M]. 2版. 北京：高等教育出版社，2001.
[6] 王子茹. 房屋建筑识图[M]. 北京：中国建材工业出版社，2001.
[7] 梁德本，叶玉驹. 机械制图手册[M]. 3版. 北京：机械工业出版社，2001.
[8] 钱可强. 建筑制图[M]. 北京：化学工业出版社，2002.
[9] 何斌. 建筑制图[M]. 北京：高等教育出版社，2002.
[10] 卢传贤. 土建工程制图[M]. 2版. 北京：中国建筑工业出版社，2003.
[11] 莫章金，周跃生. AutoCAD 2002 工程绘图与训练[M]. 北京：高等教育出版社，2003.
[12] 丁宇明. 土建工程制图[M]. 北京：高等教育出版社，2004.
[13] 陈文斌. 建筑工程制图[M]. 上海：同济大学出版社，2005.
[14] 程绪琦，王建华. AutoCAD 2006 中文版标准教程[M]. 北京：电子工业出版社，2005.
[15] 吴银柱，吴丽萍. 土建工程CAD[M]. 2版. 北京：高等教育出版社，2006.
[16] 王永智，齐明超，李学京. 建筑制图手册[M]. 北京：机械工业出版社，2006.
[17] 寇方洲. 建筑装饰制图与识图[M]. 北京：化学工业出版社，2009.
[18] 孙玉红. 建筑装饰制图与识图[M]. 北京：机械工业出版社，2009.
[19] 唐新. 建筑装饰制图[M]. 北京：化学工业出版社，2010.
[20] 夏玲涛. 建筑CAD[M]. 北京：中国建筑工业出版社，2010.
[21] 李怀健，陈星铭. 土建工程制图[M]. 4版. 上海：同济大学出版社，2012.
[22] 吴运华，高远. 建筑制图与识图[M]. 3版. 武汉：武汉理工大学出版社，2012.
[23] 高恒聚. 建筑CAD[M]. 北京：北京邮电大学出版社，2013.
[24] 赵武. AutoCAD 2010 建筑绘图精解[M]. 北京：机械工业出版社，2013.
[25] 麓山文化. AutoCAD 2013 建筑设计与施工图绘制[M]. 北京：机械工业出版社，2013.
[26] 张喆，武可娟. 建筑制图与识图[M]. 北京：北京邮电大学出版社，2013.
[27] 向欣. 建筑构造与识图[M]. 北京：北京邮电大学出版社，2013.
[28] 张小平. 建筑识图与房屋构造[M]. 2版. 武汉：武汉理工大学出版社，2013.
[29] GB/T 50001—2010 房屋建筑制图统一标准.
[30] GB/T 50103—2010 总图制图标准.
[31] GB/T 50104—2010 建筑制图标准.
[32] GB/T 50105—2010 建筑结构制图标准.
[33] GB/T 50106—2010 给水排水制图标准.